Open Access im Wissenschaftsbereich

# ERLANGER SCHRIFTEN ZUM ÖFFENTLICHEN RECHT

Herausgegeben von Max-Emanuel Geis, Heinrich de Wall,
Markus Krajewski und Bernhard W. Wegener

Band 4

PL ACADEMIC RESEARCH

Michael Link

# Open Access im Wissenschaftsbereich

PL ACADEMIC RESEARCH

**Bibliografische Information der Deutschen Nationalbibliothek**
Die Deutsche Nationalbibliothek verzeichnet diese Publikation in der Deutschen Nationalbibliografie; detaillierte bibliografische Daten sind im Internet über http://dnb.d-nb.de abrufbar.

Zugl.: Erlangen-Nürnberg, Univ., Diss., 2013

Umschlaggestaltung:
© Olaf Gloeckler, Atelier Platen, Friedberg

Umschlagabbildung:
Historisches Siegel der Universität Erlangen-Nürnberg.

D 29 (n2)
ISSN 2192-8460
ISBN 978-3-631-62773-0 (Print)
E-ISBN 978-3-653-02781-5 (E-Book)
DOI 10.3726/ 978-3-653-02781-5


PL Academic Research ist ein Imprint der Peter Lang GmbH.

Peter Lang – Frankfurt am Main · Bern · Bruxelles · New York · Oxford · Warszawa · Wien



www.peterlang.de

Meiner Frau und meinen Eltern in Dankbarkeit gewidmet

# Vorwort

Die vorliegende Arbeit wurde im Wintersemester 2012 vom Fachbereich Rechtswissenschaften der Friedrich Alexander Universität Erlangen-Nürnberg als Dissertation angenommen. Die Disputation fand am 30.01.2013 statt.

Ich danke vor allem dem Mitherausgeber der „Erlanger Schriften zum Öffentlichen Recht", meinem verehrten Doktorvater und Erstgutachter Prof. Dr. Max-Emanuel Geis. Er machte mich auf die kontrovers diskutierten und noch offenen rechtlichen Fragen im Zusammenhang mit Open-Access-Veröffentlichungen aufmerksam. Ihm danke ich nicht nur für seine wertvollen Denkanstöße, sondern vor allem auch für seine konstruktive Diskussionsbereitschaft und die Aufnahme in die vorbezeichnete Schriftenreihe. Sein unglaubliches Engagement und diese lehrreiche Zeit werden mir stets in bester Erinnerung bleiben.

Zugleich gebührt Herrn Dr. Daniel Krausnick für die zeitnahe Zweitbegutachtung und die Teilnahme als mündlicher Prüfer großer Dank.

Des Weiteren danke ich dem Dekan der Rechts- und Wirtschaftswissenschaftlichen Fakultät und Sprecher des Fachbereichs Rechtswissenschaften, Herrn Prof. Dr. Bernhard W. Wegener, der nicht nur sehr kurzfristig als Prüfer zur Verfügung stand, sondern auch den Prüfungsvorsitz übernahm. Gleicher Dank geht an Prof. Dr. Heinrich de Wall als dritten mündlichen Prüfer.

Nur durch die unbedingte Unterstützung meiner Frau und meiner Eltern in jeder Hinsicht konnte ich diese Arbeit anfertigen. Bei Ihnen möchte ich mich ganz besonders bedanken. Ihnen ist dieses Buch gewidmet.

# Inhaltsverzeichnis

# Abkürzungsverzeichnis

| | |
|---|---|
| a.A. | andere Ansicht |
| a.F. | alte Fassung |
| Abs. | Absatz |
| AG | Arbeitsgruppe |
| AGB | Allgemeine Geschäftsbedingungen |
| Alt. | Alternative |
| amtl. Begr. | Amtliche Begründung |
| ArbNErfG | Arbeitnehmererfindungsgesetz |
| Art. | Artikel |
| BAGE | Entscheidungen des Bundesarbeitsgerichts |
| BayBesG | Bayerisches Besoldungsgesetz |
| BayHLeistBV | Bayerische Hochschulleistungsbezügeverordnung |
| BayHSchPG | Bayerisches Hochschulpersonalgesetz |
| BayObLG | Bayerisches Oberstes Landesgericht |
| BbesG | Bundesbesoldungsgesetz |
| BBG | Bundesbeamtengesetz |
| Bd. | Band |
| BeamtStG | Beamtenstatusgesetz |
| BGB | Bürgerliches Gesetzbuch |
| BGH | Bundesgerichtshof |
| BGHZ | Entscheidungen des Bundesgerichtshofs in Zivilsachen (amtliche Sammlung) |
| BMC | BioMed Central |
| BMJ | Bundesministerium für Justiz |
| BOAI | Budapester Open-Access-Initiative |
| BR | Bundesrat |
| BRD | Bundesrepublik Deutschland |
| BRDrucks | Bundesratdrucksache |
| BReg | Bundesregierung |
| BSOAP | Bethesda Statement on Open-Access-Publishing |
| BT | Bundestag |
| BTDrucks | Bundestagdrucksache |
| BetrVG | Betriebsverfassungsgesetz |

| | |
|---|---|
| BVerfG | Bundesverfassungsgericht |
| BVerfGE | Entscheidungen des Bundesverfassungsgerichts |
| BVerfGK | Kammerentscheidungen des Bundesverfassungsgerichts |
| BVerwG | Bundesverwaltungsgericht |
| BVerwGE | Entscheidungen des Bundesverwaltungsgerichts |
| bzw. | beziehungsweise |
| ca. | circa |
| CC | Creative Commons |
| CDU | Christlich Demokratische Union |
| CSU | Christlich Soziale Union in Bayern |
| CUL | Cornell University Library |
| d.h. | das heißt |
| DFG | Deutsche Forschungsgemeinschaft |
| DiPP | Digital Peer Publishing |
| DNBG | Gesetz über die Deutsche Nationalbank |
| DOAJ | Directory of Open-Access-Journals |
| DOI | Digital Object Identifier |
| DVI | Device Independent File Format |
| ebd. | ebenda |
| ECHO | European Cultural Heritage Online |
| EG | Europäische Gemeinschaft |
| Einf. | Einführung |
| EinlPrALR | Einleitung Allgemeines Landrecht für die Preußischen Staaten |
| endg. | endgültig |
| engl. | English |
| etc. | et cetera |
| EU | Europäische Union |
| EuGH | Europäischer Gerichtshof |
| EUR | Euro |
| e.V. | eingetragener Verein |
| f. | folgende Seite |
| FAZ | Frankfurter Allgemeine Zeitung |
| FDP | Freie Demokratische Partei |
| ff. | folgende Seiten |
| JIF | Journal Impact Factor |
| Fn. | Fußnote |
| GewO | Gewerbeordnung |
| GG | Grundgesetz für die Bundesrepublik Deutschland |
| ggf. | gegebenenfalls |
| GPL | General Public License |

| | |
|---|---|
| h.L. | herrschende Lehre |
| h.M. | herrschende Meinung |
| h.Rspr. | herrschende Rechtsprechung |
| Halbs. | Halbsatz |
| Hdb. | Handbuch |
| HGB | Handelsgesetzbuch |
| HRG | Hochschulrahmengesetz |
| HTML | Hypertext Markup Language |
| i.d.R. | in der Regel |
| i.V.m. | in Verbindung mit |
| ISBN | internationale Standardbuchnummer |
| ISSN | internationale Standardseriennummer |
| Kap. | Kapitel |
| KMK | Kultusministerkonferenz der Länder der Bundesrepublik Deutschland |
| KOM | Kommissionsdokument(e) |
| kopal | Kooperativer Aufbau eines Langzeitarchivs digitaler Informationen |
| KUG | Gesetz betreffend der bildenden Künste und Photographie |
| LG | Landgericht |
| lit. | littera (Buchstabe) |
| LOM | Leistungsorientierte Mittelvergabe |
| LUG | Gesetz betreffend das Urheberrecht an Werken der Literatur und der Tonkunst |
| Mill. | Millionen |
| mwN | mit weiterem Nachweis |
| n.F. | neue Fassung |
| Nr. | Nummer |
| o.ä. | oder ähnliches |
| OECD | Organisation für wirtschaftliche Zusammenarbeit und Entwicklung (engl. Organisation for Economic Cooperation and Development) |
| OLG | Oberlandesgericht |
| OSI | Open Society Institute |
| PDF | Portable Document Format |
| PLoS | Public Library of Science |
| PlPr | Plenarprotokoll |
| RegE | Regierungsentwurf |
| rkr. | Rechtskräftig |
| Rn. | Randnummer(n) |

| | |
|---|---|
| ROAR | Registry of Open-Access-Repositories |
| S. | Seite |
| SC | Science Commons |
| sog. | so genannt |
| SPD | Sozialdemokratische Partei Deutschlands |
| STM | Science-Technology-Medicine |
| stRspr | ständige Rechtsprechung |
| TAZ | die tageszeitung |
| TRIPS | Übereinkommen über handelsbezogene Aspekte der Rechte am Geistigen Eigentum (engl. Agreement on Trade-Related Aspects of Intellectual Property Rights) |
| u. | und |
| u.a. | unter anderem |
| u.U. | unter Umständen |
| umstr. | umstritten |
| UrhG | Urhebergesetz |
| URL | Uniform Resource Locators |
| Urt. | Urteil |
| USD | US-Dollar |
| v. | vom |
| Vorbem. | Vorbemerkung |
| vgl. | vergleiche |
| WissZeitVG | Wissenschaftszeitvertragsgesetzes |
| WIPO | Weltorganisation für Geistiges Eigentum (engl. World Intellectual Property Organization) |
| WRV | Weimarer Reichsverfassung |
| WWW | World Wide Web |
| XML | Extensible Markup Language |
| z.B. | zum Beispiel |
| ZPO | Zivilprozessordnung |

# 1. Kapitel: Einleitung

## A. Einführung

Die Entwicklung der Informations- und Kommunikationstechnologien in den letzten Jahrzehnten verursachte einen umfassenden wirtschaftlichen und gesellschaftlichen Wandel, der einen noch nie da gewesenen Umgang mit den Ressourcen „Information“ und „Wissen“ ermöglicht. Diese massenhafte Verbreitung von Inhalten mittels neuer Informations- und Kommunikationstechnologien ist das, was man unter einer Informationsgesellschaft versteht.[1] Statt der Arbeit mit konventionellen Papierunterlagen gewinnt die Erstellung, Verarbeitung und Speicherung von elektronischen Informationen zunehmend an Relevanz.

Dieser epochale Wandel wird oft als „Zweite Industrielle Revolution“ charakterisiert, um die fundamentale Bedeutung für unsere Informations- und Wissensgesellschaft hervorzuheben.[2] Schlüsselbegriff der Informationsgesellschaft ist der Zugang (engl. Access) zu digitalisiertem Wissen. Wegen der zunehmenden Privatisierung und Kommerzialisierung des Gutes „Information“ besteht aber die Gefahr einer asymmetrischen Informations- und Wissenslage der Gesellschaft.[3] Als Lösung dieser Wissenskluft wird der allgemeine freie Zugang (engl. Open Access) zu Wissen diskutiert.

## B. Gegenstand der Untersuchung

Gegenstand dieser Dissertation ist die wissenschaftliche Auseinandersetzung mit der Open-Access-Bewegung, insbesondere dem urheberrechtlichen Hintergrund und die verfassungsrechtliche Untersuchung der Vorschläge de lege ferenda zur Implementierung des Open-Access-Gedankens im Urhebergesetz.

---

1 Wandtke, Medien im technologischen Zeitalter in: Medienrecht, 1.1. Rn. 84

2 Bericht der Bundesregierung Info 2000 – Deutschlands Weg in die Informationsgesellschaft, BTDrucks 13/4000, S. 15; Sieber, Informationsrecht und Recht der Informationstechnik – Die Konstituierung eines Rechtsgebietes in Gegenstand, Grundfragen und Zielen, NJW 1989, 2569, 2570

3 Schoch, Öffentlich-rechtliche Rahmenbedingungen einer Informationsordnung, VVDStRL Bd. 57 (1998), 158, 180

In letzter Zeit ist der Fokus der Gesellschaft verstärkt auf die Open-Access-Idee gelegt worden, da diese im Zusammenhang mit der viel beachteten Buchsuche des Internetunternehmens Google Inc. und dem Vergleichsvorschlag von Google zur Beilegung einer Sammelklage US-amerikanischer Verlage und Autoren, sog. Google Book Settlement, häufig genannt wird. Vor allem der Heidelberger Appell vom 22. März 2009 – ein Aufruf zum Thema Urheberrecht, der aktuell von über 2.600 zum Teil sehr prominenten Unterzeichnern unterstützt wird – wendet sich gegen die Digitalisierung urheberrechtlich geschützter Werke durch die Google Buchsuche und gegen Open Access.[4] Zu den Unterzeichnern gehören u.a. Günter Grass, Siegfried Lenz, Michael Naumann und Sabine Leutheusser-Schnarrenberger.

Schlagworte wie Kollektiventeignung[5], Entrechtung des Autors[6], Open Enteignung[7], Open Exzess[8] o.ä. machen die publizistische Runde. Open Access und das Massendigitalisierungsprojekt von Google dürfen jedoch nicht vermengt werden. Schon im Jahr 2004 hat Google damit begonnen sowohl gemeinfreie als auch urheberrechtlich geschützte Bücher US-amerikanischer Bibliotheken einzuscannen und im Internet einsehbar zu machen, womit teilweise Urheberrechte betroffener Autoren und Verleger beeinträchtigt wurden. Open Access hingegen ist eine Bewegung innerhalb der Wissenschaftswelt, die darauf hinarbeitet wissenschaftliche Informationen der interessierten Öffentlichkeit frei zur Verfügung zu stellen. Die nachfolgende Arbeit beschäftigt sich ausschließlich mit der Open-Access-Bewegung.

Darüber hinaus ist eine gesetzliche Ausgestaltung des Open-Access-Prinzips aktuell stark umstritten. Beispielhaft sei hier der Kommentar von Günter Krings, Mitglied des deutschen Bundestages und stellvertretender Vorsitzender der CDU/CSU Bundestagsfraktion, genannt, in dem er zwar Open Access allgemein befürwortet, jedoch eine gesetzliche Stütze ablehnt.[9] Aus seiner Sicht gehe es bei dieser Diskussion nicht um die Stärkung der Autorenrechte bzw. um die Förderung von Open Access, sondern ausschließlich um die finanziellen Interessen der Deutschen Forschungsgemeinschaft (DFG), die als Lobbyist in eigener Sache auftrete, um den akademischen Mittelbau und die Verlage zu „enteignen, damit

4 Abrufbar unter: http://www.textkritik.de/urheberrecht/index.htm (14.01.2012)

5 Reuß, Eine unheimliche technokratische Machtergreifung, FAZ v. 11. Februar 2009

6 Rieble, Forscher sind nicht normale Angestellte, FAZ v. 29. April 2009

7 Walther, „Open Enteignung“ durch GoogleBooks, TAZ v. 20. März 2009

8 Gerhardt, Open Exzess: Die Folgen des Publizierzwangs, FAZ v. 10. Juni 2009

9 Krings, Darauf wird sich die Politik nicht einlassen!, FAZ v. 26. Oktober 2011; derselbe bezeichnete im Rahmen der Verabschiedung des Zweiten Gesetzes zur Regelung des Urheberrechts in der Informationsgesellschaft das Open-Access-Ansinnen noch als „Freibier-Mentalität“ (PlPr. 16/108, S. 11.149 [A]).

noch mehr Geld für ihre Forschungsprojekte übrig bleibe".[10] Auf diesen Namensbeitrag hin antwortete die Allianz der Wissenschaftsorganisationen, ein Verbund von deutschen Wissenschaftsorganisationen[11], am 29.10.2011, dass Krings die Vorteile von Open Access außer Acht lasse. Insbesondere profitiere nicht die DFG von Open-Access-Publikationen, sondern die Wissenschaftler selbst, die sich aktuell einer Quasi-Monopolstellung der Verlage gegenübersähen.[12]

## C. Gang der Untersuchung

Zu Beginn der Arbeit wird der historische und gesellschaftliche Hintergrund der Open-Access-Bewegung beschrieben und dargestellt, warum der Ruf nach entgeltfreier Informationsbeschaffung mittels Internet laut wurde. Danach werden die Wurzeln der Open-Access-Bewegung und die bisherigen Meilensteine der Bewegung aufgezeigt, die schließlich zu einer Definition des Begriffes „Open Access" führen. Da in der Praxis der Open-Access-Gedanke auf verschiedenen Arten umgesetzt werden kann, stellt diese Arbeit überdies die unterschiedlichen Wege von Open Access vor. Schließlich werden die gängigsten Vor- und Nachteile von Open Access untersucht.

Dieser allgemeinen Darstellung folgt im 3. Kapitel eine Analyse des Open-Access-Gedankens unter Zugrundenahme des aktuellen Urhebergesetzes, des urheberrechtlichen Hintergrundes und insbesondere der Besonderheiten bei Veröffentlichungen von Hochschullehrern. Hierbei widmet sich die Arbeit auch der Frage, ob Hochschullehrer verpflichtet sind, frei geschaffene Werke der Hochschule zur Veröffentlichung anzubieten. Nur sofern und soweit wissenschaftliche Erkenntnisse dem urheberrechtlichen Schutz und der Nutzungsbefugnis des Autors bzw. eines Dritten unterliegen, bedarf es einer gesetzlichen Zugriffs- und Nutzungserlaubnis.

Im 4. Kapitel werden die Vorschläge einer gesetzlichen Implementierung des Open-Access-Paradigmas im Urhebergesetz vorgestellt und deren Verfassungsmäßigkeit untersucht. Besonders bedeutsam ist in diesem Zusammenhang, ob die

10 Krings, Darauf wird sich die Politik nicht einlassen!, FAZ v. 26. Oktober 2011

11 Mitglieder sind die Alexander von Humboldt-Stiftung, die Deutsche Akademie der Naturforscher Leopoldina, der Deutsche Akademische Austauschdienst, die Deutsche Forschungsgemeinschaft, die Fraunhofer-Gesellschaft, die Helmholtz-Gemeinschaft Deutscher Forschungszentren sowie die Hochschulrektorenkonferenz, die Leibniz-Gemeinschaft, die Max-Planck-Gesellschaft und der Wissenschaftsrat.

12 Stellungnahme der Allianz der Wissenschaftsorganisationen zu den Darstellungen in der FAZ zum Thema Open Access v. 29. Oktober 2011

Eigentums- und Wissenschaftsfreiheit des betroffenen Autors bzw. Verlegers den Reformvorschlägen im Wege steht.

Die Arbeit endet schließlich mit einer enumerativen Zusammenfassung der erzielten Ergebnisse.

# 2. Kapitel: Grundlagen des Open Access

## A. Hintergrund der Open-Access-Bewegung

Seit Mitte der 90iger Jahre des 20. Jahrhunderts belasten massive Preissteigerungen für wissenschaftliche Zeitschriften, vor allem in den Naturwissenschaften, der Technik und der Medizin (sog. STM-Bereich: Science-Technology-Medicine), die Haushalte der Universitäten. Eine Vielzahl von Hochschulen muss einen erheblichen Anteil ihres Budgets für Literaturneuanschaffungen bzw. für die Aufrechterhaltung des (Wissens-)Bestandes aufwenden. Die Kosten für wissenschaftliche Zeitschriften sind etwa bei der Universität Regensburg in der Zeit von 1995 bis 2003 von EUR 1,25 Millionen auf EUR 2,35 Millionen gestiegen, obwohl in dieser Zeit der Betrag entsprechend dem Verbraucherpreisindex lediglich von EUR 1,25 Millionen auf EUR 1,40 Millionen hätte anwachsen „dürfen“.[13] Gleichzeitig steigen die Etats der betroffenen Hochschulen nicht in gleichem Maße an, da aufgrund staatlicher Sparzwänge nicht ausreichend Kapital von der öffentlichen Hand zur Verfügung gestellt werden kann.[14] Den öffentlich finanzierten Forschungseinrichtungen verbleibt nur wenig Spielraum, um diesen finanziellen Engpass auszugleichen, da beispielsweise weder Mietkosten für Labore und Büros gesenkt noch öffentlich-rechtliche Anstellungsverhältnisse einfach gelöst werden können. Lediglich die Beschaffungskosten, namentlich die Anschaffungskosten für Informationen, können gesenkt werden.[15] Dies führt dazu, dass Universitätsbibliotheken u.a. wissenschaftliche Zeitschriftenabonnements kündigen (müssen). Aufgrund dieser Kündigungen senken Verlage die Stückzahlen der entsprechenden Zeitschriften, so dass weitere Preiserhöhungen die Folge sind. Als Reaktion folgen weitere Abbestellungen durch die Bibliotheken. Dieses Szenario wird allgemein als „Krise des wissenschaftlichen Publikationswesens“ oder einprägsamer als „Zeitschriftenkrise“ bezeichnet. Beachtens-

---

13 Stellungnahme des Bundesrates zum Entwurf eines zweiten Gesetzes zur Regelung des Urheberrechts in der Informationsgesellschaft, BRDrucks 257/06, S. 6; Statistisches Bundesamt, Verbraucherpreisindex für Deutschland 2005 = 100 (1995 = 87,1 und 2003 = 96,9)

14 Im Zeitraum 1995 bis 2003 sind die bundesweiten Ausgaben für Forschung und Entwicklung im Sektor Hochschule von EUR 7.378 Mill. auf EUR 9.202 Mill. angestiegen (Quelle: Statistisches Bundesamt, Ausgaben für Forschung und Entwicklung nach Sektoren)

15 Hilty, Das Urheberrecht und der Wissenschaftler, GRUR Int 2006, 179, 182

wert ist, dass sich dieses Phänomen nicht nur auf Deutschland beschränkt, sondern international zu beobachten ist.[16]

Dieser circulus vitiosus wird zudem dadurch verstärkt, dass das wissenschaftliche Publikationswesen für Verlage ein gewinnträchtiger Markt ist. Mangels bzw. wegen geringer Konkurrenz sind die Macht- und Kostenverhältnisse der Parteien nicht mehr ausgewogen, so dass manche Verlage den Bibliotheken zum Teil Preissteigerungen einseitig diktieren können.[17] Die Gewinnmargen bestimmter Verlage liegen bei über 20 bis über 30 Prozent des Umsatzes.[18] Mit Ausnahme des deutschen Marktes für geisteswissenschaftliche Publikationen wird das wissenschaftliche Publikationswesen von einigen wenigen Verlagskonzernen (z.B. Reed Elsevier, Blackwell, Springer Verlag) dominiert.

Immense Preissteigerungen finden sich vor allem bei Zeitschriften mit hohem wissenschaftlichem Renommee, die von Vertretern der betroffenen Fachgebiete alternativlos abonniert werden müssen, da der Bestand dieser Zeitschriften, sog. Kernzeitschriften, als unersetzlich gilt und deren Anschaffung für den Literaturversorgungsauftrag der Bibliotheken notwendig ist. Eine Preisregulierung durch Angebot und Nachfrage findet in diesem Bereich nur wenig statt.[19] Bibliotheken, und damit die öffentliche Hand, müssen diese Kernzeitschriften zu fast jedem Preis erwerben.

Hinzu kommt, dass immer mehr Wissenschaftler mit immer längeren Artikeln in die Öffentlichkeit drängen (müssen). Zwischen den Hochschulen bzw. auch innerhalb der Hochschulen findet in Abkehr von formalen und traditionsorientierten staatlichen Zuwendungen (z.B. Festbetrag je Organisationseinheit) zwischenzeitlich vermehrt eine leistungsorientierte Mittelvergabe (LOM) statt, wobei auch die Qualität und Quantität wissenschaftlicher Publikationen einen nicht untergeordneten Indikator im LOM-System darstellen. Diese Konkurrenzsituation zwischen den Hochschulen führt u.a. dazu, dass Hochschullehrer auch aus wirtschaftlichen Gründen veröffentlichen.[20] Aufgrund des aktuellen Besoldungs-

---

16 Hansen, Urheberrecht für Wissenschaftler – Risiken und Chancen der Urheberrechtsreform für das wissenschaftliche Publizieren in: In die Zukunft publizieren. Herausforderungen an das Publizieren und die Informationsversorgung in den Wissenschaften, S. 10

17 Beck, Verlagsfunktion und Open Access in: Autorschaft als Werkherrschaft in digitaler Zeit, S. 27

18 Z.B. erwirtschaftete der Wissenschaftsverlag Elsevier kontinuierlich eine Umsatzrendite von über 30 % (2004: 32,6 %; 2005: 31,3 %; 2006: 30,6 %; 2007: 31,7 % u. 2008: 33,4 %, abrufbar unter: http://www.reedelsevier.com/annualreport08/financial/Pages/chart-tool.aspx (14.01.2012)

19 Müller, Open Access und die Kosten, BFP Juli 2011, 161, 164, spricht sogar von Monopolpreisen.

20 Geis, Universitäten im Wettbewerb, VVDStRL Bd. 69 (2010), 366, 391 nennt als Beispiel, dass eine Technische Universität in Deutschland Professoren eine monatliche Leistungszulage von

systems für Professoren (W-Besoldung) wird darüber hinaus ein weiterer (finanzieller) Anreiz zur wissenschaftlichen Publikation geschaffen, da u.a. für besondere Leistungen in Forschung und Lehre – zusätzlich zum Grundgehalt – Leistungsbezüge gem. § 33 Abs. 1 Nr. 2 BBesG gewährt werden können.[21] Die Anzahl der veröffentlichten wissenschaftlichen Beiträge wächst im Ergebnis kontinuierlich um etwa 3 Prozent jährlich, wobei die Artikellänge zwischen 1975 und 2001 von 820 auf 2.216 Seiten pro Jahr pro Wissenschaftszeitschrift anstieg.[22] Diese wissenschaftliche Publikationsflut, getreu dem Motto „publish or perish", ist ebenso ursächlich für den Preisanstieg innerhalb der Wissenschaftspublikationen, da dieser Output gelesen, geprüft, überarbeitet und veröffentlicht wird.

Die Verlagswirtschaft selbst führt vor allem den durch die digitale Vervielfältigung sprunghaft gewachsenen Anstieg des Kopierwesens für massive Abbestellungen und die steigende Preisspirale an.[23] Letzteres ist zwar nicht Hauptgrund für die Zeitschriftenkrise, jedoch trägt dieser Aspekt zur Steigerung der Preis- und Abbestellspirale bei.

Die Situation, dass die öffentliche Hand diese wissenschaftlichen Erkenntnisse mehrfach finanziert, Profiteure des wissenschaftlichen Outputs aber nicht der Steuerzahler, sondern primär die Wissenschaftsverlage sind, empfinden viele Betroffene als unbefriedigend. Eine öffentliche Mehrfachfinanzierung von wissenschaftlichen Publikationen liegt vor, weil im Staatshaushalt Forschungsmittel zur Verfügung gestellt werden, um wissenschaftliche Autoren in öffentlich-rechtlichen Dienstverhältnissen zu beschäftigen bzw. die Infrastruktur der Hochschulen zu unterhalten.[24] Wissenschaftler hingegen übertragen i.d.R. Verwertungsrechte für ihre wissenschaftlichen Publikationen exklusiv an Verlage. Innerhalb des Begutachtungsprozesses (Peer-Review-Verfahren[25]) in den Fachverlagen durch unabhängige Wissenschaftler werden weitere öffentliche Gelder aufgewendet, da die Sicherstellung der inhaltlichen Qualität meist von öffentlich finanzierten Wissenschaftlern, die für Verlage kostenlos tätig sind, gewährleistet

---

EUR 500,- gewährt, wenn diese zwei Aufsätze pro Jahr in bestimmten wissenschaftlichen Zeitschriften veröffentlichen.

21 i.V.m. Art. 23 BayBesG, § 4 Abs. 2 BayHLeistBV können relevante Kriterien in Bezug auf die Leistungsbezüge insbesondere Anzahl und Qualität der jeweiligen Publikationen sein.

22 Mark Ware Consulting, Scientific publishing in transition: an overview of current developments, S. 12

23 Stellungnahme des Börsenvereins zu den Empfehlungen der Ausschüsse des Bundesrates zum 2. Korb v. 11.05.2006 (Dr. 257/1/06)

24 Im Jahr 2009 wurden insgesamt EUR 67.015 Mill. für Forschung und Entwicklung ausgegeben (Quelle: Statistisches Bundesamt, Ausgaben für Forschung und Entwicklung nach Sektoren). Beispielsweise wurden 2007 80 Prozent des Bildungsbudgets in Deutschland durch die öffentliche Hand finanziert (Statistisches Bundesamt, Bildungsfinanzbericht 2010, S. 14).

25 Vgl. S. 45 ff.

wird.[26] Am Ende der Publikationskette müssen Bibliotheken abermals mit öffentlichen Geldern Abonnements unterhalten bzw. Zeitschriften erwerben, in denen diese Beiträge publiziert werden, um anderen Wissenschaftlern diese zur Verfügung stellen zu können.

Gleichzeitig ist die Entwicklung des Internets so weit fortgeschritten, dass nahezu in allen Ländern der Welt wissenschaftliche Arbeitsplätze mit internetfähigen Computern ausgestattet sind. Diese beiden Entwicklungslinien wollen Forschungsinstitute zusammenführen, um mit Hilfe des Internets die wissenschaftliche Literaturversorgung der Öffentlichkeit sicherzustellen.[27] Karl-Nikolaus Peifer, Professor an der rechtswissenschaftlichen Fakultät der Universität zu Köln, umschreibt die Digitalisierung des Wissenschaftsmarktes sehr plastisch mit den Worten, dass eine „Weltbibliothek am Bildschirm“ möglich sei.[28]

Die Forderung nach entgeltfreiem Zugang für öffentlich finanzierte wissenschaftliche Forschungsergebnisse für ein breites fachlich interessiertes Publikum wird zunehmend lauter. Dieser Trend ist mittlerweile so stark, dass man allgemein von einer Open-Access-Bewegung spricht.[29]

## B. Entwicklung der Open-Access-Bewegung

Die Open-Access-Bewegung hatte ihre frühen Anfänge schon in den 60iger Jahren des 20. Jahrhunderts. Peter Suber, Professor der Philosophie am Earlham College in Richmond (Indiana/USA) und ein Protagonist der Open-Access-Bewegung, hat eine „Timeline Of The Open-Access-Movement“ erarbeitet, die detailgenau die Eckdaten der Entwicklung dieser Bewegung nachvollzieht.[30] Als „Geburtsurkunde“ der modernen Open-Access-Initiative wird die Budapest Open-Access-Initiative (BOAI) verstanden, die durch das Open Society Institute (OSI) in Budapest organisiert wurde.[31] Diese Initiative stellt den Anfang der von

---

26 Pflüger/Ertmann, E-Publishing und Open Access – Konsequenzen für das Urheberrecht im Hochschulbereich, ZUM 2004, 436 ff.

27 Weishaupt, Der freie Zugang zum Wissen: auf dem Weg, aber noch nicht am Ziel! – Erste Ergebnisse einer Studie zur Akzeptanz von Open-Access-Zeitschriften, Forschung aktuell 08/2008, S. 2

28 Peifer, Wissenschaftsmarkt und Urheberrecht: Schranken, Vertragsrecht, Wettbewerbsrecht, GRUR 2009, 22, 22

29 OECD, Giving Knowledge for Free – The Emergence of Open Educational Resources, S. 9 abrufbar unter: http://www.oecd.org/dataoecd/35/7/38654317.pdf (14.01.2012)

30 Suber, Timeline Of The Open Access Movement, abrufbar unter: http://oad.simmons. edu/oadwiki/Timeline (14.01.2012)

31 Schirmbacher, Open Access ein historischer Abriss in: Open Access – Chancen und Herausforderungen – ein Hdb. der deutschen UNESCO-Kommission, S. 24

Peter Suber sog. BBB-Definition (Budapest-Bethesda-Berlin) von Open Access dar. Die historische Entwicklung dieser BBB-Definition soll im Folgenden dargestellt werden.

## I. Budapest Open-Access-Initiative

Die erste offizielle Konferenz von Wissenschaftlern zum Thema Open Access veranstaltete das OSI vom 1. bis 2. Dezember 2001 in Budapest. Das OSI wurde als private Stiftung im Jahre 1993 von George Soros, einem US-amerikanischen Finanzunternehmer und Philanthrop, zur Förderung der Entwicklung von Programmen in den Bereichen Zivilgesellschaft, Erziehung und Bildung, Medien, Public Health, Frauen- und Menschenrechte gegründet. Ziel der Konferenz war ein nach außen unverbindliches Bekenntnis der Teilnehmer zur Forderung nach unbeschränktem Zugang zur gesamten wissenschaftlichen Zeitschriftenliteratur, die Entwicklung ihrer Umsetzung in die Praxis und die Zusammenarbeit einzelner bereits existierender Open-Access-Initiativen weltweit.[32] Die Konferenz sollte keinen Appell an Wissenschaftsverlage oder internationale Gesetzgeber darstellen, sondern brachte ausschließlich einen Initiativaufruf zu Open Access vom 17. Januar 2002 hervor. Dieser beinhaltete eine Grundsatzerklärung zu Open Access, eine Erklärung über verfügbare und sinnvolle Umsetzungsstrategien und eine Selbstverpflichtung der Teilnehmer.[33]

Kern des Initiativaufrufes ist folgender Ausschnitt der Erklärung[34]:

> *Frei zugänglich im Internet sollte all jene Literatur sein, die Wissenschaftlerinnen und Wissenschaftler ohne Erwartung, hierfür bezahlt zu werden, veröffentlichen. Zu dieser Kategorie gehören zunächst Beiträge in Fachzeitschriften, die ein reguläres Peer-Review durchlaufen haben, aber auch z.B. Preprints, die (noch) nicht begutachtet wurden, und die online zur Verfügung gestellt werden sollen, um Kollegen und Kolleginnen über wichtige Forschungsergebnisse zu informieren bzw. deren Kommentare einzuholen. Open Access meint, dass diese Literatur kostenfrei und öffentlich im Internet zugänglich sein sollte, so dass Interessierte die Volltexte lesen, herunterladen, kopieren, verteilen, drucken, in ihnen suchen, auf sie verweisen und sie auch sonst auf jede denkbare legale Weise benutzen können, ohne finanzielle, gesetzliche oder technische Barrieren jenseits von denen, die mit dem Internet-Zugang selbst verbunden sind. In allen Fragen des Wiederabdrucks und der Verteilung und in allen Fragen des Copyright überhaupt sollte die einzige Einschränkung darin bestehen, den jeweiligen Auto-*

32 Schirmbacher, Open Access ein historischer Abriss in: Open Access – Chancen und Herausforderungen – ein Hdb. der deutschen UNESCO-Kommission, S. 24

33 Blum, Open Access als alternatives Publikationsmodell der Wissenschaft, S. 17

34 Volltext des Initiativaufrufes abrufbar unter: http://www.soros.org/openaccess/translations/german-translation (14.01.2012)

*rinnen und Autoren Kontrolle über ihre Arbeit zu belassen und deren Recht zu sichern, dass ihre Arbeit angemessen anerkannt und zitiert wird.*

Zur Umsetzung dieses Open-Access-Gedankens in die Praxis empfahl die BOAI zwei unterschiedliche Strategien; das Self- bzw. Institutional-Archiving wissenschaftlicher Zeitschriftenbeiträge im Internet durch die Autoren selbst oder mittels eines Repositoriums (ein verwaltetes Verzeichnis zur Speicherung und Beschreibung von Daten und digitalen Dokumenten), sog. Grüner Weg bzw. Green Road, und die Schaffung einer neuen Generation von Fachzeitschriften, die sich der Open-Access-Idee verpflichten, sog. Goldener Weg bzw. Golden Road.

Dieser erste Aufruf zu Open Access erfasste jedoch nur einen Teil der wissenschaftlichen Literatur. Er beinhaltete die Forderung nach unbeschränktem Zugriff hinsichtlich wissenschaftlicher Zeitungsartikel, für deren Veröffentlichung der Autor üblicherweise kein Honorar erwarten konnte. Dies sollte sicherstellen, dass Autoren, die keine anderen Einnahmequellen als die Veröffentlichung ihrer Werke haben, die monetäre Anerkennung ihrer Werke zu Gute kommt, um ihren Lebensunterhalt zu sichern.

Die Erklärung unterzeichneten bisher über 5.500 Einzelpersonen und 600 wissenschaftliche Organisationen und Initiativen auf der ganzen Welt.[35]

## II. Bethesda Statement on Open-Access-Publishing

Der nächste Meilenstein der Open-Access-Bewegung war das Bethesda Statement on Open-Access-Publishing (BSOAP) vom 11. April 2003, veröffentlicht durch das Howard Hughes Medical Institute in Chevy Chase (Maryland/USA). Dieses Statement beabsichtigte die internationale Diskussion über Open Access, insbesondere im Bereich der biomedizinischen Forschung, weiterzuentwickeln und zusätzliche Denkanstöße zu geben.

Ziel dieser Stellungnahme war die Festlegung transparenter, definierter Schritte, die alle betroffenen Gruppen (Organisationen, Wissenschaftler, Verleger, Bibliothekare u.a.) gehen können, um den zügigen und effektiven Übergang von der tradierten Veröffentlichung wissenschaftlicher Arbeiten in Printfachzeitschriften zu einer Open-Access-Veröffentlichung zu fördern.[36] Dieser Kongress sollte die Vorarbeit für eine weitere Zusammenkunft der Teilnehmer leisten, in der schließlich eine endgültige Liste von Prinzipien aufgestellt werden sollte, für

---

35 Abrufbar unter: http://www.soros.org/openaccess/list_signatures (14.01.2012)

36 Abrufbar unter: http://www.earlham.edu/~peters/fos/bethesda_ger.htm (14.01.2012). Hierbei handelt es sich um die deutsche Übersetzung von Bernhard Linseisen. Im Fall von Unklarheiten gelten die Aussagen der englischen Originalfassung

deren standardisierte Einführung für Veröffentlichungen von Fachartikeln sie sich stark machen wollten.

Das BSOAP ist in vier Kategorien unterteilt. Die erste Kategorie enthält eine vorläufige Definition des Begriffes Open Access, die weiteren drei Kategorien je eine Stellungnahme einer beteiligten Arbeitsgruppe (AG Einrichtungen und finanzierende Gesellschaften, AG Bibliotheken und Verlage sowie AG Wissenschaftler und wissenschaftliche Vereinigungen). Im Gegensatz zur BOAI fasst das BSOAP den Begriff Open Access weiter, indem nicht nur wissenschaftliche Zeitschriftenbeiträge von Autoren, die keine Vergütung erwarten, erfasst werden und die ein Peer-Review-Verfahren durchlaufen haben oder einen Preprint darstellen. Nach Auffassung der BSOAP müssen zwei Voraussetzungen erfüllt sein, um von Open Access sprechen zu können[37]:

1. *Der/die Autor/en und der/die Urheberrechtsinhaber gewähren allen Nutzern ein unwiderrufliches, weltweites, fortwährendes Recht auf Zugang zu ihrer Arbeit und die Berechtigung zu Vervielfältigung, Nutzung, Verteilung, öffentlicher Übermittlung und Vorführung, sowie zur Durchführung und Verbreitung abgeleiteter Arbeiten zur verantwortungsvollen Verwendung über jedwedes digitale Medium bei würdigender Beachtung der Urheberschaft, und außerdem das Recht zur Erstellung gedruckter Exemplare in geringer Anzahl zur persönlichen Nutzung.*

2. *Eine vollständige Fassung der Arbeit und alle damit in Verbindung stehenden Materialien, inklusive einer Kopie der obengenannten Genehmigung, wird sofort nach der Erstveröffentlichung in einem geeigneten, standardisierten elektronischen Format auf mindestens einer Online-Plattform zur Verfügung gestellt, die von einer akademischen Einrichtung, einer wissenschaftlichen Gesellschaft, einer Regierungsstelle, oder einer anderen anerkannten Organisation, die danach strebt, offenen Zugang, unbeschränkte Verbreitung, Interoperabilität und Langzeitspeicherung zu ermöglichen, getragen wird (für die biomedizinischen Wissenschaften kann PubMed Central als solche Plattform angesehen werden).*

*Anmerkungen:*

1. *Offener Zugang ist eine Eigenschaft individueller Arbeiten, nicht notwendigerweise von Zeitschriften oder Herausgebern.*

2. *Gesellschaftliche Gepflogenheiten werden – mehr als das Urheberrecht – weiterhin den Mechanismus für die Durchsetzung angemessener Anerkennung und verantwortungsvoller Verwendung der veröffentlichten Arbeiten bereithalten, wie sie dies auch schon jetzt tun.*

Neben dieser vorläufigen Definition des Open-Access-Begriffes fordert das BSOAP, dass eine Langzeitarchivierung der wissenschaftlichen Beiträge im Internet durch Hinterlegung der Arbeiten auf Dokumentenserver sichergestellt wird. Diese zwei Voraussetzungen des Open Access sollen gewährleisten, dass öffentlich finanzierte Wissenschaftsergebnisse möglichst vollständig der Öffent-

37 Abrufbar unter: http://www.earlham.edu/~peters/fos/bethesda_ger.htm (14.01.2012)

lichkeit zugänglich gemacht werden, insbesondere Wissenschaftlern, um auf bereits gefundenem (publizierten) Wissen aufbauen zu können, um so die Wissenschaft effektiver weiterentwickeln zu können.

## III. Berliner Erklärung

Das letzte B der BBB-Definition von Open Access steht für die „Berlin Declaration on Open Access to Knowledge in the Sciences and Humanities" (Berliner Erklärung) vom 22. Oktober 2003.[38] Die Berliner Erklärung war Resultat einer dreitägigen internationalen Konferenz unter Federführung der Max-Planck-Gesellschaft in Berlin und versteht sich selbst ausdrücklich als Fortführung der BOAI, BSOAP und der ECHO-Charta.[39] Das European Cultural Heritage Online (ECHO) ist ein von der Europäischen Union gefördertes und 2003 vom Max-Planck-Institut für Wissenschaftsgeschichte zusammen mit der Bibliotheca Hertziana Max-Planck-Institut für Psycholinguistik in Berlin und 13 weiteren europäischen geisteswissenschaftlichen Institutionen gegründetes Internetportal.[40] Ziel dieser Initiative ist es, gemeinsames kulturelles Erbe trotz nationaler, kultureller und sprachlicher Hindernisse der breiten Öffentlichkeit in großem Umfang, in hoher technischer Qualität, kostenlos und dauerhaft im Internet zugänglich zu machen.

Die Berliner Erklärung lautet im Wortlaut wie folgt:

> *„(...) Das Internet hat die praktischen und wirtschaftlichen Bedingungen für die Verbreitung von wissenschaftlichem Wissen und kulturellem Erbe grundlegend verändert. Mit dem Internet ist zum ersten Mal die Möglichkeit einer umfassenden und interaktiven Repräsentation des menschlichen Wissens, einschließlich des kulturellen Erbes, bei gleichzeitiger Gewährleistung eines weltweiten Zugangs gegeben.*
>
> *Wir, die Unterzeichner, fühlen uns verpflichtet, die Herausforderungen des Internets als dem zunehmend an Bedeutung gewinnenden Medium der Wissensverbreitung aufzugreifen. Die damit verbundenen Entwicklungen werden zwangsläufig zu erheblichen Veränderungen im Wesen des wissenschaftlichen Publizierens führen und einen Wandel der bestehenden Systeme wissenschaftlicher Qualitätssicherung einleiten.*

38 Im Anschluss an die Berliner Erklärung fanden noch drei weitere Konferenzen in Genf (2004), Southampton (2005) und Potsdam (2006) statt, um die Umsetzbarkeit der vereinbarten Ziele zu besprechen.

39 Abrufbar unter: http://oa.mpg.de/files/2010/04/Berliner_Erklaerung_dt_Version_07-2006.pdf (14.01.2012) (Im Fall von Unklarheiten gelten die Aussagen der englischen Originalfassung)

40 Rieger/Schoepflin, European Cultural Heritage Online (ECHO) – eine Forschungsinfrastruktur für die Geisteswissenschaften, Kunstchronik 2007, 510, 511

*Im Sinne der Budapester Initiative (Budapest Open Access Initiative), der ECHO-Charta und der Bethesda-Erklärung (Bethesda Statement on Open Access Publishing) haben wir diese Berliner Erklärung mit dem Ziel aufgesetzt, das Internet als Instrument für eine weltweite Basis wissenschaftlicher Kenntnisse und menschlicher Reflektion zu fördern und die erforderlichen Maßnahmen zu formulieren, die von Entscheidungsträgern, Forschungsorganisationen, Förderinstitutionen, Bibliotheken, Archiven und Museen zu bedenken sind.*

*(...) Unsere Aufgabe Wissen weiterzugeben ist nur halb erfüllt, wenn diese Informationen für die Gesellschaft nicht in umfassender Weise und einfach zugänglich sind. Neben den konventionellen Methoden müssen zunehmend auch die neuen Möglichkeiten der Wissensverbreitung über das Internet nach dem Prinzip des offenen Zugangs (Open Access-Paradigma) gefördert werden. Wir definieren den offenen Zugang oder den „Open Access" als eine umfassende Quelle menschlichen Wissens und kulturellen Erbes, die von der Wissenschaftsgemeinschaft bestätigt wurden. Die Vision von einer umfassenden und frei zugänglichen Repräsentation des Wissens lässt sich nur realisieren, wenn sich das Internet der Zukunft durch Nachhaltigkeit, Interaktivität und Transparenz auszeichnet. Inhalte und Software müssen offen zugänglich und kompatibel sein.*

*(...) Der offene Zugang als erstrebenswertes Verfahren setzt idealerweise die aktive Mitwirkung eines jeden Urhebers wissenschaftlichen Wissens und eines jeden Verwalters von kulturellem Erbe voraus. Open Access-Veröffentlichungen umfassen originäre wissenschaftliche Forschungsergebnisse ebenso wie Ursprungsdaten, Metadaten, Quellenmaterial, digitale Darstellungen von Bild- und Graphik-Material und wissenschaftliches Material in multimedialer Form.*

*Open Access-Veröffentlichungen müssen zwei Voraussetzungen erfüllen:*

1. *Die Urheber und die Rechteinhaber solcher Veröffentlichungen gewähren allen Nutzern unwiderruflich das freie, weltweite Zugangsrecht zu diesen Veröffentlichungen und erlauben ihnen, diese Veröffentlichungen – in jedem beliebigen digitalen Medium und für jeden verantwortbaren Zweck – zu kopieren, zu nutzen, zu verbreiten, zu übertragen und öffentlich wiederzugeben sowie Bearbeitungen davon zu erstellen und zu verbreiten, sofern die Urheberschaft korrekt angegeben wird. (Die Wissenschaftsgemeinschaft wird, wie schon bisher, auch in Zukunft Regeln hinsichtlich korrekter Urheberangaben und einer verantwortbaren Nutzung von Veröffentlichungen definieren) Weiterhin kann von diesen Beiträgen eine geringe Anzahl von Ausdrucken zum privaten Gebrauch angefertigt werden.*

2. *Eine vollständige Fassung der Veröffentlichung sowie aller ergänzenden Materialien, einschließlich einer Kopie der oben erläuterten Rechte wird in einem geeigneten elektronischen Standardformat in mindestens einem Online-Archiv hinterlegt (und damit veröffentlicht), das geeignete technische Standards (wie die Open Archive-Regeln) verwendet und das von einer wissenschaftlichen Einrichtung, einer wissenschaftlichen Gesellschaft, einer öffentlichen Institution oder einer anderen etablierten Organisation in dem Bestreben betrieben und gepflegt wird, den offenen Zugang, die uneingeschränkte Verbreitung, die Interoperabilität und die langfristige Archivierung zu ermöglichen.*

*(...) Unsere Organisationen unterstützen die Weiterentwicklung des neuen Open Access-Paradigmas mit dem Ziel, den größtmöglichen Nutzen für Wissenschaft und Gesellschaft zu erreichen. Dieses Anliegen wollen wir fördern, indem wir*

- *unsere Forscher und Stipendiaten darin bestärken, ihre Arbeiten entsprechend den Grundsätzen des Open Access-Paradigmas zu veröffentlichen;*
- *die Verwalter von kulturellem Erbe ermuntern, den offenen Zugang durch Bereitstellung ihrer Ressourcen im Internet zu fördern;*
- *Mittel und Wege zur Evaluierung von Open Access-Veröffentlichungen und Online-Zeitschriften entwickeln, damit die Standards wissenschaftlicher Qualitätssicherung und guter wissenschaftlicher Praxis erhalten bleiben;*
- *dafür eintreten, dass Open Access-Veröffentlichungen bei der Beurteilung wissenschaftlicher Leistungen anerkannt werden;*
- *dafür eintreten, dass die spezifischen Beiträge für die Entwicklung einer Open Access-Infrastruktur in Form von Software-Entwicklung, der Bereitstellung von Inhalten, der Metadaten-Erstellung oder der Veröffentlichung einzelner Artikel allgemein anerkannt werden.*

*(...) Wir sind uns der Tatsache bewusst, dass der Prozess des Übergangs zu einer Kultur des offenen Zugangs rechtliche und finanzielle Auswirkungen auf die Wissensverbreitung hat. Unsere Organisationen unterstützen deshalb auch die Weiterentwicklung der bestehenden rechtlichen und finanziellen Rahmenbedingungen, um die Voraussetzungen für eine optimale Nutzung eines offenen Zugangs zu ermöglichen.“*

Kerngehalt dieser Erklärung ist es, sowohl wissenschaftliche Inhalte als auch die erforderlichen Softwaretools frei zugänglich und miteinander kompatibel im Internet zur Verfügung zu stellen. Im Gegensatz zu ihren Vorgängerkonferenzen in Budapest und Bethesda sowie in Anlehnung an die ECHO-Charta fordert die Berliner Erklärung öffentlichen freien Zugang nicht nur für wissenschaftliche Informationen, sondern ebenso auf Quellen in Museen, Archiven und Bibliotheken als kulturelles Erbe.[41]

Zusammen mit den vorangehenden Erklärungen von Budapest und Bethesda besteht nunmehr eine abschließende Definition von Open Access. Voraussetzungen von Open-Access-Veröffentlichungen sind zwei Bedingungen:

1. *Die Urheber und die Rechteinhaber solcher Veröffentlichungen gewähren allen Nutzern unwiderruflich das freie, weltweite Zugangsrecht zu diesen Veröffentlichungen und erlauben ihnen, diese Veröffentlichungen – in jedem beliebigen digitalen Medium und für jeden verantwortbaren Zweck – zu kopieren, zu nutzen, zu verbreiten, zu übertragen und öffentlich wiederzugeben sowie Bearbeitungen davon zu erstellen und zu verbreiten, sofern die Urheberschaft korrekt angegeben wird. (Die Wissenschaftsgemeinschaft wird, wie schon bisher, auch in Zukunft Regeln hinsichtlich korrekter Urheberangaben und einer verantwortbaren Nutzung von Veröffentlichungen definieren) Weiterhin kann von diesen Beiträgen eine geringe Anzahl von Ausdrucken zum privaten Gebrauch angefertigt werden.*

2. *Eine vollständige Fassung der Veröffentlichung sowie aller ergänzenden Materialien, einschließlich einer Kopie der oben erläuterten Rechte wird in einem geeigneten elektronischen Standardformat in mindestens einem Online-Archiv hinterlegt (und damit veröffentlicht), das geeignete technische Standards (wie die Open Archive-Regeln) verwendet und das von einer wissenschaftlichen Einrichtung, einer wissenschaftlichen Gesellschaft, einer*

41 Blum, Open Access als alternatives Publikationsmodell der Wissenschaft, S. 18

*öffentlichen Institution oder einer anderen etablierten Organisation in dem Bestreben betrieben und gepflegt wird, den offenen Zugang, die uneingeschränkte Verbreitung, die Interoperabilität und die langfristige Archivierung zu ermöglichen.*

Die Berliner Erklärung zu Open Access setzte einen Schlusspunkt in der Diskussion, was unter dem Begriff Open Access zu verstehen ist und definierte, welche Voraussetzungen hierzu erforderlich sind. Darüber hinaus war die Berliner Erklärung auch ein Signal dahin, über die bloße Forderung nach Open-Access-Veröffentlichungen hinaus, die aktive Förderung dieses Gedankens voranzutreiben.

Die Unterzeichner der Erklärung vereinbarten, dass sie Forscher und andere Autoren, die mit öffentlichen Fördermitteln ausgestattet werden, darin bestärken, ihre Ergebnisse entsprechend dem Open-Access-Gedanken zu veröffentlichen und Mittel und Wege zur Evaluierung von Open-Access-Veröffentlichungen zu entwickeln, um eine Qualitätssicherung der Publikationen zu erhalten. Darüber hinaus treten sie dafür ein, dass Open-Access-Veröffentlichungen von Forschungsergebnissen für die wissenschaftliche Karriere ebenso anerkannt werden, wie traditionelle Veröffentlichungen in renommierten Printfachzeitschriften. Die Berliner Erklärung über offenen Zugang zu wissenschaftlichem Wissen wurde bisher von über 340 Forschungseinrichtungen unterzeichnet.[42]

Um die Umsetzung von Open Access in der Praxis voranzutreiben, haben die teilnehmenden deutschen Forschungsförderinstitute Leitlinien für ihre Institutionen aufgestellt, die ihren Wissenschaftlern empfehlen, alle ihre bereits publizierten Forschungsergebnisse in einem Open Access zugänglichen Online-Archive zu hinterlegen und sie dazu ermutigen weitere wissenschaftliche Ergebnisse nach Open-Access-Regeln zu publizieren.[43]

So hat die DFG, die wichtigste Einrichtung zur Förderung der Wissenschaft und Forschung in der Bundesrepublik Deutschland, im Januar 2006 folgende Verwendungsrichtlinie für unterstützte Projekte beschlossen[44]:

*Veröffentlichung von Ergebnissen:*

*Die DFG erwartet, dass die mit ihren Mitteln finanzierten Forschungsergebnisse publiziert und dabei möglichst auch digital veröffentlicht und für den entgeltfreien Zugriff im Internet (Open Access) verfügbar gemacht werden. Die entsprechenden Beiträge sollen dazu entweder zusätzlich zur Verlagspublikation in disziplinspezifische oder institutionelle elektronische Ar-*

---

42 Abrufbar unter: http://oa.mpg.de/lang/de/berlin-prozess/signatoren/ (14.01.2012)

43 Bargheer/Bellem/Schmidt, Open Access und Institutional Repositories – Rechtliche Rahmenbedingungen in: Rechtliche Rahmenbedingungen von Open Access-Publikationen, S. 5

44 Abrufbar unter: http://www.dfg.de/download/programme/wissenschaftliche_literaturversorgung_informationssysteme/mittelverwendung/2_12/2_12.pdf (14.01.2012) (Verwendungsrichtlinie 2.12 – Sachbeihilfen an wissenschaftliche Informationseinrichtungen in öffentlich-rechtlicher Trägerschaft, mit Leitfaden für Abschlussberichte und Regeln guter wissenschaftlicher Praxis)

*chive (Repositorien) eingestellt oder direkt in referierten Open-Access-Zeitschriften publiziert werden. An DFG-geförderten Projekten beteiligte Wissenschaftler sollten sich dazu in Verlagsverträgen ein nicht ausschließliches Verwertungsrecht zur elektronischen Publikation ihrer Forschungsergebnisse zwecks entgeltfreier Nutzung fest und dauerhaft vorbehalten. Dabei können disziplinspezifische Karenzzeiten von in der Regel 6-12 Monaten vereinbart werden, vor deren Ablauf das Einstellen bereits publizierter Forschungsergebnisse in disziplinspezifische oder institutionelle elektronische Archive nicht gestattet ist.*

Gleiches verfolgt die Fraunhofer-Gesellschaft mit ihrer Open-Access-Policy, wonach „alle Publikationen der Fraunhofer-Mitarbeiterinnen und -Mitarbeiter weltweit als Volltext digital zugänglich gemacht werden" sollen, um „uneingeschränkt das Prinzip des freien Zugangs, wie es in der Berliner Erklärung von 2003 verstanden wird, zu realisieren."[45] Auch die Leibniz-Gemeinschaft hat entsprechende Leitlinien zu Open Access verfasst.[46]

# C. Definition des Open Access

Der Begriff Open Access war kein von Anfang an bestehender fester Begriff, sondern wurde im Laufe der Zeit durch die Veranstaltungen in Budapest, Bethesda und Berlin unter Berücksichtigung der ECHO-Charta geprägt und entwickelt. Zusammengefasst versteht man unter Open Access, die allgemeine und freie Zugänglichmachung wissenschaftlicher Informationen und Veröffentlichungen im Internet unter Gewährung von Nutzungsrechten für Interessierte mit Zustimmung des Verfassers oder Rechteinhabers. Leser dürfen diese Werke kopieren, nutzen, verbreiten, übertragen und öffentlich wiedergeben sowie Bearbeitungen davon erstellen und verbreiten, sofern dies persönlichen oder wissenschaftlichen Zwecken dient und die Urheberschaft korrekt angegeben wird. Eine kommerzielle Verwertung ist hingegen ausgeschlossen. Diese Informationen und Veröffentlichungen sind weltweit im Internet kostenfrei verfügbar und müssen auf verlässlichen und dauerhaft verfügbaren Servern gespeichert werden. Die wissenschaftliche Qualität der publizierten Open-Access-Beiträge muss sichergestellt sein und den Standard traditioneller Veröffentlichungswege erreichen. Die Kosten einer Open-Access-Publikation dürfen nicht dem Leser aufgebürdet werden, sondern sind entweder vom Autor selbst oder von Dritten zu tragen. Einzige Barriere der Informationsbeschaffung für Interessierte darf die Verfügbarkeit eines internetfähigen Computers sein.

---

45 Abrufbar unter: http://www.fraunhofer.de/content/dam/zv/de/publikationen/Fraunhofer_Open AccessPolicy.pdf (14.01.2012)

46 Abrufbar unter: http://www.wgl.de/download.php?fileid=194 (14.01.2012)

Open Access ist von Open Source sowie von Open Content zu unterscheiden, wobei diese Begriffe i.d.R. im selben Kontext verwendet werden und ähnliche Phänomene bezeichnen. Unter Open Source versteht man die freie Veröffentlichung und Verbreitung ausschließlich von Software, wohingegen Open Content Inhalte jeglicher Art, wie Texte, Bild- und Tonwerke, die in Formaten publiziert werden, umfasst.[47]

## D. Open Access – Strategien und Umsetzung in der Praxis

Schon im Rahmen der BOAI wurden zwei Umsetzungsmöglichkeiten des Open-Access-Gedankens in der Praxis vorgeschlagen:

Die Primärveröffentlichung eines Beitrages in einem Open-Access-Medium (Goldener Weg) sowie die Parallelarchivierung der Veröffentlichung (Grüner Weg). Im Zusammenhang mit dem Goldenen und Grünen Weg wird schließlich auch der Graue Weg angesprochen.

### I. Goldener Weg

Der Goldene Weg beschreibt die Erstveröffentlichung einer Publikation in einem Open-Access-Medium im Internet entweder durch bestehende kommerzielle Zeitschriften, die sich dem Open-Access-Gedanken verpflichtet haben, oder durch Neugründung von Open-Access-Journals. Als Open-Access-Medien stehen Online-Zeitschriften, Online-Sammelwerke und auch Online-Monographien zur Verfügung.[48] Diese sind online verfügbar und gewähren einen uneingeschränkten Zugriff auf alle veröffentlichten Artikel (Full-Open-Access). Im Unterschied zum Grünen Weg erfolgt grundsätzlich keine Parallelveröffentlichung in einem Printmedium.[49]

Vor der Veröffentlichung eines Artikels auf dem Goldenen Weg erfolgen i.d.R. eine Qualitätsprüfung und eine Auswahl der Publikation durch den jeweiligen Verleger. Mögliche Anbieter dieser Leistungen sind Hochschulen, Fachge-

---

47 Mantz, Open Source, Open Content und Open Access – Gemeinsamkeiten und Unterschiede, Open Source Jahrbuch 2007, S. 413

48 Bargheer/Bellem/Schmidt, Open Access und Institutional Repositories – Rechtliche Rahmenbedingungen in: Rechtliche Rahmenbedingungen von Open Access-Publikationen, S. 7

49 Nach der Studie von Kaufman-Wills Group haben 74 % aller Open-Access-Journals noch nie eine Printausgabe veröffentlicht (The Facts About Open Access. Association of Learned and Professional Society Publisher, S. 15), abrufbar unter: http://www.alpsp.org/ebusiness/Product catalog/Product.aspx?ID=47 (14.01.2012)

sellschaften, Non-Profit-Organisationen oder kommerzielle Verlage.[50] Sodann werden die Veröffentlichungen thematisch gebündelt und der interessierten Öffentlichkeit auf der Verlagswebsite oder ähnlichem dauerhaft zugänglich gemacht.[51] Ein Überblick über die derzeit verfügbaren Open-Access-Journals findet sich auf der Internetseite des Directory of Open Access Journals (DOAJ) der Universität zu Lund (Schweden).[52]

## II. Grüner Weg

Eine Veröffentlichung auf dem Grünen Weg sieht neben der regulären Printveröffentlichung eine Zweitveröffentlichung des Beitrages nach Open-Access-Grundsätzen durch den Autor selbst oder ein institutionelles Online-Repositorium vor, sog. Self-Archiving oder Institutional-Archiving. Es handelt sich um Parallelpublikationen. Dies bedeutet, dass auf dem Grünen Weg publizierte Artikel neben der Internetveröffentlichung auch in kommerziellen Printzeitschriften erscheinen. Ob die Open-Access-Version des Beitrages nach dem traditionellen Druck und dem Peer-Review-Verfahren (Postprint) oder davor (Preprint) erfolgt, spielt im Ergebnis für den Grünen Weg keine Rolle.[53]

Unter einem Preprint versteht man eine Manuskriptfassung der beabsichtigten Publikation, die bei einer Printzeitschrift o.ä. zum Zwecke der Veröffentlichung eingereicht wurde. Die wissenschaftliche Qualität der Arbeit wurde i.d.R. noch nicht von Gutachtern überprüft und die Veröffentlichung daher auch noch nicht unabhängig empfohlen.[54] Anders hingegen bei einem Postprint, bei dem es sich um die bereits überprüfte und zur Veröffentlichung befürwortete Verlagsversion handelt.

Der Wissenschaftler hat die Wahl. Er kann selbst seine Dokumente auf einer privaten Website veröffentlichen und seine wissenschaftlichen Dokumente dort der Allgemeinheit zur Verfügung stellen, dann obliegen ihm natürlich selbst Pflege und Verwaltung der Homepage.[55] Will der Autor sich hingegen nicht selbst um die Administration seiner Open Access veröffentlichten Dokumente kümmern, bieten diesen Service auch institutionelle Repositorien an. Hierbei

50 Blum, Open Access als alternatives Publikationsmodell der Wissenschaft, S. 32

51 Bargheer/Bellem/Schmidt, Open Access und Institutional Repositories – Rechtliche Rahmenbedingungen in: Rechtliche Rahmenbedingungen von Open Access-Publikationen, S. 7

52 Abrufbar unter: http://www.doaj.org (14.01.2012)

53 Hirschfelder, Anforderungen an eine rechtliche Verankerung des Open Access Prinzips, S. 16

54 Abrufbar unter: http://open-access.net/de/allgemeines/was_bedeutet_open_access/open_ac-cess_strategien/ (14.01.2012)

55 Blum, Open Access als alternatives Publikationsmodell der Wissenschaft, S. 26

handelt es sich i.d.R. um von Forschungseinrichtungen finanzierte Publikationsserver, die die Veröffentlichung zur Verfügung gestellter Beiträge nach Open-Access-Grundsätzen vornehmen. Insbesondere betreiben die meisten Hochschulen bereits institutionelle Repositorien.[56]

Einen Überblick über Open-Access-Repositorien findet man bei OpenDOAR[57] oder im Registry of Open Access Repositories[58] (ROAR).

## III. Grauer Weg

Neben den beiden bekannten Umsetzungsmöglichkeiten einer Open-Access-Veröffentlichung gibt es noch eine (vermeintlich) weitere, den sog. Grauen Weg. Unter dem Grauen Weg versteht man die Veröffentlichung von Literatur, die auf herkömmlichen Vertriebswegen (Verlage oder Buchhandel) nicht für die breite Öffentlichkeit erhältlich ist.[59] Diese Veröffentlichungen gelangen im Direktvertrieb vom Hersteller an den Nutzer.[60]

Um diese Publikationen für jeden Interessierten zugänglich zu machen, sind die herausgebenden Institutionen (Forschungseinrichtungen, Regierungsstellen, Hochschulen o.ä.) dazu übergegangen, diese Dokumente online, i.d.R. auf institutionellen Repositorien, zur Verfügung zu stellen. Dabei handelt es sich vor allem um Magister-, Seminar- und Diplomarbeiten, Tagungsberichte, Abstract-Sammlungen, amtliche Druckschriften oder Jahresberichte. Ein gesondertes Peer-Review-Verfahren findet bei diesen Dokumenten nicht statt. Anders als beim Goldenen oder Grünen Weg erfolgt die kostenlose Verfügbarkeit dieser Publikationen ohne Beteiligung von Verlagen oder Zeitschriften, insbesondere wird von einer weiteren Parallelveröffentlichung in Printmedien abgesehen.

Die Besonderheit von Open Access ist, dass im Allgemeinen entgeltpflichtige wissenschaftliche Informationen dem Nutzer frei zur Verfügung gestellt werden, wobei das Internet bloßes Übermittlungs- und Verbreitungsmedium darstellt.

---

56 Z.B. Albert-Ludwigs-Universität Freiburg, Eberhard-Karls-Universität Tübingen, Friedrich-Schiller-Universität Jena, Freie Universität Berlin, Friedrich Alexander Universität Erlangen/ Nürnberg, Georg-August-Universität Göttingen, Heinrich-Heine-Universität Düsseldorf, Humboldt-Universität zu Berlin, Johann Wolfgang Goethe-Universität am Main, Johannes Gutenberg-Universität Mainz, Ludwig-Maximilian-Universität München, RWTH Aachen, Ruprecht-Karls-Universität Heidelberg, Technische Universität Berlin, Technische Universität München etc.

57 Abrufbar unter: http://www.opendoar.org/ (14.01.2012)

58 Abrufbar unter: http://roar.eprints.org/ (14.02.2012)

59 Bürger, Open Access für die digitale Bibliothek in: Die digitale Wissensgesellschaft – Aufbruch ins 21. Jahrhundert, S. 401

60 Gantert/Hacker, Bibliothekarisches Grundwissen, S. 74 f.

Open Access stellt somit eine Alternative zu einer herkömmlichen Veröffentlichung in Buchform in Wissenschaftsverlagen dar. Dies bedeutet im Ergebnis, dass ein Autor grundsätzlich die Wahl zwischen einer tradierten Veröffentlichung und/oder einer Open-Access-Publikation hat. Genau diese Auswahl hingegen haben Autoren Grauer Literatur hingegen nicht. Graue Literatur ist von Anfang an nicht für eine Printverbreitung in Verlagen vorgesehen und geeignet, insbesondere erhält Graue Literatur keine ISSN für Zeitschriften bzw. ISBN für Bücher.[61]

Auf Grund dessen war Graue Literatur schon immer kostenlos zu beziehen. Im Ergebnis ändert sich für den Konsumenten Grauer Literatur nur, dass deren Zugang nunmehr über ein anderes Medium – das Internet – erfolgen kann. Der bloße Wechsel des Verbreitungsmediums hat aber nur zum Teil mit dem Open-Access-Gedanken zu tun. Eine Online-Veröffentlichung Grauer Literatur darf daher nicht mit einer Open-Access-Publikation gleichgesetzt werden.

## E. Vorteile des Open Access

Auslöser der Open-Access-Bewegung war vor allem die Zeitschriftenkrise der letzten Jahre und die damit verbundene Verteuerung wissenschaftlicher Informationen. Befürworter von Open-Access-Publikationen legen jedoch großen Wert darauf, dass Open-Access-Veröffentlichungen gegenüber tradierten Verlagspublikationen neben einer (vermeintlichen) Kosteneinsparung weitere Vorteile haben.

### I. Maximale Verbreitung von Forschungsergebnissen

Als wesentlicher Vorteil von Open-Access-Publikationen wird zunächst deren weltweite Sichtbarkeit, d.h. die Erhöhung der Wahrscheinlichkeit, dass ein Dokument von der Öffentlichkeit wahrgenommen und verbreitet wird, angeführt. Das Publikum hat einen schnelleren, direkteren und komfortableren Zugriff auf wissenschaftliche Informationen, verbunden mit einem geringeren Beschaffungsaufwand.[62] So stellt Matthias Kleiner, Präsident der DFG, in einem Inter-

---

61 Bortz/Döring, Forschungsmethoden und Evaluation für Human- und Sozialwissenschaftler, S. 360. ISSN und ISBN sind internationale eindeutige maschinenlesbare Identifikationsmerkmale zur Vereinfachung des Bestell- und Rechnungswesens, die aus einer Verlagsnummer, einer Titelnummer und einer Prüfziffer bestehen.

62 Hartmann/Jansen, Open Content – Open Access – Freie Inhalte als Herausforderung für Wirtschaft, Wissenschaft und Politik, FAZIT-Schriftenreihe Bd. 16 (2008), S. 26

view klar, dass die Tatsache, dass sich die DFG für Open Access stark mache, nicht daran liege, weil es weniger koste, sondern weil es Forschungsergebnisse und deren Autoren weltweit noch sichtbarer mache.[63] Die globale Verbreitung von Online-Publikationen wird dadurch gefördert, dass dem interessierten Publikum keine Kosten entstehen, da Netzveröffentlichungen entsprechend den Open-Access-Maßstäben für Nutzer kostenlos sind. Kein Forscher oder Wissenschaftler wird aus Kostengründen von dem Konsum neuer Publikationen bzw. neuen Wissens ausgegrenzt. Relevant ist dies beispielsweise für Forscher und Wissenschaftler ohne Anstellungsverhältnis oder an Hochschulen in Schwellen- und Entwicklungsländern. Open Access stellt daher einen erheblichen Beitrag im Hinblick auf den globalen Gerechtigkeitsaspekt und die Vermeidung einer Wissenskluft dar. Bei traditioneller Publikationsmethode hat nur ein kleiner (vermögender) Teil der globalen Wissenschaftsbibliotheken ungehindert Zugang zu sämtlichen Wissenschaftsinformationen, da deren Zugriff einen erheblichen finanziellen Aufwand darstellt.[64]

Im Gegensatz zu gebundenen Büchern haben Veröffentlichungen im Internet den Vorteil, dass sie einer geringeren Zugangsschwelle unterliegen. Wissenschaftliche Bibliotheken sind zwar grundsätzlich für jedermann frei zugänglich, jedoch muss man selbst (physisch) diese Bibliotheken aufsuchen und ist dadurch an Öffnungs- und Schließzeiten sowie an die Verfügbarkeit des jeweils gewünschten Werkes gebunden.[65] Publikationen im Internet stehen hingegen 24 Stunden am Tag und 365 Tage im Jahr ohne Zugangsbeschränkungen ortsunabhängig zur Verfügung.

Ein weiterer Vorteil von Open-Access-Publikationen, der zu einer maximalen Sichtbarkeit von Forschungsergebnissen führt, ist die Erleichterung des Marktzutritts einzelner Wissenschaftler. Jeder Autor kann sein Werk im Internet veröffentlichen. Dies fördert die Vielfalt in der Wissenschaftsliteratur, da Forschungsergebnisse, deren Publikation in einem klassischen Verlag wegen des Peer-Review-Verfahrens u.U. unterbunden worden wäre, die weltweite wissenschaftliche Gemeinschaft nun erreichen können. Gemeint sind nicht weniger qualitative Forschungsergebnisse, sondern vor allem Ergebnisse in Randbereichen der Wissenschaft, die mangels kommerzieller Verwertbarkeit zur Veröffentlichung abgelehnt worden sind.[66] Die Filterung wissenschaftlicher Information erfolgt nämlich nicht ausschließlich anhand objektiver Qualitätsmerkmale, sondern geschieht zudem nach dem Gesichtspunkt, welche thematischen Gebiete für die

63 Kleiner, Die Freiheit der Autoren ist nicht bedroht, Forschung & Lehre 2009, 640, 642
64 Swan, Open Access and the Progress of Science, American Scientists, 2007, 198, 198
65 Rieble, Autorenfreiheit und Publikationszwang in: Autorschaft in digitaler Zeit, S. 30
66 Blum, Open Access als alternatives Publikationsmodell der Wissenschaft, S. 63

Leserschaft und für deren eigene Forschung von Interesse sind.[67] Trotz einiger dieser „methodischen Angriffspunkte“ ist das Peer-Review-Verfahren die einzige wissenschaftsadäquate Methode, die Qualität von Wissenschaft zu messen.[68]

Im Ergebnis sind Open-Access-Dokumente global leichter auffindbar als Printmedien. Neben den bekannten Online-Suchmaschinen, wie Google, Google Scholar oder Yahoo, helfen vor allem wissenschaftliche Online-Nachweisdienste mittels spezieller Suchmasken entsprechende Wissenschaftsliteratur zu finden. Spezialisierte Suchmaschinen können anhand diverser Informationskategorien wissenschaftlich spezifische Informationen, wie wissenschaftliche Publikationen oder Projekte, Berichte über Forschungsinstitute oder Wissenschaftler sowie deren Internetseiten dem Nutzer ohne großen Aufwand zugänglich machen.[69]

Aufgrund der besseren Sichtbarkeit von Open-Access-Wissenschaftsbeiträgen wird vermutet, dass diese auch häufiger wahrgenommen und nach dem Motto „we cite what we see“ öfter zitiert werden.[70] Wie einige Studien empirisch belegen, führt eine globale Verfügbarkeit von wissenschaftlichen Erkenntnissen zu einer verstärkten Berücksichtigung und somit zu einer vermehrten Zitation von Open-Access-Artikeln im Vergleich zu gewöhnlichen Beiträgen in derselben Zeitschrift.[71]

## II. Beschleunigung der Forschung

Die Internetpublikation von Forschungsergebnissen führt zudem zu einer Beschleunigung des Publikationsprozesses. Wissenschaftliche Ergebnisse können ohne aufwendigen Satz und Druck sogleich im WWW veröffentlicht werden, da der nicht unerhebliche zusätzliche Zeitaufwand für Druck und Distribution, der sog. Medienbruch, wegfällt.

Forschungsergebnisse beruhen zum großen Teil auf wissenschaftlicher Kommunikation. Stellt der Autor seine gewonnenen wissenschaftlichen Ergebnisse unmittelbar nach Fertigstellung als Preprint der scientific community mittels In-

---

67 Müller, Peer-Review-Verfahren zur Qualitätssicherung von Open-Access-Zeitschriften – Systematische Klassifikation und empirische Untersuchung, S. 11

68 Geis, Universitäten im Wettbewerb, VVDStRL Bd. 69 (2010), 366, 386

69 Schellhase, Recherche wissenschaftlicher Publikationen, S. 161

70 Swan, Open Access and the Progress of Science, American Scientists, 2007, 198, 198; The effect of open access and downloads ('hits') on citation impact: a bibliography of studies, abrufbar unter: http://opcit.eprints.org/oacitation-biblio.html (14.01.2012) mwN

71 Vgl. Harnad/Brody, Comparing the Impact of Open Access (OA) vs. Non-OA Articles in the Same Journals, D-Lib Magazine, 2004 (Volume 10), Number 6; Harnad et al., The Access/Impact Problem and the Green and Gold Roads to Open Access: An Update, Serial Review 2008 (Volume 34), Issue 1, 36 ff.

ternet zur Verfügung, erhält er i.d.R. schnellere Response auf seine Veröffentlichung bzw. hat selbst unmittelbaren Zugriff auf verwandte Online-Publikationen anderer Wissenschaftler, deren Ergebnisse von Bedeutung sein können.

Ein Wissenschaftsprozess ist durch Endlosigkeit gekennzeichnet. Dieser Prozess bedarf eines offenen Kommunikationssystems, da vor allem in den Naturwissenschaften (Physik, Chemie und Biologie) Forschung auf der Basis der Erkenntnis vorangegangener Generationen aufbaut, so dass eine höhere Publikationsgeschwindigkeit die Forschungseffizienz steigern kann.[72] Der Wissenschaftsprozess kann somit intensiviert und befördert werden. Darüber hinaus dient ein unbeschränkter Zugang zu wissenschaftlicher Information eine ineffiziente Doppelforschung der Wissenschaftler zu vermeiden.[73]

Daneben darf nicht unbeachtet bleiben, dass durch Open Access die kooperative Zusammenarbeit komplexer Wissenschaftsprobleme im Rahmen einer fächerübergreifenden sowie internationalen Forschung i.d.R. schneller und besser gelöst werden kann. Interdisziplinäre Forschung ist ein stetig wachsendes Phänomen in der Wissenschaftstätigkeit, in der mit Hilfe von Open Access effektivere Ergebnisse erzielt werden können, da der Austausch und das Verständnis zwischen den verschiedenen Wissenschaften besser gewährleistet wird.[74]

## III. Transparentere Forschung

Durch die Möglichkeit der Online-Publikation ist der Umfang eines Wissenschaftsartikels nur noch vom Willen des Autors begrenzt und unterliegt keiner redaktionellen Seitenbeschränkung aufgrund mediengebundener Grenzen, wie dies bei Printmedien der Fall ist. In gedruckten Zeitschriften ist der Umfang des Beitrages aus Platzgründen so beschnitten, dass i.d.R. nur das verdichtete Resultat, nicht aber die zugrundeliegenden Forschungsdaten bzw. Experimente veröffentlicht werden können. Solche kursorisch mitgeteilten Erkenntnisse sind nur schwer nachprüfbar, da anderen Forschern die Reproduktion mangels erforderlicher Messdaten, Auswertungssoftware oder Quellen erschwert wird.

Die Gefahr einer Limitierung des wissenschaftlichen Inhalts einer Open-Access-Publikation ist demgegenüber weitaus geringer, da das Internet keine mediengebundenen Schranken kennt und Online-Publikationen zur Wahrung der

72 Götz, Zur Medienfreiheit der wissenschaftlichen Fachzeitschriften, NJW 1983, 1172, 1173

73 Peifer, Das Urheberrecht und die Wissensgesellschaft – Stimmen die rechtlichen Rahmenregeln für die Zukunft von Forschung und Lehre?, UFITA 2007 (Bd. II), 327, 328

74 Swan, Open Access and the Progress of Science, American Scientists, 2007, 198, 198 ff.

Übersichtlichkeit mit dynamischen, audio-visuellen und interaktiven Elementen, wie Simulationen, Filmen, Übersetzungen oder Hyperlinks versehen werden können.[75]

Vor allem bei datenbasierten Forschungsergebnissen liegt zudem eine bessere Überprüfbarkeit der Erkenntnisse vor, so dass eventuelle Fehler leichter auffindbar sind und inhaltliche Korrekturen schneller redigiert werden können. Zusätzlich ist aufgrund der transparenteren Forschung auch eine effektivere Überführung von Betrugs- und Fälschungsversuchen in der Wissenschaft möglich.

## IV. Kostenvorteil – verschiedene Finanzierungsmodelle

Als wesentlicher positiver Aspekt von Open Access wird die Einsparmöglichkeit hinsichtlich der Kosten der Wissensbeschaffung genannt. Die Sicherung des umfassenden Zugangs zu Wissen gehört zu den wichtigsten Bibliotheksaufgaben.[76] Aufgrund der Zeitschriftenkrise konnten Bibliotheken mangels monetärer Ressourcen diese Kernaufgabe zum Teil nur noch rudimentär wahrnehmen, so dass vor allem aus deren Kreisen der Ruf nach Open Access lauter wurde. Nach Ansicht der Hochschulrektorenkonferenz führe die massive Unterfinanzierung der Hochschulen und der Bibliotheken teilweise bis zur Arbeitsunfähigkeit der betroffenen Wissenschaftler.[77]

Zwar ist die Verwendung von Open-Access-Publikationen für den Nutzer gebührenfrei, jedoch entstehen Kosten, beispielsweise für Redaktion und Betrieb eines Dokumentenservers, die gedeckt werden müssen. Weitere Kosten für das Peer-Review-Verfahren entstehen bei Open-Access-Primärveröffentlichungen, da hier im Gegensatz zu einer Online-Parallelveröffentlichung noch keine Qualitätsprüfung stattgefunden hat. Zur Kostendeckung wurden verschiedene Finanzierungsmodelle entwickelt.

Im Folgenden werden die beiden bedeutsamsten Open-Access-Finanzierungsmodelle vorgestellt und untersucht, ob und in welchem Umfang Einsparmöglichkeiten im Vergleich zu Printveröffentlichungen bestehen.

---

75 Horstmann/Dusch, Wissenschaftliches Informationsmanagement heute und morgen: Verändern digitale Techniken und Open Access wissenschaftliches Publizieren? ProLibris 2005, 17, 18.

76 Lossau, Der Begriff „Open Access“ in: Open Access – Chancen und Herausforderungen – ein Hdb. der deutschen UNESCO-Kommission, S. 21

77 Presseerklärung der Hochschulrektorenkonferenz v. 21. Februar 2001

## 1. Publikationsgebühr

Eine Möglichkeit die entstehenden Kosten zu decken, ist die Abkehr vom üblichen Subskriptionsmodell, d.h. nicht mehr der Nutzer, sondern der Autor wissenschaftlicher Werke finanziert mittels einer Publikationsgebühr den Großteil der Veröffentlichung. Dieses Finanzierungsmodell, auch unter dem Begriff Author-Pays-Modell bekannt, ist das bekannteste Open-Access-Geschäftsmodell. Es darf jedoch nicht mit Open Access gleichgesetzt werden, da nur ca. die Hälfte der Open-Access-Journals Autorengebühren erhebt.[78] Finanzielle Beiträge der Autoren sind auch dem traditionellen Subskriptionsmodell nicht fremd, da Autoren mitunter Gebühren für eine bestimmte Seitenanzahl (page charge) oder Farbabbildungen (color charge) zu zahlen bereit sind.[79] Autoren tragen i.d.R. die Publikationsgebühr jedoch nicht selbst, sondern greifen auf finanzielle Unterstützung von Forschungseinrichtungen oder Forschungsförderern zurück.[80] Nach einer Studie der Kaufman-Wills Group im Jahr 2005 gab ein Großteil der 248 Zeitschriften des DOAJ an, dass Publikationsgebühren entweder aus Forschungszuschüssen (34,3 %) oder aus dem Bibliotheksetat (27 %) der jeweiligen Institution des Autors stammen.[81] Daher entspricht dieses Finanzierungsmodell eher einem Institutional-Pay als einem Author-Pay.

Ob dieses Geschäftsmodell zu einer finanziellen Entlastung führt, hängt demnach von den durchschnittlichen Kosten einer Publikation und dem wissenschaftlichen Output einer Wissenschaftseinrichtung ab. Die Kosten für die Veröffentlichung eines wissenschaftlichen Fachartikels in elektronischer und gedruckter Form betragen nach einer Studie von Mark Ware Consulting, ein auf Verlagsberatung spezialisiertes Unternehmen, durchschnittlich USD 3,750.[82] Bei Zeitschriften mit einer sehr hohen Ablehnungsrate (beispielsweise Science) können sogar Kosten bis zu USD 10,000 je Artikel entstehen.[83]

---

78 Blum, Open Access als alternatives Publikationsmodell der Wissenschaft, S. 58; Kaufman-Wills Group, The Facts About Open Access. Association of Learned and Professional Society Publisher, S. 44 (table 30)

79 Im Rahmen von geisteswissenschaftlichen Journalen sind derartige Gebühren hingegen eher fremd.

80 Schmidt, Auf dem „goldenen" Weg? Alternative Geschäftsmodelle für Open-Access-Primärpublikationen, ZfBB, 2007, 177, 178

81 Kaufman-Wills Group, The Facts About Open Access. Association of Learned and Professional Society Publisher, S. 45

82 Mark Ware Consulting, Scientific publishing in transition: an overview of current developments, S. 11

83 Mark Ware Consulting, Scientific publishing in transition: an overview of current developments, S. 11

Bekannteste Beispiele für die Erhebung einer Publikationsgebühr sind die Non-Profit Einrichtung Public Library of Science (PLoS) und der kommerzielle Zeitschriftenverlag BioMed Central (BMC). PLoS erhebt nach anfänglichen Kosten im Jahr 2003 von USD 1,500 und eines späteren Anstiegs auf USD 2,500 in 2006 seit 2009/2010 aktuell eine Publikationsgebühr in Höhe von USD 2,250 bis 2,900.[84] Grund für die Gebührenanpassung in 2006 war, dass PLoS mit den Publikationsgebühren und Werbeeinnahmen nur ca. 35 Prozent seiner Kosten decken konnte.[85] Der überwiegende Teil der Einnahmen wurde durch Spenden von Forschungsförderern erzielt. Ähnlich verhält sich die Entwicklung der Publikationsgebühr bei BMC. Nach anfänglichen Kosten von USD 500, einem zwischenzeitlichen Anstieg auf bis zu USD 1,700, kostet es Autoren zurzeit je nach gewähltem Veröffentlichungsmedium bis zu USD 2,515, um ihre wissenschaftlichen Beiträge bei BMC zu veröffentlichen.[86] Diese Beträge lassen jedoch keinen endgültigen Rückschluss auf die Höhe der Kostendeckung von Open-Access-Publikationen zu, da die Organisationen zusätzliche Gelder von Forschungsförderern erhalten bzw. durch Querfinanzierungen die finanziellen Lücken schließen.[87]

Nach Ablauf der Förderfrist sind Open-Access-Journals auf weitere frische Geldquellen angewiesen, wenn die Veröffentlichungskosten nicht weiter steigen sollen. Letztendlich wird man davon ausgehen müssen, dass sich die Kosten einer Open-Access- oder Printpublikation nicht wesentlich unterscheiden.[88] Grund hierfür sind die relativ hohen Fixkosten einer Veröffentlichung, sog. first copy costs, die vor Druck oder Internetstellung (oder beidem) entstehen.[89]

2004 hat eine Arbeitsgruppe der Cornell University Library (CUL) eine Studie erstellt, um das eigene Einsparpotential bei einem vollständigen Paradigmenwechsel zu Open Access zu ermitteln. Herausgekommen ist, dass bei einem geschätzten wissenschaftlichen Output von 3.500 Artikeln und einer (sehr niedrig) veranschlagten Publikationsgebühr von USD 1,500, sich die Kosten der Bibliothek um mindestens USD 1,5 Millionen erhöhen würden.[90] Die Veröffentli-

84 Abrufbar unter: http://www.plos.org/publish/pricing-policy/publication-fees/ (14.01.2012)

85 Butler, Open-access journal hits rocky times, Nature 2006, 914

86 Abrufbar unter: http://www.biomedcentral.com/about/apcfaq/howmuch (14.01.2012)

87 Blum, Open Access als alternatives Publikationsmodell der Wissenschaft S. 60 f. mit der Darstellung weiterer Finanzierungsmöglichkeiten von PLoS und BMC

88 Kleiner, Die Freiheit der Autoren ist nicht bedroht, Forschung & Lehre 2009, 640, 642; Müller, Open Access und die Kosten, BFP Juli 2011, 161, 164

89 Bauer, It's economy stupid! Anmerkungen zu ökonomischen Aspekten des goldenen und grünen Weges beim Open Access Publishing, Information Wissenschaft & Praxis, 2009, 271, 272 f.

90 Report of the CUL Task Force on Open Access Publishing, S. 11

chungskosten dürften sich laut dieser Studie auf maximal USD 1,100 belaufen, um zu (geringfügigen) Einsparungen zu führen.[91]

Gegen diese Studie wird allerdings angeführt, dass eine Publikationsgebühr nicht bei allen Open-Access-Journals erhoben wird und daher nicht repräsentativ für die Open-Access-Bewegung ist, da infolgedessen insgesamt weitaus geringere Veröffentlichungskosten entstünden. Dieser Vorhalt ist nur zum Teil richtig. Nach einer Untersuchung der Kaufman-Wills Group erheben zwar 52,8 Prozent der Open-Access-Journals, die im DOAJ gelistet sind, keine Publikationsgebühr[92], jedoch machen gerade die im STM-Bereich renommierten Open-Access-Zeitschriften, wie PLoS, BMC o.ä. die Veröffentlichung eines wissenschaftlichen Beitrages von der Entrichtung einer Gebühr abhängig. Aus Sicht der betroffenen Autoren ist eine wissenschaftsadäquate Open-Access-Veröffentlichung primär durch einen in der Wissenschaft anerkannten (Open-Access-) Verlag möglich. Die umfangreiche Auswahl zwischen den bestehenden Open-Access-Journals für qualitativ hochwertige Wissenschaftsliteratur ist daher nur theoretischer Natur.

Zu ähnlichen wirtschaftlichen Ergebnissen kommt eine Untersuchung im Jahr 2006 für die drei Bibliotheken der Medizinischen, Technischen und Veterinärmedizinischen Universität zu Wien, wonach ebenfalls kein Kosteneinsparpotential gesehen wird und im Fall eines Paradigmenwechsels zu Open Access mit immensen Kostensteigerungen zu rechnen wäre.[93]

Open-Access-Veröffentlichungen sind für die Wissenschaftsbetriebe jedoch nicht zwangsläufig kostenintensiver als Printpublikationen. Zu berücksichtigen ist, dass im Rahmen des Author-Pays-Modells oftmals die Möglichkeit einer institutionellen Mitgliedschaft einer Wissenschaftseinrichtung bzw. Bibliothek besteht. Hierbei deckt eine Jahresgebühr entweder alle Publikationskosten ab oder ist Grundlage eines prozentualen Rabattes auf anfallende Veröffentlichungskosten.[94] Durch diese institutionelle Mitgliedschaft entsteht jedoch wiederum eine faktische Bindung an ein bestimmtes Open-Access-Journal, da aufgrund der erheblichen Gebühren nur wenige Einrichtungen zusätzliche Kosten für Publikationen in anderen Online-Zeitschriften zur Verfügung stellen werden. Die Auto-

---

91 Report of the CUL Task Force on Open Access Publishing, S. 11

92 Kaufman-Wills Group, The Facts About Open Access. Association of Learned and Professional Society Publisher, S. 44 (table 30)

93 Vgl. Bauer, Kommerzielle Open Access Publishing-Geschäftsmodelle auf dem Prüfstand: ökonomische Zwischenbilanz der "Gold Road to Open Access" an drei österreichischen Universitäten, GMS Medizin – Bibliothek – Information 2006; Vol. 6(3), S. 8 ff

94 Schmidt, Auf dem „goldenen" Weg? Alternative Geschäftsmodelle für Open-Access-Primärpublikationen, ZfBB, 2007, 177, 179

ren selbst hätten nur noch eine theoretische Wahlfreiheit zwischen den diversen Open-Access-Journals.

## 2. Hybridmodell

Ein alternatives Open-Access-Finanzierungsmodell ist das sog. hybride Publizieren. Unter hybridem Publizieren versteht man allgemein die parallele Publikation eines Textes in elektronischer und gedruckter Form.[95] Insbesondere kommerzielle Verlage verschließen sich nicht der Option des Open Access, sondern bieten ihren Autoren die Option einer Parallelpublikation an.

Insgesamt sind vier verschiedene Hybridmodelle zu unterscheiden. Beim partiellen Hybridmodell ist lediglich eine bestimmte Art der Artikel einer Zeitschrift Open Access zugänglich.[96] Hingegen erlaubt das retrospektive Hybridmodell die Open-Access-Zugänglichkeit älterer Ausgaben der Fachzeitschrift, ähnlich dem Delay-Open-Access, das den uneingeschränkten Zugang zu Artikeln nach einer Sperrfrist von sechs bis zwölf Monaten gewährt. Am Verbreitesten ist das sog. optionale Hybridmodell, in dessen Rahmen der Verlag dem Nutzer (Leser bzw. Bibliothek) den Text grundsätzlich zur Lizenzierung, d.h. gegen eine Subskriptionsgebühr, anbietet. Ergänzend sind einzelne Artikel der Printzeitschrift gegen eine Autorengebühr nach Open-Access-Maßstäben verfügbar. Es entsteht ein Mix zwischen frei zugänglichen und nur subskribierenden Einrichtungen zugänglichen Artikeln.[97]

Autoren haben bei diesem Modell die Wahl, ob ihre Artikel über das Internet entgeltfrei jeden Interessierten erreichen können. Dieses Wahlrecht steht dem Autor erst zu, wenn der Artikel das Peer-Review-Verfahren des Verlages durchlaufen hat, der Beitrag zur Publikation angenommen und etwaige Marketingmaßnahmen getroffen wurden.[98] Der Wissenschaftsartikel durchläuft demnach den vollen Publikationsprozess einer gewöhnlichen Printpublikation.

Hinzu kommen die Kosten für die Technik, die eine Open-Access-Veröffentlichung bedarf. Die finanziellen Aufwendungen für die Hardware dürften im Vergleich zu den Softwarekosten zu vernachlässigen sein. Um eine Veröffentlichung im WWW professionell zur Verfügung zu stellen, sind sowohl ein Content-Management-System (Inhaltsverwaltungssystem) und eine Publikations-

95 Rautenberger in: Reclams Sachlexikon des Buches, S. 265 f. unter dem Begriff „Hybridausgabe“

96 Blum , Open Access als alternatives Publikationsmodell der Wissenschaft, S. 60

97 Schmidt, Auf dem „goldenen“ Weg? Alternative Geschäftsmodelle für Open-Access-Primärpublikationen, ZfBB, 2007, 177, 179

98 Velterop, Das Beispiel eines Hybrid-Modells: Springer Open Choice in: Open Access – Chancen und Herausforderungen – ein Hdb. der deutschen UNESCO-Kommission, S. 38

software erforderlich.[99] Auch die Personalkosten dürften nicht weniger hoch ausfallen als bei Printpublikationen. Neben den üblichen Kosten für ein Redaktionsteam fallen zusätzliche für EDV-Spezialisten an, die erforderlich sind, um Nutzern einen gesicherten Online-Zugriff auf die Veröffentlichungen zu gewährleisten. Darüber hinaus entstehen weitere finanzielle Belastungen für die Open-Access-Betreiber durch die Sicherstellung einer Langzeitarchivierung der Veröffentlichungen.

Im Ergebnis dürften die Kosten einer Open-Access-Publikation von den Aufwendungen eines traditionellen Printmediums nur geringfügig differieren, so dass ein (angeblicher) Kostenvorteil nicht als Grund für einen vollständigen Paradigmenwechsel zu Open Access herangezogen werden kann. Es handelt sich lediglich um eine Umverteilung der Kosten zu Gunsten des Endabnehmers. Wenn nun aber, wie in der Praxis üblich, Autorengebühren durch Forschungszuschüsse finanziert werden oder aus dem Bibliotheksetat der jeweiligen Institution stammen, besteht die Gefahr, dass Autoren unterschiedlicher Forschungsbereiche – ihrem Prestige entsprechend – ungleiche finanzielle Unterstützung erhalten.

Auch ist zu berücksichtigen, dass Gelder, die eigentlich aus den Forschungsetats der jeweiligen Spender herrühren zum Zwecke der Publikation entnommen werden. Diese Mittel stehen somit nicht mehr zur Förderung aktiver Forschung zur Verfügung.

## F. Nachteile des Open Access

Zwar sind die oben beschriebenen Vorteile von Open-Access-Publikationen zu begrüßen, jedoch bestehen auch Vorbehalte, vor allem aus der Verlagsbranche, gegen Open Access. Als bedeutende Argumente gegen Open Access werden die mangelnde Qualitätssicherung und Langzeitarchivierung von Open-Access-Veröffentlichungen genannt.

### I. Sicherstellung der Qualitätskontrolle

Zu den Aufgaben der Wissenschaft gehört es u.a. publizierte Ergebnisse anderer Forscher kritisch zu hinterfragen und die wissenschaftliche Qualität eines Textes mittels eines Begutachtungssystems im Sinne des Peer-Review-Verfahrens zu

99 Kaiser, Elektronisches Publizieren in: Forschung und Lehre im Informationszeitalter, S. 25 ff.

bewerten.[100] Die Qualität einer wissenschaftlichen Arbeit, d.h. ihre faktische Richtigkeit, Nachvollziehbarkeit und Einbettung in die Fachliteratur, kann i.d.R. nur von einem kleinen Kreis fachkundiger Spezialisten, sog. Peer, beurteilt werden.[101] Die traditionelle Fachbegutachtung eines wissenschaftlichen Beitrages findet im Peer-Review-Verfahren statt, wobei zwei bis drei anonyme Gutachter jeweils durchschnittlich zwischen drei bis sechs Stunden den eingereichten Artikel beurteilen.[102] Nach der Evaluierung erhält der Autor seinen Text mit der Aufforderung, ihn entsprechend dem Gutachten zu überarbeiten, zurück. Das Peer-Review-Verfahren dient primär der Selektion veröffentlichungswürdiger Artikel, bestenfalls enthält es Empfehlungen zur Weiterentwicklung eines Fachartikels.

Nicht nur traditionelle Veröffentlichungen müssen vor Publikation eine Qualitätskontrolle bestehen, sondern auch Open-Access-Journals sind einer Überprüfung der eingereichten Texte verpflichtet. Entsprechend der Open-Access-Definition ist die Überwachung der Qualität von wissenschaftlicher Information notwendige Voraussetzung einer Open-Access-Veröffentlichung. Um beispielsweise im DOAJ als Open-Access-Journal aufgeführt zu werden, muss die Zeitschrift ein Peer-Review-Verfahren oder eine vergleichbare redaktionelle Qualitätskontrolle nachweisen können.[103] Insbesondere bei Parallelveröffentlichungen in hybriden Verlagen ist die Qualität der Publikationen in gleicher Weise sichergestellt wie bei traditioneller Verlagstätigkeit, da der Autor grundsätzlich erst am Ende des Publikationsprozesses, d.h. nach dem Peer-Review-Verfahren und der Verlagsakzeptanz die Wahl hat, sein Werk nach Open-Access-Maßstäben zur Verfügung zu stellen.[104]

Mangels paralleler Printveröffentlichung findet auf dem Goldenen Weg zu Open Access nicht automatisch ein traditionelles Peer-Review-Verfahren statt, jedoch wird dies von den Online-Zeitschriften selbst durchgeführt. Nachteil der klassischen Qualitätskontrolle ist, dass es sich um ein zeitaufwendiges Verfahren handelt und Open-Access-Journals besonders auf Publikationsgeschwindigkeit achten. Die meisten Open-Access-Journals vorveröffentlichen daher während des Begutachtungsprozesses Originalmanuskripte als Preprints im WWW.

---

100 Müller, Peer-Review-Verfahren zur Qualitätssicherung von Open-Access-Zeitschriften – Systematische Klassifikation und empirische Untersuchung, S. 68

101 Bodenschatz/Pöschl, Qualitätssicherung bei Open Access in: Open Access – Chancen und Herausforderungen – ein Hdb. der deutschen UNESCO-Kommission, S. 50

102 Mark Ware Consulting, Scientific publishing in transition: an overview of current developments, S. 9

103 Aufnahmekriterien des DOAJ, abrufbar unter: http://www.doaj.org/doaj?func=loadTempl&templ=faq#selectioncriteria (14.01.2012)

104 Velterop, Das Beispiel eines Hybrid-Modells: Springer Open Choice in: Open Access – Chancen und Herausforderungen – ein Hdb. der deutschen UNESCO-Kommission, S. 38

Mit Hilfe des Internets haben sich Alternativen zum traditionellen Peer-Review-Verfahren entwickelt, auf die einige Online-Zeitschriften zurückgreifen. Anstatt einer hauptsächlich anonymen Bewertung des Artikels im Single-Blind-Verfahren, d.h. nur dem Autor sind die Gutachter fremd, oder im Double-Blind-Verfahren, d.h., weder Autor noch Gutachter kennen sich, setzt man auf eine (offene) gemeinschaftliche Begutachtung des Textes, das sog. Collaborative-Peer-Review.[105] Hierbei handelt es sich um einen zweistufigen interaktiven Prüfungsprozess. Auf der ersten Stufe wird das Manuskript nach einer raschen Vorauswahl als Discussion-Paper in einem Online-Diskussionsforum der Zeitschrift verbreitet, in dem die jeweiligen Gutachter und die interessierte Wissensgemeinschaft Kommentare veröffentlichen können.[106] Danach wird auf der zweiten Stufe das Manuskript entsprechend der abschließenden Fachbegutachtung überarbeitet und, wenn die Editoren das revidierte Manuskript akzeptieren, im Open-Access-Journal veröffentlicht.[107] Sofern die Überarbeitung und Fachbegutachtung eines Preprint in vergleichbarer Weise wie beim traditionellen Verfahren erfolgt, ist die Qualitätskontrolle der veröffentlichten Artikel in gleicher Weise sichergestellt.

Darüber hinaus kann der wissenschaftliche Diskurs zwischen Autor, Gutachtern und Wissensgemeinschaft ISSN-registriert werden, so dass alle Discussion-Papers und Kommentare erhalten bleiben, unabhängig davon, ob der Beitrag tatsächlich Zugang zum Open-Access-Journal erfährt.[108] Dieses Verfahren schafft somit eine ideale Synthese zwischen Publikationsgeschwindigkeit und Qualitätssicherung. Die wissenschaftliche Qualität des Open-Access-Artikels ist in gleicher Weise sichergestellt wie bei einer Printveröffentlichung.

Andere Ansätze der Qualitätskontrolle ohne zusätzliche Fachbegutachtung, z.B. nur mittels einer automatischen Bewertung (nach Anzahl der Zitate oder Downloads) oder eine ausschließliche Leserbewertung, sind hingegen kein objektives Kriterium zur Sicherstellung der Qualität von Online-Publikationen. Diese Lösungsansätze laufen Gefahr durch manipulative Beeinflussung keine eindeutige Aussage über die Qualität der Arbeit treffen zu können.

In der Praxis ist aber zu beachten, dass Beiträge, die gemeinschaftlich und in öffentlicher Diskussion begutachtet wurden, aber nicht zur Veröffentlichung im

105 Z.B. die Fachzeitschrift Atmospheric Chemistry and Physics (ACP) mit einem JIF in 2007 von 4,86, was die beste Bewertung im Bereich der Atmosphärenforschung darstellte.

106 Pöschl, Gemeinschaftliche Begutachtung, Wissenschaftsmanagement 1/2006, S. 6

107 Pöschl, Gemeinschaftliche Begutachtung, Wissenschaftsmanagement 1/2006, S. 6

108 Pöschl, Open Access & Collaborative Peer Review: Öffentliche Begutachtung und interaktive Diskussion zur Verbesserung von Kommunikation und Qualitätssicherung in Wissenschaft und Gesellschaft, iFQ Working Paper No. 1 2006, S. 43

Open-Access-Journal angenommen werden, nur schwer in anderweitigen Zeitschriften unterzubringen sind, da sie als bereits veröffentlicht gelten.

## II. Sicherstellung der Langzeitarchivierung

Kritiker des Paradigmenwechsels zu Open Access stellen darüber hinaus die langfristige Verfügbarkeit digitaler Texte in Frage, da anders als bei gedruckten Werken bisher niemand mit Sicherheit sagen kann, ob aktuelle Datenformate auch in 15, 50 oder 100 Jahren noch lesbar sein werden.[109] Magnetische Speichermedien wie Disketten, Festplatten oder Magnetbänder sind nach ca. 20 Jahren, optische Speichermedien wie CDs oder DVDs nach ca. 30 bis 100 Jahren unbrauchbar.[110]

Die Gefahr eines Datenverlustes besteht vor allem bei ausschließlich online veröffentlichten Dokumenten, weniger bei Open Access auf dem Grünen Weg, da in diesem Fall neben der Online-Publikation auch eine gedruckte Version des Beitrages archiviert wird. Nur bei wissenschaftlichen Informationen, die auf dem Goldenen Weg veröffentlicht werden, bedarf es daher Konzepte, die die digitale Langzeitarchivierung sicherstellen. Die digitale Langzeitarchivierung umfasst zum einen die Substanzerhaltung der Dateninhalte (Datenstrom) und zum anderen deren zukünftige Interpretierbarkeit, was wegen des laufenden Wechsels von Datenträgergenerationen und dem damit verbundenen Veralten von Hard- bzw. Software ein Problem darstellen könnte.

Seit 2004 werden in Deutschland technische Archivlösungen für das langfristige Bewahren digitaler Informationen, allen voran durch das Verbundprojekt Kooperativer Aufbau eines Langzeitarchivs digitaler Informationen (kopal), entwickelt.[111] Die Leitung übernahm die Deutsche Nationalbibliothek, da sie nach §§ 2, 3 DNBG verpflichtet ist, alle Medienwerke, die seit 1913 in Deutschland erschienen sind, auch auf elektronischen Datenträgern zu sichern und aufzubewahren, und somit an der Konzeption einer gesicherten digitalen Langzeitarchivierung ein eigenes Interesse bzw. eine Verpflichtung hat. Bei kopal wird der Erhalt der Daten dadurch gesichert, dass der Datenstrom regelmäßig gespeichert, archiviert und in definierten Zeitabständen, je nach Datenträger, dem aktuellen Stand der digitalen Technik angepasst wird. Die entsprechend gesicherten Daten werden danach durch Datenformatmigration, d.h. durch Umwandlung des Aus-

---

109 Rieble, Autorenfreiheit und Publikationszwang in: Autorschaft in digitaler Zeit, S. 36

110 Gantert/Hacker, Bibliothekarisches Grundwissen, S. 252 f.

111 Jehn/Schrimpf, LZA-Aktivitäten in Deutschland aus dem Blickwinkel von nestor in: nestor Hdb. – eine kleine Enzyklopädie der digitalen Langzeitarchivierung (Version 2.0), S. 30

gangsformats in ein aktuelles Datenformat oder durch Emulationsumgebungen, die die Nutzung des ursprünglichen Datenstroms mit aktueller Hard- und Software erlauben, verfügbar gemacht. Hierdurch ist kopal in der Lage, digitale Publikationen dauerhaft zu sichern und bei Bedarf mithilfe automatisierter Prozesse zu migrieren oder in entsprechenden Emulationsumgebungen bereitzustellen.[112]

Da neben den aktuellen auch die alten Dateninhalte dauerhaft gespeichert werden, ist selbst bei Verlust eines Dateninhalts dessen Wiederherstellung durch ältere Versionen gesichert. Darüber hinaus wird in diesem Bereich so intensiv geforscht, dass von einer dauerhaften Archivierung digitaler Inhalte für die Zukunft ausgegangen werden kann.

Eine hundertprozentige Sicherheit digitaler Langzeitsicherung wird und kann es aber naturgemäß nicht geben. Gleiches gilt für die Archivierung von Printmedien. Wie die ältere Geschichte beim Brand der Bibliothek von Alexandria oder in neuerer Zeit beim Einsturz des Historisches Archives der Stadt Köln im Jahr 2009 gezeigt hat, ist auch das gedruckte Wort nicht absolut vor Unwägbarkeiten geschützt. Hinzuweisen ist in diesem Zusammenhang auch auf den Brand der Herzogin Anna Amalia Bibliothek in Weimar im Jahr 2004, dem mehr als 50.000 Bücher zum Opfer fielen.

Von der langfristigen Archivierung digitaler Inhalte ist die gesicherte Zitierbarkeit von Online-Quellen zu unterscheiden, anhand derer der Aussagegehalt des Beitrages auch in Zukunft nachvollzogen werden kann. Es muss sichergestellt sein, dass die Quellenangabe in einem wissenschaftlichen Artikel noch Jahre später von Nutzern abgerufen werden kann und es sich nicht um einen „toten Link" handelt.[113] Nach einer Studie des Wissenschaftsmagazin Science sind 13 Prozent der Webzitate nach 27 Monaten inaktiv, sei es durch einen Wechsel oder durch das Abschalten der betreffenden Website durch den Verantwortlichen.[114]

Es gibt jedoch Möglichkeiten Internetquellen langfristig zu sichern, indem eine Kopie der zu sichernden Quelle mittels eines Uniform Resource Locators (URL) auf einem kommerziellen System zur Archivierung von Webzitaten hinterlegt wird.[115] Ebenso verbreitet ist die Verwendung eines eindeutigen und dauerhaften Identifikators für Online-Artikel wissenschaftlicher Fachzeitschriften, eines sog. Digital Object Identifier (DOI), der ähnlich einer ISSN bzw.

---

112 Schwens/Altenhöher, Langzeitarchivierung bei Open Access in: Open Access – Chancen und Herausforderungen – ein Hdb. der deutschen UNESCO-Kommission, S. 57

113 Ein nicht mehr erreichbarer Verweis auf eine Internetseite bzw. Datei wird vom Webserver mit dem Hinweis 404 Error: File not found versehen

114 Dellavalle et al., Information science: Going, going, gone: lost internet references, Science 2003, 787, 787 f.

115 Z.B. WebCite, abrufbar unter: http://www.webcitation.org (14.01.2012)

ISBN funktioniert. Jede inhaltliche Veränderung eines Dokuments führt zu einem weiteren Dokument mit einem eigenen DOI. Die Metadaten der verschiedenen Dokumente werden verknüpft, so dass mittels einer Nummerierung auf die vorherigen Versionen zugegriffen werden kann.

Im Ergebnis ist es demnach grundsätzlich möglich, die langfristige Zitierbarkeit von Online-Artikeln sicherzustellen. Die ordnungsgemäße Handhabe obliegt den Autoren und Herausgebern von Open-Access-Journals.

## G. Zusammenfassung

Die Vorteile von Open-Access-Publikationen liegen erkennbar im technischen Bereich. Eine maximale Distribution wissenschaftlicher Informationen vermeidet bzw. verringert eine (internationale) Wissenskluft, da deren Zugang grundsätzlich nicht mehr von finanziellen Ressourcen abhängig ist. Durch die schnellere Verbreitung wissenschaftlicher Forschungsergebnisse kann Open Access zu einer effektiveren Forschung beitragen, da ein wissenschaftlicher Diskurs ohne zeitintensiven Medienbruch ermöglicht wird. Die Langzeitarchivierung, langfristige Zitierbarkeit und Qualitätskontrolle wissenschaftlicher Artikel in Open-Access-Journals ist prinzipiell gesichert, ist aber eine Frage des technischen und finanziellen Aufwandes der jeweiligen Online-Zeitschrift.

Open Access kann jedoch nicht als Allheilmittel der Zeitschriftenkrise gesehen werden, da nur in Ausnahmefällen geringere Publikationskosten entstehen. Die finanziellen Aufwendungen einer Open-Access-Publikation sind i.d.R. ähnlich einer tradierten Printpublikation.

Bei Open Access handelt es sich im Ergebnis um eine Verlagerung der Kosten zu Gunsten der Nutzer. Nur Forschungseinrichtungen, die in geringem Ausmaß aktiv am Publikationsmarkt teilnehmen, können daher mit finanziellen Entlastungen rechnen, für publikationsintensive Einrichtungen würde sich ein kompletter Umstieg auf Open Access finanziell nicht lohnen.

# 3. Kapitel: Open Access im deutschen Urheberrecht

## A. Urheberrechtliche Voraussetzungen

Das Publizieren nach Open-Access-Maßstäben findet nicht im rechtsfreien Raum statt, sondern richtet sich nach dem jeweiligen Landesrecht. Entgegen dem Wunsch[116] des seinerzeitigen Direktors der Internet Corporation for Assigned Names and Numbers (ICANN)[117] und Gründer des Chaos Computer Clubs Andy Müller-Maguhn ist das Internet kein urheberrechtsfreier Raum. Trotz der Unentgeltlichkeit von Open-Access-Veröffentlichungen für den Nutzer ist kein Verzicht des Autors auf sein Urheberrecht sowie Verwertungsrechte gewollt. Ein dinglicher Verzicht hierauf ist nach deutschem Recht auch nicht möglich.[118]

Vor der Beleuchtung des verfassungsrechtlichen Hintergrundes des Open-Access-Paradigmas ist in einem ersten Schritt zu klären, welche von Wissenschaftlern hervorgebrachten Ergebnisse geschützte Werke im Sinne des § 2 UrhG sind und welche urheberrechtlichen Konsequenzen dieser Schutz für die Open-Access-Bewegung hat. Wissenschaftliche Erkenntnisse, die nicht dem Urheberschutz unterliegen, können nämlich grundsätzlich von jedermann – auch nach Open-Access-Maßstäben – veröffentlicht werden.

### I. Gesetz zur Regelung des Urheberrechts in der Informationsgesellschaft

Im Jahre 1995 legte die Europäische Kommission nach mehrjähriger Konsultation der beteiligten Kreise das Grünbuch zum Thema „Urheberrecht und verwandte Schutzrechte in der Informationsgesellschaft" (KOM/95/382) vor.[119] Die-

---

116 Müller-Maguhn, Meine Regierungserklärung Auch an die Freunde des Buches: Ein Netz wider das geistige Eigentum, FAZ v. 17. Oktober 2000

117 Die ICANN ist eine 1998 von der US-Regierung als „non-for-profit corporation" nach kalifornischem Recht gegründete Organisation, die insbesondere den IP-Adressraum verwaltet, Domain-Namen vergibt.

118 Schack, Urheber- und Urhebervertragsrecht, Rn. 310 f.

119 KOM/95/382 endg. v. 19.07.1995 – nicht im Amtsblatt veröffentlicht; Zusammenfassung abrufbar unter: http://europa.eu/legislation_summaries/internal_market/businesses/intellectual_

ses Grünbuch beschäftigte sich hauptsächlich mit dem Schutz des Geistigen Eigentums. Im ersten Kapitel wird beschrieben, wie die Informationsgesellschaft funktionieren soll. Hervorgehoben wird hierbei die Bedeutung der Informationsgesellschaft für die Europäische Gemeinschaft sowie deren Chancen und Risiken. Im zweiten Kapitel werden auf der Grundlage von Beiträgen der Fachkreise neun Themen dargestellt, die für den Schutz des Urheberrechts und der Leistungsschutzrechte in der Informationsgesellschaft vorrangig sein sollen.

Im Jahr 1996 veranstaltete die Weltorganisation für Geistiges Eigentum (WIPO), eine Teilorganisation der Vereinten Nationen, die sich der Förderung des Geistigen Eigentums verschrieben hat, eine Konferenz in Genf anlässlich der die Mitglieder dem „WIPO-Urheberrechtsvertrag" und dem „WIPO-Vertrag über Darbietungen und Tonträgern" zustimmten. Hauptaugenmerk beider Übereinkommen ist vor allem das Recht zur Zugänglichmachung von Werken an die Öffentlichkeit.[120]

Diese WIPO-Verträge und das vorgenannte Grünbuch bilden zusammen die Grundlage für die europäische Richtlinie zur Harmonisierung bestimmter Aspekte des Urheberrechts und der verwandten Schutzrechte in der Informationsgesellschaft (Richtlinie 2001/29/EG).[121] Diese Richtlinie trat mit der Veröffentlichung im EG-Amtsblatt am 22. Juni 2001 in Kraft und verpflichtete die Mitgliedsländer der Europäischen Union zur Umsetzung in nationales Recht bis zum 22. Dezember 2001.

Aufgrund dieser Verpflichtung setzte der deutsche Gesetzgeber im Ersten Gesetz zur Regelung des Urheberrechts in der Informationsgesellschaft vom 13. September 2003 (Erster Korb) im Wesentlichen die zwingenden Vorgaben der Richtlinie 2001/29/EG in nationales Recht um, da im Gesetzgebungsverfahren über andere Einzelfragen keine Einigung erzielt werden konnte. Insbesondere wurde das Recht der öffentlichen Zugänglichmachung durch den neuen § 19a UrhG eingeführt, die Rechtsstellung der ausübenden Künstler den der Urheber angenähert, die Zulässigkeit der digitalen Kopie klargestellt und technische Schutzmaßnahmen vor Umgehung geschützt.

Die nicht verpflichtenden Vorschläge wurden bewusst dem Zweiten Gesetz zur Regelung des Urheberrechts in der Informationsgesellschaft vom 31. Okto-

---

property/l24152_de.htm (14.01.2012), weiter Mitteilung der Kommission zu Initiativen zum Grünbuch über Urheberrecht und verwandte Schutzrechte in der Informationsgesellschaft KOM/96/ 568 endg. v. 20.11.1996

120 Berger, Die Neuregelung der Privatkopie in § 53 Abs. 1 UrhG im Spannungsverhältnis von geistigem Eigentum, technischen Schutzmaßnahmen und Informationsfreiheit, ZUM 2004, 257, 262

121 Abrufbar unter: http://eur-lex.europa.eu/LexUriServ/LexUriServ.do?uri=OJ:L:2001:167:0010:0019:DE:PDF (14.01.2012)

ber 2007 (Zweiter Korb) vorbehalten. Im Rahmen dieser Gesetzesänderung traten erstmals Fürsprecher des Open-Access-Prinzips aktiv in Erscheinung und forderten den entgeltfreien Zugang zu wissenschaftlicher Information im UrhG zu verankern. Als Lobby für die Interessen der Wissenschaftsorganisationen etablierte sich das „Urheberrechtsbündnis", dessen Ziel ein wissenschaftsfreundlicheres Urheberrecht in Deutschland ist.[122]

Auch nach Ansicht des Bundesrates sollten wissenschaftlich relevante Publikationen teils ausschließlich, zumindest aber ergänzend nach Open-Access-Regeln, veröffentlicht werden, da die Stärkung des Forschungs- und Wirtschaftsstandorts Deutschland effektive wissenschaftliche Kommunikations- und Kooperationsstrukturen bedürfe. Seiner Meinung nach sei hierfür ein schnelles, transparentes und wissenschaftsnahes Kommunikations- und Publikationssystem als entscheidender Baustein für exzellente Wissenschaft und Forschung zwingend.[123] Der Bundesrat regte daher einen Paradigmenwechsel im Bereich wissenschaftlicher Veröffentlichungen an Hochschulen und Forschungseinrichtungen an, der die geeigneten rechtlichen Rahmenbedingungen für einen möglichst freien Zugang zu wissenschaftlichen Informationen schaffen sollte.[124]

Die Bundesregierung erkannte zwar an, dass die Gestaltung von Zugriffsmöglichkeiten auf wissenschaftliche Publikationen wegen der zunehmenden Forderung nach Open-Access-Veröffentlichungen in der wissenschaftlichen Praxis derzeit stark im Fluss sei. Da sich die internationalen Großverlage jedoch um praktikable vertragliche Lösungen bemühten, sollte diese Entwicklung vor einer übereilten, noch dazu mit rechtlichen Bedenken belasteten gesetzlichen Regelung abgewartet werden.[125]

Der Gesetzgeber wies daraufhin die Vorschläge des Bundesrates und des Urheberrechtsbündnisses für Open-Access-Publikationen vorerst zurück, so dass dem deutschen Urheberrecht bisher explizite Open-Access-Regelungen fremd sind. Im Kern beinhaltet der Zweite Korb den Erhalt der Privatkopie, samt einer Pauschalvergütung als Ausgleich für die betroffenen Urheber, Schranken für Wissenschaft und Forschung sowie ein Verfügungsrecht des Urhebers über unbekannte Nutzungsarten hinsichtlich urheberrechtlich geschützter Werke.

Im Gegensatz zu Open Access haben die Grundsätze des Open Source im Rahmen des Zweiten Korbes bereits Eingang gefunden. Der sog. Bestseller-

---

122 Abrufbar unter: http://urheberrechtsbuendnis.de/ (14.01.2012)

123 Stellungnahme des Bundesrates zum Gesetzentwurf zur Regelung des Urheberrechts in der Informationsgesellschaft, BRDrucks 257/06, S. 3

124 Stellungnahme des Bundesrates zum Gesetzentwurf zur Regelung des Urheberrechts in der Informationsgesellschaft, BRDrucks 257/06, S. 7

125 Gegenäußerung der Bundesregierung zu der Stellungnahme des Bundesrates zum Gesetzentwurf zur Regelung des Urheberrechts in der Informationsgesellschaft, BTDrucks 16/1828, S. 47

Paragraph wird mit § 32a Abs. 3 UrhG bei der Einräumung eines einfachen Nutzungsrechts gegenüber jedermann aufgehoben, so dass für eine Open-Source-Lizenz im Nachgang keine Vergütung gefordert werden kann.[126] Auch wurde zu Gunsten standardisierter Lizenzen auf die Warnfunktion der Schriftform bei der unentgeltlichen Einräumung eines einfachen Nutzungsrechtes verzichtet, § 31a Abs. 1 Satz 1 UrhG.

Weitere Fragen, insbesondere der Konflikt zwischen Bildungspolitik und Schutz des Geistigen Eigentums, sollten in einem Dritten Korb beantwortet werden. Im Koalitionsvertrag zwischen CDU, CSU und FDP vom 26.10.2009 verständigten sich die Partner zur zügigen Arbeitsaufnahme an einem Dritten Korb.[127]

## II. Geschützte Werke im Sinne des Urheberrechtsgesetzes

Nach § 1 UrhG genießen Urheber von Werken der Literatur, Wissenschaft und Kunst für ihre Werke Schutz nach Maßgabe des Urheberrechtsgesetzes. § 1 UrhG bringt zum Ausdruck, dass das Ziel des Urheberrechtsgesetzes der Schutz des Urhebers ist. Nicht das geschaffene Werk, auf das sich der Schutz des Gesetzes bezieht, steht im Vordergrund, sondern die Person des Urhebers.[128] Auf der anderen Seite ist das Vorhandensein eines Werkes im Sinne des Urheberrechts aber Tatbestandsvoraussetzung für den urheberrechtlichen Schutz.

In § 2 Abs. 1 UrhG listet das Gesetz beispielhaft geschützte Werkarten auf.[129] § 2 UrhG ist somit das „Eingangstor zum Urheberrecht“.[130] Das Urheberrechtsgesetz schützt nicht nur die Urheber der in § 2 Abs. 1 UrhG einzeln aufgeführten Werke, da es sich hierbei, wie das einleitenden Wort „insbesondere“ zeigt, um

---

126 Gegenäußerung der Bundesregierung zu der Stellungnahme des Bundesrates zum Gesetzentwurf zur Regelung des Urheberrechts in der Informationsgesellschaft, BTDrucks 16/1828, S. 25

127 Koalitionsvertrag „Wachstum. Bildung. Zusammenhalt.“ der 17. Legislaturperiode zwischen CDU, CSU und FDP v. 26.10.2009, S. 103 f.

128 Amtl. Begr. zu § 1, BTDrucks 4/270, S. 37

129 Sprachwerke, wie Schriftwerke, Reden und Computerprogramme; Werke der Musik; pantomimische Werke einschließlich der Werke der Tanzkunst; Werke der bildenden Künste einschließlich der Werke der Baukunst und der angewandten Kunst und Entwürfe solcher Werke; Lichtbildwerke einschließlich der Werke, die ähnlich wie Lichtbildwerke geschaffen werden; Filmwerke einschließlich der Werke, die ähnlich wie Filmwerke geschaffen werden; Darstellungen wissenschaftlicher oder technischer Art, wie Zeichnungen, Pläne, Karten, Skizzen, Tabellen und plastische Darstellungen.

130 Schulze in: Dreier/Schulze, § 2 Rn. 1

keinen abschließenden Katalog handelt, sondern ist der Erweiterung fähig.[131] Auch Werkarten, die nicht explizit in dem Katalog des § 2 Abs. 1 UrhG aufgeführt sind, können dem Urheberrechtsschutz unterfallen, wenn sie zumindest unter die Oberbegriffe Literatur, Wissenschaft und Kunst fallen. Die Begriffstrias des § 1 UrhG wird in der gerichtlichen Praxis jedoch meist unzureichend behandelt, so dass in den zugrunde liegenden Fällen oft keine Einordnung in eine der drei Kategorien oder eine Einordnung ohne Begründung erfolgt.[132] Dies ist i.d.R. auch unschädlich, da der Gesetzgeber in der amtlichen Begründung zu § 2 UrhG den Standpunkt vertritt, dass eine unterschiedliche Handhabe der drei Oberbegriffe grundsätzlich nicht gerechtfertigt sei.[133] Daneben dienen diese Begriffe primär der Grobabgrenzung zu technischen Schöpfungen, die nicht urheberrechtlich, sondern patent- oder gebrauchsmusterrechtlich geschützt sind.[134] Eine Differenzierung dieser Oberbegriffe kann daher häufig unterbleiben. Darüber hinaus ergeben sich oft aufgrund der Eindeutigkeit der Werkart keine Zweifel, in welche Kategorie das Werk einzuordnen ist. So verhält es sich z.B. bei der „Relativitätstheorie“ von Albert Einstein, wo jedem Leser der wissenschaftliche Gehalt des Werkes augenscheinlich ist. Auch bei juristischen Aufsätzen, Lehrbüchern, Monographien oder Kommentaren ist die Einordnung in die Kategorie Wissenschaft eindeutig.

Es gibt aber auch Fälle, in denen keine offensichtliche und eindeutige Werkart im Sinne des § 1 UrhG vorliegt. Dies ist beispielsweise bei einem Schriftsatz eines Rechtsanwalts der Fall. In Betracht kommen hier sowohl die Werkart Wissenschaft als auch die Werkart Literatur.[135] Die konkrete Einordung kann von Bedeutung sein, da bei wissenschaftlichen Werken nur die persönliche Formgebung dem Urheberrechtsschutz unterliegt, der vermittelte Gedankeninhalt hingegen i.d.R. gemeinfrei bleibt.[136]

Es muss daher zumindest der Begriff Wissenschaft von den beiden anderen Oberbegriffen unterschieden werden.

---

131 Ahlberg in: Möhring/Nicolini, § 1 Rn. 2; Bullinger in: Wandtke/Bullinger, § 2 Rn. 2; Axel Nordemann in: Fromm/Nordemann, § 2 Rn. 1; Loewenheim in: Schricker, § 2 Rn. 1

132 BGH NJW 1964, 2153, 2153 f. („Stadtplan“); BGH GRUR 1984, 659, 660 („Ausschreibungsunterlagen“); BGHZ 94, 276, 279 („Inkasso-Programm“); neuere Nachweise: BGH GRUR 2004, 885, 885 f. („Hundefigur“); BGHZ 155, 257, 262 f. („Sendeformat“); BGH GRUR 2005, 854, 855 („Karten-Grundsubstanz“); BGHZ 145, 7, 10 („OEM-Version“)

133 Amtl. Begr. zu § 2, BTDrucks 4/270, S. 37

134 von Gamm in: Mestmäcker/Schulze, § 2 Rn. 2

135 BGH NJW 1987, 1332, 1332 („Anwaltsschriftsatz“)

136 Amtl. Begr. zu § 1, BTDrucks 4/270, S. 37

### 1. Wissenschaftliches Werk

Der Begriff „Wissenschaft“ bzw. „wissenschaftlich“ findet im Urheberrechtsgesetz an verschiedenen Stellen im Gesetz Anwendung, beispielsweise in §§ 1, 2 Abs. 1 u. Abs. 1 Nr. 7, 51 Nr. 1, 52a, 53 Abs. 2, 53a, 70 sowie 87c Abs. 1 Nr. 2 UrhG, ohne jedoch näher umschrieben oder definiert zu sein. Um ein wissenschaftliches Werk von einem aus der Kunst oder Literatur abzugrenzen, kommen verschiedene Unterscheidungsmodelle in Betracht.[137]

Vor dem Inkrafttreten des deutschen Gesetzes über Urheberrecht und verwandte Schutzrechte zum 1. Januar 1966 regelten das Gesetz betreffend das Urheberrecht an Werken der Literatur und der Tonkunst (LUG) und das Gesetz betreffend das Urheberrecht an Werken der bildenden Künste und der Photographie (KUG) den Schutz des Urheberrechts. Um den Anwendungsbereich dieser Gesetze voneinander abzugrenzen, bot sich das äußere Erscheinungsbild des Werkes an, denn Literatur und Kunst wurden i.d.R. in unterschiedlichen Formen zum Ausdruck gebracht. Bei einem Werk der Literatur bedient sich der Urheber der Verbreitungsform der Sprache, sei es in schriftlicher oder mündlicher Form. Hingegen sind Vermittlungsträger der Kunst oft Töne, Leinwände, Bühnen oder bestimmte Werkmaterialien wie Stein oder Metall, wobei aufgrund der mannigfaltigen Deutungsvarianten künstlerischer Betätigung keine abschließende Aufzählung erfolgen kann. Dieser Ansatz lässt sich aber nicht auf die heutige Begriffstrias übertragen. Zwar ließe sich die Kunst von der Literatur wegen unterschiedlicher Ausdrucksmittel wohl weiterhin gut unterscheiden. Die Wissenschaft hingegen bedient sich der gleichen Ausdrucksmittel wie die Literatur, nämlich der Schrift oder der Sprache, um sich der Öffentlichkeit mitzuteilen. Die Form der Veröffentlichung kann daher kein ausreichender Ansatzpunkt für die Unterscheidbarkeit der Werkarten liefern.

Richtigerweise wird man daher an den vom Urheber vermittelten Gedankeninhalt des Werkes anknüpfen müssen, um eine hinreichende Unterscheidungsgrundlage zwischen wissenschaftlichen und anderen Werken zu finden. Ein wissenschaftliches Werk in diesem Sinne liegt demnach vor, wenn es seinem gedanklichen Inhalt nach auf die systematische und überprüfbare Vermittlung von Erkenntnis (Wissen) gerichtet ist.[138] Eine wissenschaftliche Tätigkeit liegt vor, wenn die Tätigkeit methodisch und auf Erkenntnisfindung ausgerichtet ist, insbesondere bei Forschung, Darstellen und Lehren.[139] Wissenschaftlichkeit ist

---

137 Vgl. von Moltke, Das Urheberrecht an den Werken der Wissenschaft, S. 18

138 von Moltke, Das Urheberrecht an den Werken der Wissenschaft, S. 32, wo sich eine umfangreiche Auseinandersetzung mit dem Begriff „Wissenschaft“ im Urheberrecht findet.

139 Dreier in: Dreier/Schulze, § 53 Rn. 23; Lüft in: Wandtke/Bullinger, § 51 Rn. 13 spricht von einem methodisch-systematischen Streben nach Erkenntnis.

demnach meist bei Wissenschaftlern, Forschungsinstituten und Forschern gegeben, jedoch nicht hierauf beschränkt. Der urheberrechtliche Wissenschaftsbegriff lehnt sich – schon aus Gründen der Normhierarchie – im Ergebnis an den zu Art. 5 Abs. 3 Satz 1 GG entwickelten Grundsätzen an.[140] Gegenstand der Wissenschaftsfreiheit gemäß Art. 5 Abs. 3 Satz 1 GG sind nach Meinung des BVerfG vor allem die auf wissenschaftlicher Eigengesetzlichkeit beruhenden Prozesse, Verhaltensweisen und Entscheidungen bei der Suche nach Erkenntnissen, ihrer Deutung und Weitergabe.[141]

Für wissenschaftliche Autoren sind vor allem zwei Katalogtatbestände geschützter Werke von Bedeutung. Zum einen Sprachwerke im Sinne des § 2 Abs. 1 Nr. 1 UrhG und daneben Darstellungen wissenschaftlicher Art gemäß § 2 Abs. 1 Nr. 7 Alt. 1 UrhG.

## 2. Sprachwerk, § 2 Abs. 1 Nr. 1 UrhG

Als Beispiele für Sprachwerke nennt § 2 Abs. 1 Nr. 1 UrhG Schriftwerke, Reden und Computerprogramme. Ein Schriftwerk nach § 2 Abs. 1 Nr. 1 UrhG ist ein Sprachwerk, dessen Inhalt durch Zeichen äußerlich erkennbar gemachter sprachlicher Gedankenausdruck zu verstehen ist, der sich als Erzeugnis geistiger Tätigkeit des Urhebers kundgibt.[142] Unter Schriftwerken versteht man daher Texte in Buchstabenform wie Romane, Briefe oder auch Zeitschriftenbeiträge.[143] Daneben fallen unter Schriftwerke aber auch (rechts-)wissenschaftliche Kommentare, Lehrbücher, Monographien, Unterrichtsmaterial, Festschriften und Aufsätze, abgesehen von einer vollständigen und unreflektierten Übernahme einer anderen Abhandlung.[144] Die Sprache in der das Werk verfasst wurde, spielt keine Rolle.[145] Sprachwerke können daher in Fremdsprachen, ausgestorbenen Sprachen oder Kunstsprachen (Esperanto) verfasst werden.[146] Auch Texte, die nach den Open-Access-Prinzipien in digitalisierter Form im Internet im HTML (Hyper Text Markup Language)-Format übertragen und präsentiert werden, stellen geschützte Sprachwerke im Sinne des § 2 Abs. 1 Nr. 1 UrhG dar.[147] Gleiches gilt

---

140 Schmid/Wirth in: Schmid/Wirth/Seifert, § 53 Rn. 13, die auf Art. 5 Abs. 3 GG verweisen.

141 BVerfGE 90, 1, 11 f.

142 BGH GRUR 1961, 85, 87 („Pfiffikus-Dose")

143 Bullinger in: Wandtke/Bullinger, § 2 Rn. 45

144 Heermann, Der Schutzumfang von Sprachwerken der Wissenschaft und die urheberrechtliche Stellung von Hochschulangehörigen, GRUR 1999, 468, 468

145 Loewenheim in: Schricker, § 2 Rn. 79; Axel Nordemann in: Fromm/Nordemann, § 2 Rn. 29

146 Ahlberg in: Möhring/Nicolini, § 2 Rn. 3; Bullinger in: Wandtke/Bullinger, § 2 Rn. 46

147 Koch, Grundlagen des Urheberrechtsschutz im Internet und in Online-Diensten, GRUR 1997, 417, 418

selbstverständlich auch für andere Textformate wie XML (Extensible Markup Language), TeX, DVI (Device Independent File Format), PDF (Portable Document Format) etc.

### 3. Darstellung wissenschaftlicher Art, § 2 Abs. 1 Nr. 7 Alt. 1 UrhG

Bei Sprachwerken mit wissenschaftlichem Inhalt kann sich der Urheberrechtsschutz auch aus § 2 Abs. 1 Nr. 7 Alt. 1 UrhG ergeben, wenn das Schriftwerk durch eine Darstellung wissenschaftlicher Art ergänzt wird. Darstellungen nach § 2 Abs. 1 Nr. 7 Alt. 1 UrhG müssen einen wissenschaftlichen Inhalt zum Ausdruck bringen und der Belehrung bzw. der Unterrichtung dienen.[148] Entscheidend ist hierbei die objektive Geeignetheit der Darstellung im Hinblick auf eine Belehrung bzw. Unterrichtung, nicht ob der Urheber subjektiv diese Ziele verfolgt.[149] Die Informationsvermittlung über den dargestellten Inhalt muss in diesen Fällen mit graphischen Mitteln erfolgen, beispielsweise durch Zeichnungen, (Bau-)Pläne, Karten, Skizzen, Tabellen oder plastische Darstellungen.[150]

Im Unterschied zu Sprachwerken, deren Ausdrucksmittel ausschließlich die Sprache ist, bedienen sich Darstellungen wissenschaftlicher Art graphischer Gestaltungen zur Informationsvermittlung.[151] Fehlt es an dieser besonderen Ausdrucksform oder steht sie nicht im Vordergrund ergibt sich der Urheberrechtsschutz ausschließlich aus § 2 Abs. 1 Nr. 1 UrhG, da im Ergebnis nur ein Sprachwerk in der Form eines Schriftwerks vorliegt.[152] Liegen hingegen beide Voraussetzungen vor, spielt es i.d.R. keine Rolle, dass gleichzeitig die Merkmale eines Sprachwerks im Sinne des § 2 Abs. 1 Nr. 1 UrhG und einer Darstellung wissenschaftlicher Art nach § 2 Abs. 1 Nr. 7 Alt. 1 UrhG erfüllt sind.[153] Im Gegensatz zu § 2 Abs. 1 Nr. 1 UrhG ist Schutzgegenstand des § 2 Abs. 1 Nr. 7 UrhG jedoch ausschließlich die graphische Darstellung als solche.[154]

### 4. Persönliche geistige Schöpfung, § 2 Abs. 2 UrhG

Neben einem Werkstück gemäß § 2 Abs. 1 UrhG ist nach § 2 Abs. 2 UrhG eine persönliche geistige Schöpfung des Urhebers erforderlich. Die Voraussetzungen

---

148 Rehbinder, Urheberrecht, Rn. 190

149 Reimer, Zum Urheberrechtsschutz von Darstellungen wissenschaftlicher oder technischer Art, GRUR 1980, 572, 576

150 Dreyer in: Dreyer/Kotthoff/Meckel, § 2 Rn. 261

151 Loewenheim in: Schricker, § 2 Rn. 192

152 Ahlberg in: Möhring/Nicolini, § 2 Rn. 36

153 OLG München GRUR 1992, 510, 510 („Rätsel“)

154 Loewenheim in: Schricker, § 2 Rn. 194

von § 2 Abs. 1 und Abs. 2 UrhG müssen kumulativ gegeben sein, damit Urheberrechtsschutz besteht.[155] Entsprechend der amtlichen Begründung zu § 2 UrhG versteht man unter einer persönlichen geistigen Schöpfung Erzeugnisse, die durch ihren Inhalt, durch ihre Form oder durch deren Verbindung etwas Neues und Eigentümliches darstellen.[156]

Nach herrschender Auffassung hat die persönliche geistige Schöpfung vier Elemente: Das Werk muss persönlich erschaffen worden sein, eine wahrnehmbare Form gefunden haben, Individualität aufweisen und die notwendige Gestaltungshöhe erreicht haben.[157]

Das Merkmal der persönlichen Schöpfung setzt einerseits voraus, dass das urheberrechtliche Werk ein durch den menschlichen Geist geprägtes Produkt ist, das die Persönlichkeit des Urhebers widerspiegelt. Es ist vom rein handwerklich-mechanischen Erzeugnis abzugrenzen, dem die Individualität und Eigenartigkeit fehlt.[158] Nicht erforderlich ist die Schaffung von etwas völlig Neuem, sondern die Rechtsprechung lässt eine gewisse schöpferische Eigentümlichkeit im Gesamtvergleich gegenüber vorbestehenden Gestaltungen genügen.[159] Bei wissenschaftlichen Werken treten i.d.R. keine besonderen Probleme auf, da es noch immer der Kreative selbst ist, der seine Gedanken durch Worte und Sätze in ein verständliches Ganzes bringt, um es der interessierten Öffentlichkeit mitzuteilen. Besonders bei naturwissenschaftlicher Forschung bedienen sich aber Wissenschaftler hoch moderner Datenverarbeitungsanlagen, mit deren Hilfe die Gewinnung von Erkenntnissen erfolgt. Die auf diese Weise gewonnen Daten und Informationen beruhen nicht auf menschlicher Schaffenstätigkeit, sondern ausschließlich auf der Effektivität und Aktivität elektronischer Verarbeitungsvorgänge.[160] Voraussetzung des urheberrechtlichen Schutzes ist jedoch, dass ein Mensch tätig gewesen ist, da nur ein menschliches Wesen die persönlichen und geistigen Fähigkeiten zur Schöpfung eines Werkes im Sinne des § 2 UrhG besitzt.[161] Maschinen und Apparate als solche können keine Werkschöpfungen er-

---

155 Ahlberg in: Möhring/Nicolini, § 2 Rn. 2

156 Amtl. Begr. zu § 2, BTDrucks 4/270, S. 38

157 Loewenheim in: Schricker, § 2 Rn. 9; Loewenheim, Hdb. des Urheberrechts, § 6 Rn. 5; Axel Nordemann in: Fromm/Nordemann, § 2 Rn. 20; ähnlich Schack, Urheber- und Urhebervertragsrecht, Rn. 153 wonach es sich um eine persönliche Schöpfung handeln muss, der ein geistiger Gehalt innewohnt und die in einer konkreten Form Gestalt angenommen hat. Diese drei Elemente könne man dann auch in dem Erfordernis einer individuellen Gestaltung zusammenfassen.

158 Bullinger in: Wandtke/Bullinger, § 2 Rn. 21

159 BGHZ 94, 276, 285 („Inkasso-Programm")

160 Haberstumpf, Hdb. des Urheberrechts, Rn. 94 für Übersetzungscomputer

161 LG Berlin GRUR 1990, 270, 270 („Satellitenfoto"); Loewenheim in: Schricker, § 2 Rn. 12; Axel Nordemann in: Fromm/Nordemann, § 2 Rn. 21

bringen.[162] Ebenso wenig ist der „Schöpfer“ der Maschine Urheber an deren Erzeugnissen, da diese nicht seiner geistigen individuellen Tätigkeit entstammen.[163] Reine Computer-Art bzw. Computer-Musik, bei der die Auswahl, Anordnung und Präsentation alleine dem Computer obliegt, ist kein urheberrechtlich geschütztes Werk; anders hingegen, wenn der Anwender die Auswahlmöglichkeit des Zufallsgenerators so einschränkt, dass das Ergebnis praktisch vorgegeben ist.[164]

Soweit kein urheberrechtlicher Schutz besteht, bleibt jedermann berechtigt, diese elektronischen Basisdaten, entsprechend den Open-Access-Grundsätzen, für jeden frei im Internet zu veröffentlichen.

Anders verhält es sich hingegen, wenn diese so gewonnenen Basisdaten von einem Wissenschaftler zu einem wissenschaftlichen Werk verarbeitet werden. Die wissenschaftlich-methodische Durchdringung und Auswertung dieser Basisdaten sowie deren Einordnung in die vorbekannte Wissenschaft ist das Ergebnis menschlicher Geistestätigkeit, so dass trotz Einsatz elektronischer Apparate bei der Datengewinnung eine schutzfähige persönliche Leistung des Autors vorliegt.[165] Die Persönlichkeit des Wissenschaftlers spiegelt sich in derartigen Leistungen wider.

Des Weiteren setzt eine persönliche Schöpfung voraus, dass das Werk von einem individuellen Geist des Urhebers geprägt ist. Das Werk muss sich als Ergebnis des individuellen Schaffens des Urhebers darstellen und eine persönliche Schöpfung von individueller Ausdruckskraft sein.[166] Die urheberrechtliche Zuordnung eines Werkes ausschließlich zu einer Person rechtfertigt sich nämlich nur, wenn das Werk etwas enthält, das gerade von dieser einen Person stammt.[167] Der persönliche Stil des Urhebers muss erkennbar sein.[168] Über die Erforderlichkeit dieses Elements besteht zwischen Rechtsprechung und Literatur Einigkeit, jedoch herrschen Unstimmigkeiten in der Terminologie,[169] so dass man in der Literatur meist von „Individualität“[170] und die Rechtsprechung manchmal von

162 Ahlberg in: Möhring/Nicolini, § 2 Rn. 51; von Gamm in: Mestmäcker/Schulze, § 2 Rn. 7; Loewenheim, Hdb. des Urheberrechts, § 6 Rn. 8; Axel Nordemann in: Fromm/Nordemann, § 2 Rn. 21

163 Kreutzer, Das Modell des deutschen Urheberrechts und Regelungsalternativen, S. 52

164 Dreyer in: Dreyer/Kotthoff/Meckel, § 2 Rn. 27, 32

165 Loewenheim in: Schricker, § 2 Rn. 13; von Moltke, Das Urheberrecht an den Werken der Wissenschaft, S. 174

166 BGHZ 129, 66, 70 („Mauerbilder“)

167 Haberstumpf, Hdb. des Urheberrechts, Rn. 70

168 Wilhelm Nordemann, Urheberrecht an Lehrmitteln, NJW 1970, 881, 882

169 Loewenheim in: Schricker, § 2 Rn. 23

170 Haberstumpf, Hdb. des Urheberrechts, Rn. 95; Loewenheim in: Schricker, § 2 Rn. 23; Schulze in: Dreier/Schulze, § 2 Rn. 18; Loewenheim, Hdb. des Urheberrechts, § 6 Rn. 51; Rehbinder,

„schöpferischer Eigentümlichkeit“[171], „schöpferischer Eigenart“[172] oder „schöpferischer Prägung“[173] spricht, ohne dass in der Sache selbst ein Unterschied auszumachen ist. Im Folgenden wird aus Übersichtlichkeitsgründen ausschließlich von Individualität gesprochen.

Der Grad der Individualität des Urhebers kann von unterschiedlicher Stärke sein. Das Spektrum reicht von einer so starken Ausprägung, dass der Urheber dem Werk praktisch seinen Stempel aufdrückt, so dass man davon sprechen kann, dass nur der Kreative selbst und kein anderer dieses Werk schaffen konnte.[174] Demgegenüber ist aber auch die sog. „kleine Münze“, das sind diejenigen Werke, die gerade die Grenze der Individualität überschreiten, ausdrücklich nach dem Willen des Gesetzgebers urheberrechtlich geschützt.[175]

Der Grad der Individualität des Urhebers muss ein gewisses geistiges und schöpferisches Niveau, die sog. Gestaltungshöhe erreichen.[176] Die Rechtsprechung hat diese strengeren Maßstäbe vom ursprünglichen Anwendungsfeld der angewandten Kunst auf andere Werkarten übertragen.[177] Zwar finden diese Kriterien keinen Niederschlag im Gesetzestext, jedoch ist eine gewisse Gestaltungshöhe urheberrechtlicher Werke erforderlich, um diese Werke von denjenigen zu unterscheiden, die Schutz nach dem Geschmacksmustergesetz genießen und um einen gewissen Mindeststandard von urheberrechtlichen Werken zu gewährleisten.[178]

---

Urheberrecht, Rn. 55; Schack, Urheber- und Urhebervertragsrecht, Rn. 161; von Gamm in: Mestmäcker/Schulze, § 2 Rn. 15

171 BGHZ 139, 68, 72 („Stadtplanwerk“); BGHZ 122, 53, 58 f. („Alcolix“); BGH GRUR 1987, 704, 705 („Warenzeichenlexika“), BGH GRUR 1986, 739, 740 („Anwaltsschriftsatz“), BGH GRUR 1981, 267, 268 („Dirlada“); gegen diese Begrifflichkeit wendet sich Schack, Urheber- und Urhebervertragsrecht, Rn. 161, da es im Urheberrecht nicht um die Eigentümlichkeit eines Erzeugnisses als objektive Eigenart des Werkes ginge, da ein urheberrechtlich geschütztes Werk nicht objektiv neu sein müsse.

172 BGH GRUR 1981, 352, 353 („Staatsexamensarbeit“); BGHZ 116, 136, 145 („Leitsätze“)

173 BGHZ 94, 276, 285 („Inkasso-Programm“); BGH GRUR 2002, 958, 960 („Technische Lieferbedingungen“)

174 Loewenheim in: Schricker, § 2 Rn. 24; Haberstumpf, Hdb. des Urheberrechts, Rn. 97; Ulmer, Urheber- und Verlagsrecht, § 19 V 2

175 Amtl. Begr. zu § 2, BTDrucks 4/270, S. 38; Der Ausdruck „kleine Münze“ stammt von Elster, Gewerblicher Rechtsschutz, S. 40, wonach es für das Urheberrecht gleichgültig ist, ob es eine „große oder kleine Münze ist, was da geschaffen ist“.

176 BVerfG NJW-RR 2005, 686, 686 („laufendes Auge“); BGHZ 141, 329, 333 („Tele-Info-CD“); Ahlberg in: Möhring/Nicolini, § 2 Rn. 75 f., von Gamm in: Mestmäcker/Schulze, § 2 Rn. 16; Rehbinder, Urheberrecht, Rn. 61; Haberstumpf, Hdb. des Urheberrechts, Rn. 101; zum Teil wird auch von Schöpfungs- oder Leistungshöhe gesprochen, wobei in der Sache kein Unterschied besteht.

177 von Gamm in: Mestmäcker/Schulze, § 2 Rn. 18

178 Axel Nordemann in: Fromm/Nordemann, § 2 Rn. 30; Schulze in: Dreier/Schulze, § 2 Rn. 21

Die Anforderungen an das Maß der Gestaltungshöhe sind nicht immer eindeutig und differieren teilweise je nach Werkart. Der BGH führte in mehreren Entscheidungen zu den Voraussetzungen der Gestaltungshöhe aus, dass u.U. schon ein bescheidenes Maß geistiger Betätigung genüge und an das Maß der geistigen Leistung keine hohen Anforderungen zu stellen seien; das geistige Wirken könne sich sowohl auf den Inhalt, die Formgebung, die Sammlung, die Einteilung und die Anordnung beziehen.[179] Seine in Bezug auf die Gestaltungshöhe urheberrechtlicher Werke ständig vertretene Meinung hat der BGH in einer Entscheidung betreffend eines wissenschaftlichen Sprachwerkes gemäß § 2 Abs. 1 Nr. 1 UrhG im Jahre 1984 insofern geändert, als er nunmehr dem Werk eine das durchschnittliche Können deutlich überragende individuelle Eigenart abverlangte.[180]

Diese neue Messlatte war nicht unumstritten, da sie dazu führte, dass bei wissenschaftlichen Schriften höhere Voraussetzungen für einen urheberrechtlichen Schutz gefordert sind, als bei geschäftlichen oder gewerblichen Erzeugnissen, wo auch Adressbücher, Fernsprechbücher, Gebrauchsanweisungen, Kochbücher, Rechentabellen sowie Preislisten und Kataloge Urheberrechtsschutz genießen können.[181] Ohne sich mit dieser Kritik auseinanderzusetzen, relativierte der BGH seine Rechtsprechung in späteren Urteilen, in dem er die „erforderliche Gestaltungshöhe schon bei Einsatz eines hohen Maßes an geistiger Energie und Kritikfähigkeit, die tiefe Durchdringung des Tatsachen- und Rechtsstoffes sowie die souveräne Beherrschung der Sprach- und Stilmittel“ als erfüllt ansah.[182] Auch die daran anschließenden Urteile legten ebenfalls kein sehr hohes Maß an die Voraussetzungen der Schutzfähigkeit wissenschaftlicher Werke, sondern hielten entweder eine „individuelle Geistestätigkeit in dem dargestellten Gedanken“[183], „eine individuelle Geistestätigkeit, die sich vom alltäglichen kartographischen Schaffen abhebe“[184], „ein geringes Maß geistiger Betätigung“[185] oder „ein bescheidenes Maß geistig schöpferischer Tätigkeit“[186] für eine geistige Schöpfung im Sinnes des § 2 Abs. 2 UrhG für ausreichend.

Es ist daher davon auszugehen, dass der BGH von den Schutzvoraussetzungen, die er in der Entscheidung aus dem Jahr 1984 aufstellte wieder Abstand ge-

179 BGH GRUR 1981, 352, 353 („Staatsexamensarbeit“); BGH GRUR 1961, 85, 87 („Pfiffikus-Dose“); BGH GRUR 1962, 51, 52 („Zahlenlotto“)
180 BGH GRUR 1984, 659, 660 („Ausschreibungsunterlagen“)
181 Rehbinder, Urheberrecht, Rn. 165
182 BGH GRUR 1986, 739, 740 („Anwaltsschriftsatz“)
183 BGH GRUR 1987, 360, 361 („Werbepläne“)
184 BGH GRUR 1988, 33, 35 („Topographische Landkarten“)
185 BGH GRUR 1991, 130, 133 („Themenkatalog“)
186 BGHZ 116, 136, 144 („Leitsätze“)

nommen hat.[187] Ein Festhalten an den strengeren Voraussetzungen steht darüber hinaus im Widerspruch zur Intention des Gesetzgebers, der ausdrücklich auch die „kleine Münze“ urheberrechtlich geschützt haben wollte.[188] Dieser Schutz entfiele aber, wenn zur Anerkennung als Werk im Sinne des § 2 UrhG ein deutliches Überragen im Vergleich mit den Durchschnittsschaffenden erforderlich wäre.

Auch mit Blick auf den europäischen Gesetzgeber kann man der schutzvoraussetzungserhöhenden Rechtsprechung des BGH nicht folgen. Der europäische Gesetzgeber hat in den Richtlinien über den Schutz von Computerprogrammen[189], zur Harmonisierung der Schutzdauer[190] und über den rechtlichen Schutz von Datenbanken[191] für Computerprogramme, Lichtbildwerke und Datenbankwerke die Schutzvoraussetzungen jeweils gleichlautend dahingehend festgelegt, dass diese Werke urheberrechtlich zu schützen sind, wenn sie das Ergebnis der eigenen geistigen Schöpfung ihres Urhebers sind, wobei hierbei zur Bestimmung der Schutzfähigkeit keine qualitativen oder ästhetischen Kriterien anzuwenden sind.[192] Aus dieser jeweils gleichlautenden Definition ist der Rückschluss zulässig, dass der europäische Gesetzgeber von einem einheitlichen Schutzstandard ausgeht, der i.d.R. auch für andere Werkarten gilt.[193]

Entsprechend den obigen Ausführungen ist vom urheberrechtlichen Schutz das Allerweltszeugnis, d.h. nur die reine handwerkliche Leistung, die jedermann mit durchschnittlichen Fähigkeiten zustande bringt, ausgeschlossen.[194] Eine weitere besondere Gestaltungshöhe bei wissenschaftlichen Werken in Form eines deutlichen Überragens der Durchschnittsschaffenden ist als Voraussetzung des Urheberrechtsschutzes im Ergebnis nicht erforderlich.

---

187 Leuze, Urheberrechte der Beschäftigten im öffentlichen Dienst, § 2 Rn. 7; detaillierte Aufzählung der nachfolgenden Urteile und deren Voraussetzungen an die Gestaltungshöhe in: von Moltke, Das Urheberrecht an den Werken der Wissenschaft, S. 202 ff.

188 Amtl. Begr. zu § 2, BTDrucks 4/270, S. 38

189 Art. 1 Abs. 3 der Richtlinie 2009/24/EG des Europäischen Parlaments und des Rates v. 23. April 2009 über den Rechtsschutz von Computerprogrammen

190 Art. 6 der Richtlinie 93/98/EWG des Rates v. 29. Oktober 1993 zur Harmonisierung der Schutzdauer des Urheberrechts und bestimmter verwandter Schutzrechte

191 Art. 3 Abs. 1 der Richtlinie 96/9/EG des Europäischen Parlaments und des Rates v. 11. März 1996 über den rechtlichen Schutz von Datenbanken

192 OLG Nürnberg GRUR-RR 2001, 225, 227 („Dienstanweisung“)

193 Ebenso Axel Nordemann in: Fromm/Nordemann, § 2 Rn. 38. Chakraborty, Das Rechtsinstitut der freien Benutzung im Urheberrecht, S. 60 f., nach dessen Ansicht die fortschreitende europäische Rechtsharmonisierung im Hinblick auf das Urheberrecht in eine Richtung weist, die durch den Verzicht auf das Kriterium einer qualitativen oder ästhetischen Leistungshöhe gekennzeichnet ist.

194 Axel Nordemann in: Fromm/Nordemann, § 2 Rn. 39

Die Werkschöpfung muss zur Erlangung urheberrechtlichen Schutzes eine Form angenommen haben, in der sie der menschlichen Wahrnehmung zugänglich ist. Dieser Schutz setzt die Veröffentlichung des Werkes nicht zwingend voraus, so dass selbst an einem noch unveröffentlichten Manuskript Urheberrechtsschutz besteht. Voraussetzung ist aber, dass das Werk sinnlich wahrnehmbar ist. Dies kann durch Druck, Tonband, Kassette, CD, DVD o.ä. erfolgen.[195]

## 5. Beschränkung des Urheberrechts bei wissenschaftlichen Werken

Besonderheiten gelten bei Werken der Wissenschaft. Zwar unterliegen wissenschaftliche Werke grundsätzlich auch dem urheberrechtlichen Schutz.[196] Jedoch gelten für wissenschaftliche Schriftwerke angesichts des Grundsatzes, dass die wissenschaftliche Lehre und Forschung frei und jedermann zugänglich ist, gewisse Grenzen.[197] Abstrakte Gedanken, Ideen und Anregungen müssen im Interesse der Allgemeinheit grundsätzlich gemeinfrei bleiben und dürfen nicht durch das Urheberrecht monopolisiert werden.[198] Sie müssen Gegenstand freier geistiger Auseinandersetzung bleiben und ihre Diskussion und Kritik darf nicht urheberrechtlich untersagt werden. Mit der gesonderten Aufnahme der Wissenschaft in § 1 und § 2 UrhG wollte der Gesetzgeber keinen Schutz wissenschaftlicher Ideen und Erkenntnisse begründen.[199] Wissenschaftliche Erkenntnisse, Lehren und Theorien werden nicht vom Autor selbst geschaffen, sondern sind grundsätzlich schon vorhanden und müssen „nur noch" erkannt werden. Es fehlt daher an der erforderlichen Individualität der schöpferischen Leistung, um urheberrechtlichen Schutz zu erreichen.[200]

Dieses Verständnis entspricht auch dem internationalen Konsens, der nunmehr in Art. 9 Abs. 2 TRIPS niedergelegt wurde, wonach sich der urheberrechtliche Schutz auf Ausdrucksformen und nicht auf Ideen, Verfahren, Arbeitsweisen oder mathematische Konzepte erstreckt.[201] Grund hierfür ist, dass ein ausschließliches Recht an Ideen die Gefahr der Monopolosierung von Gedanken berge.[202]

---

195 Fechner, Medienrecht, Kap. 5 Rn. 11

196 Loewenheim in: Schricker, § 2 Rn. 60

197 BGHZ 39, 306, 311 („Rechenschieber"); BGH GRUR 1981, 352, 353 („Staatsexamensarbeit")

198 von Gamm in: Mestmäcker/Schulze, § 2 Rn. 23; Wilhelm Nordemann, Urheberrecht an Lehrmitteln, NJW 1970, 880, 882

199 Amtl. Begr. zu § 1 UrhG, BTDrucks 4/270, S. 37

200 Schulze in: Dreier/Schulze, § 2 Rn. 41

201 Hertin, Zur urheberrechtlichen Schutzfähigkeit von Werbeleistungen unter besonderer Berücksichtigung von Werbekonzeptionen und Werbeideen, GRUR Int 1997, 799, 804

202 Füller in: Busche/Stoll, Art. 9 Rn. 104

Im Rahmen wissenschaftlicher Sprachwerke ist daher nur die konkrete Darstellungsform des Werkes und nicht dessen wissenschaftlicher Inhalt urheberrechtlich geschützt. Die Darstellungsform eines Werkes setzt sich aus der sprachlichen Gestaltung und Art der Darstellung (äußere Form), beispielsweise konkrete Sätze eines Schriftwerkes, sowie der eigenen charakteristischen Gliederung und Gedankenführung (innere Form) zusammen.[203] Die Gemeinfreiheit von wissenschaftlichen Entdeckungen, Lehren und Forschungsergebnissen ist dem Grundsatz der Wissenschaftsfreiheit im Interesse der freien wissenschaftlichen Diskussion und des Fortschritts in der Wissenschaft und damit dem Allgemeininteresse geschuldet.[204] Dieser Grundsatz entspricht der objektiven Wertentscheidung des Art. 5 Abs. 3 Satz 1 GG und gilt unabhängig davon, welchem Wissenschaftsgebiet die wissenschaftliche Entdeckung zugehört.[205] Gäbe es keine Beschränkung des Urheberechts bei wissenschaftlichen Werken, bestünde die Gefahr, dass eine Monopolisierung wissenschaftlicher Erkenntnisse durch die jeweiligen Urheber bzw. Verwerter erfolge und somit der Allgemeinheit nicht zur Verfügung stünden. Eine Monopolisierung der Wissenschaft würde nicht nur den Fortschritt der Wissenschaft, sondern auch den der Allgemeinheit insgesamt einschränken. Mangels urheberrechtlichen Schutzes steht einer Open-Access-Publikation derartiger Lehren und Ideen demnach nichts entgegen.

Für die betroffenen Wissenschaftler stellt diese Einschränkung des urheberrechtlichen Schutzes eine erhebliche Beeinträchtigung dar, da eine Wissenschaftssprache mit deren Fachtermini nur wenig Spielraum für eine individuelle Darstellung des vermittelten Inhalts lässt und somit oftmals nicht einmal die konkrete Darstellungsform geschützt ist.[206] Insbesondere bei naturwissenschaftlichen oder technischen Werken durch mathematische Formeln, Zeichnungen o.ä. gibt es nur eine sehr geringe Möglichkeit Inhalt und Form zu trennen, so dass wegen dieser Verschmelzung u.U. im Einzelfall der Urheberrechtsschutz insgesamt zu versagen ist. Dasselbe gilt für den Aufbau und die Darstellungsart eines Werkes, wenn diese aus wissenschaftlichen Gründen geboten oder in Fragen des bearbeiteten Fachgebietes weit verbreitet ist und deren Anwendung daher nicht

203 Chakraborty, Das Rechtsinstitut der freien Benutzung im Urheberrecht, S. 56; Heermann, Der Schutzumfang von Sprachwerken der Wissenschaft und die urheberrechtliche Stellung von Hochschulangehörigen, GRUR Int 1999, 468, 470; Wilhelm Nordemann, Urheberrecht an Lehrmitteln, NJW 1970, 880, 882

204 BGHZ 94, 276, 285 („Inkasso-Programm“); BGH GRUR 1981, 520, 522 („Fragensammlung“)

205 Kraßer/Schricker, Patent- und Urheberrecht an Hochschulen, S. 80

206 BGH GRUR 1981, 352, 353 („Staatsexamensarbeit“); Haberstumpf, Hdb. des Urheberrechts, Rn. 84

als eigentümliche geistige Leistung angesehen werden kann.[207] Anzumerken ist jedoch, dass sich im Fall geringer Gestaltungsmöglichkeiten der urheberrechtliche Schutz auch aus der speziellen Sammlung und Anordnung von Informationen ergeben kann; so wurde beispielsweise höchstgerichtlich der Urheberrechtschutz für einen 22-seitigen Index zu einer Sammlung mittelalterlicher Briefe[208] oder für eine Fragensammlung[209], die als Arbeitskontrolle zu einem medizinischen Fachbuch diente, bejaht.

Selbst wenn die konkrete Darstellungsform des wissenschaftlichen Werkes urheberrechtlich geschützt wäre, ist meist nicht die Form der wissenschaftlichen Forschungsergebnisse, sondern deren Inhalt für den Autor und die interessierte Öffentlichkeit bedeutsam. Der Inhalt wissenschaftlicher Werke ist entscheidend für die wissenschaftliche Reputation, Ehrungen, Preise und auch für Fördermittel des Autors, insgesamt also für sein berufliches Vorankommen.[210] Der Schutzumfang wissenschaftlicher Werke wird in der rechtswissenschaftlichen Literatur kontrovers diskutiert und andere, autorenfreundlichere, Lösungsansätze vertreten, die auch den wissenschaftlichen Inhalt urheberrechtlich geschützt wissen wollen. Durchgesetzt hat sich in der Praxis bislang aber keiner dieser nachfolgenden Lösungsansätze:

(1) Nach einer in der rechtswissenschaftlichen Literatur vertretenen Meinung müsse auch der Inhalt eines wissenschaftlichen Werkes urheberrechtlich geschützt sein.[211] Eine Schutzunfähigkeit wissenschaftlicher Erkenntnisse führe andernfalls zu einer nicht zu rechtfertigenden Ungleichbehandlung im Vergleich zu den übrigen Werken des § 2 Abs. 1 UrhG. Nach dieser Auffassung sei es nicht zu rechtfertigen, dass triviale Schriftwerke und simpelste musikalische Stücke urheberrechtlichen Schutz genießen, hingegen selbst hochqualifizierte wissenschaftliche Leistungen hinsichtlich ihrer inhaltlichen Elemente ungeschützt blieben.[212]

Dieser Ansicht ist jedoch nicht zuzustimmen, da sich die Unterscheidbarkeit zwischen wissenschaftlichen und nicht wissenschaftlichen Werken aus Art. 5 Abs. 3 Satz 1 GG ergibt, der eine objektive Werteordnung zu Gunsten der Lehre und Forschung verfassungsrechtlich festschreibt, die auch auf das Urheberrecht

---

207 BGH GRUR 1981, 352, 353 („Staatsexamensarbeit“); BGH GRUR 1984, 659, 661 („Ausschreibungsunterlagen“)

208 BGH GRUR 1980, 227, 230 („Monumenta Germaniae Historica“)

209 BGH GRUR 1981, 520, 522 („Fragensammlung“)

210 Heermann, Der Schutzumfang von Sprachwerken der Wissenschaft und die urheberrechtliche Stellung von Hochschulangehörigen, GRUR 1999, 468, 470

211 Chakraborty, Das Rechtsinstitut der freien Benutzung im Urheberrecht, S. 57

212 Chakraborty, Das Rechtsinstitut der freien Benutzung im Urheberrecht, S. 66

ausstrahlt.[213] Nur urheberrechtliche Schrankenregelungen als Ausnahme der Schutzfähigkeit wissenschaftlicher Werke bieten keinen ausreichenden Schutz für das wissenschaftliche Informationsbedürfnis der Öffentlichkeit.[214] Das Urheberrechtsgesetz muss daher unter Berücksichtigung der objektiven Wertordnung des Art. 5 Abs. 3 Satz 1 GG verfassungskonform ausgelegt werden. Darüber hinaus ist auch dem Argument dieser Literaturmeinung, wonach qualitätsarme literarische Werke unbilliger Weise wissenschaftlichen Werken vorgezogen werden würden, nicht zu folgen, da der urheberrechtliche Schutz unabhängig von einem besonderen literarischen, wissenschaftlichen oder künstlerischen Rang ist.[215]

(2) Andere Autoren schlagen vor, dem Urheber wissenschaftlicher Erkenntnisse ein Urheberrecht solange zuzugestehen, bis sein Werk veröffentlicht werde.[216] Argumentiert wird mit dem Allgemeinen Persönlichkeitsrecht des Autors gemäß Art. 2 Abs. 1, 1 Abs. 1 GG. Vertreter dieser Ansicht befürworten, dass dem Autor vor Veröffentlichung auch ein Urheberrecht an dem Inhalt seines wissenschaftlichen Werkes zusteht, welches nach Veröffentlichung zu Gunsten des Allgemeininteresses bezüglich der publizierten Lehren und Forschungsergebnisse zurücktritt.

Dieser Lösungsvorschlag tritt für eine Spaltung zwischen dem persönlichkeitsrechtlichen und dem vermögensrechtlichen Urheberschutz ein. Dieser Ansatz ist jedoch mit der aus § 11 Satz 1 UrhG entwickelten monistischen Lehre[217], wonach Persönlichkeitsrecht und Vermögensrecht untrennbar miteinander verbunden sind, nicht vereinbar und folglich auch abzulehnen.[218] Das Urheberrecht wird vom Gesetzgeber als *ein* Recht definiert, das Auswirkungen auf die vermögensrechtliche und persönlichkeitsrechtliche Seite hat.[219] Der Schutz des Urhe-

213 Ahlberg in: Möhring/Nicolini, § 2 Rn. 56

214 A.A. Haberstumpf, Wem gehören Forschungsergebnisse?, ZUM 2001, 819, 823, wonach ein ganzer Katalog von detailliert formulierten und ausdifferenzierten Schrankenbestimmungen dem grundsätzlichen Urheberschutz gegenüberstehen und daher eine ausreichende Feinabstimmung zwischen dem Schutz des jeweiligen Urhebers und dem Schutz der Allgemeinheit möglich sei. Ebenso Altenpohl, Der urheberrechtliche Schutz von Forschungsresultaten, S. 275, der zufolge die Schrankenbestimmungen den involvierten Allgemeininteressen (wenn nicht sogar mehr als) angemessen Rechnung trügen.

215 Ulmer, Urheber- und Verlagsrecht, § 21 IV 2

216 Plander, Wissenschaftliche Erkenntnisse und Urheberrecht an wissenschaftlichen Werken, UFITA Bd. 76 (1976), 25, 69

217 Amtl. Begr. zu § 11, BTDrucks 4/270, S. 40; Bullinger in: Wandtke/Bullinger, § 11 Rn. 1; Dreyer in: Dreyer/Kotthoff/Meckel, § 11 Rn. 3; Hertin in: Fromm/Nordemann, § 11 Rn. 2; Kroitsch in: Möhring/Nicolini, § 11 Rn. 5; Schricker in: Schricker, § 11 Rn. 2; Schulze in: Dreier/Schulze, § 11 Rn. 2

218 Ahlberg in: Möhring/Nicolini, § 2 Rn. 56

219 Amtl. Begr. zu § 11, BTDrucks 4/270, S. 40

bers in allen Ausstrahlungen seines Rechtes sowohl nach der geistigen und persönlichen Seite zum Werk als auch nach der vermögensrechtlichen Seite der Nutzung des Werkes ist einheitlich und umfassend.[220] Eine Aufspaltung dieses einheitlichen Schutzes widerspräche dem eindeutigen gesetzgeberischen Willen.

(3) Andere Teile der rechtswissenschaftlichen Literatur favorisieren wiederum einen dritten Lösungsansatz. Dieser unterscheidet zwischen wissenschaftlichen Sachverhalten, Gedanken und Lehren als solche, die dem urheberrechtlichen Schutz nicht unterliegen, und ihrer geschützten Konkretisierung in einem bestimmten Werk, die ihren Ausdruck in der Vielzahl der Gesichtspunkte, in ihren Beziehungen zueinander und in der Art der Darstellung findet, sog. Gewebetheorie.[221]

Dieser Grundthese ist zwar zuzustimmen, jedoch handelt es sich hierbei nicht um die Frage der Schutzfähigkeit wissenschaftlicher Erkenntnisse, sondern nur um die Darstellung von Gedanken in einer bestimmten Form des Werkes.[222] Wenn man von dem Gewebe des Werkes spricht, meint man eigentlich die innere Form des Werkes, die Ordnung und Struktur, die das Werk durch Auswahl, Zusammenstellung und Gliederung des zugrundeliegenden Stoffes und der verarbeiteten Ideen enthält.[223] Eine Grenzziehung zwischen dem Gewebe und dem ungeschützten Kern des Werkes ist daher vergleichbar mit der Trennung zwischen dessen Form und Inhalt.[224] Im Ergebnis ergeben sich keine grundliegenden Unterschiede zu der bestehenden Rechtsprechung.

## III. Urheber, § 7 UrhG

Nach § 7 UrhG ist Urheber eines Werkes derjenige Mensch, der das Werk durch seine persönliche Tätigkeit hervorgebracht hat. Der Kreative erwirbt das subjektive Urheberrecht durch Schöpfung des Werkes, folglich durch einen Realakt.

220 BGHZ 17, 266, 279 („Tonband“); Ahlberg in: Möhring/Nicolini, § 11 Rn. 5; Axel Nordemann in: Fromm/Nordemann, § 11 Rn. 1; Schricker in: Schricker, § 11 Rn. 2; Schack, Urheber- und Urhebervertragsrecht, Rn. 22 f., von Gamm, Urheberrechtsgesetz, Einführung Rd. 28; Kohler, Urheberrecht an Schriftwerken und Verlagsrecht, S. 8

221 Ulmer, Urheber- und Verlagsrecht, § 19 III 2, IV 2; zustimmend Hertin, Urheberrecht, Rn. 61

222 Ahlberg in: Möhring/Nicolini, § 2 Rn. 56

223 Chakraborty, Das Rechtsinstitut der freien Benutzung im Urheberrecht, S. 56. Anders von Moltke, Das Urheberrecht an den Werken der Wissenschaft, S. 47, der den Begriff „Gewebe“ der äußeren Form des Werkes zuordnet. Wiederum anders Altenpohl, Der urheberrechtliche Schutz von Forschungsresultaten, S. 114, wonach das „Gewebe“ Elemente des Inhalts, der inneren und der äußeren Form enthält.

224 Altenpohl, Der urheberrechtliche Schutz von Forschungsresultaten, S. 114

Eine Stellvertretung scheidet aus, sog. Schöpferprinzip. Auftraggeber, Ideenanreger oder Besteller sind somit keine Urheber eines Werkes.[225] Urheber eines geschützten Werkes kann jede natürliche Person, unabhängig von ihrer Voll- oder Teilgeschäftsfähigkeit sein. Anders als beispielsweise im US-amerikanischen Rechtssystem ist nach deutschem Recht eine juristische Person nicht urheberrechtsfähig.[226]

Urheber einer wissenschaftlichen Publikation ist demnach ausschließlich der Autor selbst, ggf. besteht bei gemeinschaftlich gewollter Zusammenarbeit mehrerer Autoren eine Miturheberschaft nach § 8 Abs. 1 UrhG. Voraussetzung einer Miturheberschaft ist, dass sich die Autoren über ein einheitliches Werk verständigen und sich dieser Gesamtidee wechselseitig unterordnen.[227] Das geschaffene Werk muss eine wirtschaftliche Einheit darstellen, die üblicherweise nur insgesamt verwertet wird.[228] In diesem Fall steht das Urheberrecht an dem geschützten Werk den Miturhebern gemeinsam zu, sie bilden eine Verwertungsgemeinschaft.[229] Folge dieser Rechtsgemeinschaft ist, dass die Veröffentlichung und Verwertung des Werkes die vorherige Zustimmung aller Miturheber voraussetzt.[230] Wenn mehrere Urheber nicht gleichberechtigt an der Werkschaffung beteiligt waren, sondern ein Urheber beispielsweise als wissenschaftlicher Mitarbeiter zwar ohne selbstständiges Entscheidungsrecht, jedoch selbstständige Beiträge leistete, ist er als Mitautor zu nennen.[231] Im Fall einer echten Miturheberschaft sind die Schöpfer des jeweiligen urheberrechtlichen Werkes gemeinsam berechtigt, über eine Open-Access-Publikation zu entscheiden.

## IV. Urheberrechte

Das Urheberrecht schützt gemäß § 11 Satz 1 UrhG den Urheber in seinen geistigen und persönlichen Beziehungen zu seinem Werk. Gemeint ist damit der Schutz materieller und ideeller Interessen des Urhebers. Urheberrechte untergliedern sich in Urheberpersönlichkeitsrechte und Verwertungsrechte.

225 Schulze in: Dreier/Schulze, Urheberrechtsgesetz, § 7 Rn. 4
226 Fechner, Medienrecht, Kap. 5 Rn. 16
227 BGHZ 123, 208, 212 („Buchhaltungsprogramm“)
228 Schulze in: Dreier/Schulze, § 8 Rn. 3
229 Schulze in: Dreier/Schulze, § 8 Rn. 1, 12
230 Loewenheim in: Schricker, § 8 Rn. 13 f.
231 Thieme, Deutsches Hochschulrecht, Rn. 475

## 1. Veröffentlichungsrecht, § 12 Abs. 1 UrhG

Das Urheberpersönlichkeitsrecht umfasst insbesondere das Veröffentlichungsrecht (§ 12 UrhG), das Recht auf Anerkennung der Urheberschaft (§ 13 UrhG), das Recht Entstellungen des Werkes zu verhindern (§ 14 UrhG) und ein Änderungsverbot (§ 23 UrhG). Im Rahmen der Diskussion über Veröffentlichungen nach den Open-Access-Grundsätzen ist primär das Veröffentlichungsrecht des Urhebers nach § 12 Abs. 1 UrhG (bei Miturhebern in Verbindung mit § 8 Abs. 2 Satz 1 Halbs. 1 UrhG) von Bedeutung. Das Recht zur Veröffentlichung gibt dem Urheber das Recht, darüber zu entscheiden, ob, wann und wie sein Werk der Öffentlichkeit zugänglich gemacht wird.[232] Das Veröffentlichungsrecht ist ausschließlich ein Abwehrrecht des Urhebers vor unberechtigter Veröffentlichung des Werkes und begründet darüber hinaus keinen Anspruch auf Veröffentlichung; es ist ein sog. Verbotsgesetz.[233]

### *a) Veröffentlichung*

Nach § 12 Abs. 1 UrhG hat der Urheber das Recht zu bestimmen, ob und wie sein Werk veröffentlicht wird. Ein Werk ist gemäß § 6 Abs. 1 UrhG veröffentlicht, wenn es mit Zustimmung des Berechtigten der Öffentlichkeit zugänglich gemacht worden ist. Der Begriff enthält somit drei Elemente: Die Öffentlichkeit, den Umstand, dass das Werk ihr zugänglich gemacht worden ist und die Zustimmung des Berechtigten.

§ 6 UrhG enthält keine Definition des Begriffes Öffentlichkeit. Es findet sich jedoch eine Begriffsdefinition in § 15 Abs. 3 UrhG. Demnach ist die Wiedergabe eines Werkes öffentlich, wenn sie für eine Mehrzahl von Personen bestimmt ist, es sei denn, dass der Kreis dieser Personen bestimmt abgegrenzt ist und sie durch gegenseitige Beziehungen oder durch Beziehungen zum Veranstalter persönlich untereinander verbunden sind. Diese sehr weite Begriffsdefinition des § 15 Abs. 3 UrhG beschränkt sich vom Wortlaut her auf die Wiedergabe eines Werkes in unkörperlicher Form gemäß § 15 Abs. 2 UrhG. Ob diese Legaldefinition des § 15 Abs. 3 UrhG auf § 6 Abs. 1 UrhG übertragen werden kann, ist nicht unumstritten.

---

232 Engel, Persönlichkeitsrechtlicher Schutz für wissenschaftliche Arbeiten und Forschungsergebnisse, GRUR 1982, 705, 713; Fechner, Medienrecht, Kap. 5 Rn. 76

233 von Welser, Die Wahrnehmung urheberpersönlichkeitsrechtlicher Befugnisse durch Dritte, S. 29

Nach einem Teil der Rechtsliteratur[234] und der Rechtsprechung[235] ist der Begriff „öffentlich“ in § 15 Abs. 3 UrhG und § 6 Abs. 1 UrhG im Urheberrecht einheitlich zu verstehen, d.h., die Begriffsbestimmung könne somit übertragen werden. Zumindest sei die Veröffentlichung im Sinne des § 6 Abs. 1 UrhG „im Lichte von § 15 Abs. 3 UrhG zu konkretisieren“.[236]

Demgegenüber fordern andere Autoren eine differenzierende Auslegung des Öffentlichkeitsbegriffes, da die Legaldefinition des § 15 Abs. 3 UrhG für eine Übertragung auf § 6 Abs. 1 UrhG zu weit gehe.[237] Dies wird u.a. damit begründet, dass nach dem Maßstab des § 15 Abs. 3 UrhG das Werk nicht notwendigerweise der Öffentlichkeit tatsächlich zugänglich gemacht worden ist, nach dem Willen des Gesetzgebers aber Voraussetzung der Veröffentlichung im Sinne des § 6 Abs. 1 UrhG sei, dass die Allgemeinheit die Möglichkeit erhalte, das Werk mit Auge oder Ohr wahrzunehmen.[238] Daneben ergäben sich Unterschiede zwischen einer Werkveröffentlichung und einer öffentlichen Wiedergabe, die eine eigenständige Auslegung des Öffentlichkeitsbegriffes rechtfertige.[239] Folgt man dieser Rechtsansicht, läge noch keine Veröffentlichung vor, wenn der Urheber angesichts der Art des Empfängerkreises nicht auf eine Veröffentlichungsreife bedacht sein hätte müssen, unabhängig davon, ob eine persönliche Verbundenheit besteht oder nicht. Beispielsweise soll bei einem Referat, welches vor einem ausgewählten Expertenkreis als Diskussionsgrundlage gehalten werde, keine Veröffentlichung des Werkes im Sinne des § 6 Abs. 1 UrhG gegeben sein.[240] Der Gesetzgeber habe den Öffentlichkeitsbegriffs auch sonst gelegentlich abweichend von § 15 Abs. 3 UrhG verwendet und die Legaldefinition nur als Begriff der Öffentlichkeit der Wiedergabe eines Werkes bezeichnet.[241] Ein umfassender Schutz des Urhebers gebiete eine urheberfreundlichere Auslegung des Begriffes, da mit der Veröffentlichung eines Werkes das Veröffentlichungsrecht nach § 12

---

234 Ahlberg in: Möhring/Nicolini, § 6 Rn. 7 f.; Goebel/Hackemann/Scheller, Zum Begriff des Erscheinens beim Elektronischen Publizieren, GRUR 1986, 355, 357; Rehbinder, Urheberrecht, Rn. 155

235 LG Frankfurt GRUR 1987, 168, 169 („Krankheiten auf Rezept“); KG Berlin NJW 1995, 3392, 3393 („Botho Strauß“); OLG Frankfurt a.M. ZUM 1996, 697, 701 („Yellow Submarine“)

236 Schricker, Urheberrecht auf dem Weg zur Informationsgesellschaft, S. 99

237 Katzenberger in: Schricker, § 6 Rn. 11; Schack, Urheber- und Urhebervertragsrecht, Rn. 231 f.; Knap, Der Öffentlichkeitsbegriff in den Begriffen der Werkveröffentlichung und der öffentlichen Wiedergabe, UFITA Bd. 92 I (1982), 21, 36; Schiefler, Veröffentlichung und Erscheinen nach dem neuen Urhebergesetz, UFITA Bd. 48 III (1966), 81, 84 ff.

238 Amtl. Begr. zu § 6, BTDrucks 4/270, S. 40

239 Knap, Der Öffentlichkeitsbegriff in den Begriffen der Werkveröffentlichung und der öffentlichen Wiedergabe, UFITA Bd. 92 I (1982), 21, 36

240 Ulmer, Urheber- und Verlagsrecht, § 32 I

241 Dreier in: Schulze/Dreier, § 6 Rn. 25; Katzenberger in: Schricker, § 6 Rn. 9 f.

Abs. 1 UrhG erlösche und Dritte nur in Bezug auf veröffentlichte Werke im Rahmen der Schrankenregelungen ohne Zustimmung des Berechtigten Zugriff hätten.[242]

Diese Argumente überzeugen jedoch nicht, so dass im Ergebnis eine Übertragung des Öffentlichkeitsbegriffes vorzuziehen ist. Dafür sprechen das Interesse an Gesetzesklarheit und Gesetzeseinheit sowie der Umstand, dass weder Anhaltspunkte für eine abweichende Auffassung des Gesetzgebers vorliegen noch eine Notwendigkeit für die unterschiedliche Begriffsverwendung besteht, da es Urheber i.d.R. selbst in der Hand haben, ihr Werk zu veröffentlichen.[243] Ein weites Öffentlichkeitsverständnis im Rahmen des § 6 Abs. 1 UrhG widerspricht nicht dem gesetzgeberischen Willen, da auch hier zumindest die Möglichkeit gegeben ist, dass die Allgemeinheit das Werk mit Auge oder Ohr wahrnimmt. Eine engere Begriffsauslegung benachteiligt hingegen die Allgemeinheit im Vergleich zu den urheberrechtlichen Interessen des Berechtigten, da ihr die gesetzlichen Rechte im Rahmen der Schrankenregelungen vorenthalten blieben. Auch in diesem Rahmen muss die grundrechtliche Werteordnung des Art. 5 Abs. 3 Satz 1 GG bei der verfassungskonformen Auslegung des Urheberrechtsgesetzes berücksichtigt werden. Art. 5 Abs. 3 Satz 1 GG verpflichtet insbesondere auch den Staat, ein freiheitliches Wissenschaftsleben zu erhalten und zu fördern.[244] Eine zu restriktive Auslegung des Öffentlichkeitsbegriffes im Urheberrechtsgesetz könnte einen dauerhaften wissenschaftlichen Fortschritt beeinträchtigen, da nur ein zeitnaher wissenschaftlicher Austausch das Wissenschaftsleben insgesamt fördern kann. Auch aus diesem Grund ist daher ein weiter Öffentlichkeitsbegriff im Urheberrechtsgesetz gerechtfertigt.

Für wissenschaftliche Open-Access-Publikationen bedeutet diese weite Auslegung, dass ein Werk bereits dann als veröffentlicht gilt, wenn es ins Internet gestellt wird. Dies gilt auch dann, wenn niemand auf diese Seite tatsächlich zugegriffen oder sich die Datei heruntergeladen hat, der ungehinderte Zugriff jedoch gegeben ist.[245] Hierfür spricht insbesondere auch die Einführung des § 19a UrhG, der ausdrücklich die Einbeziehung der On-Demand-Dienste im Internet bezweckt und für deren Zugänglichmachung die abstrakte Möglichkeit des Abrufes im Internet, unabhängig von ihrer tatsächlichen Nutzung, ausreichen lässt.[246]

---

242 Katzenberger in: Schricker, § 6 Rn. 3

243 Marquardt in: Wandtke/Bullinger, § 6 Rn. 6

244 BVerfGE 81, 108, 116

245 Dreier in: Schulze/Dreier, § 6 Rn. 10; Dreyer in: Dreyer/Kotthof/Meckel, § 6 Rn. 25; Marquardt in: Wandtke/Bullinger, § 6 Rn. 7; Wilhelm Nordemann in: Fromm/Nordemann, § 6 Rn. 14; Schack, Urheber- und Urhebervertragsrecht, Rn. 232; Schack, Rechtsprobleme der Online-Übermittlung, GRUR 2007, 639, 640 u. 644

246 Dustmann in: Fromm/Nordemann, § 19a Rn. 7

Durch das Bereitstellen des betreffenden Werkes in einem Open-Access-Journal, Repositorium, Datenbank oder auf der eigenen Homepage verliert der Berechtigte somit sein Recht an der Veröffentlichung des Werkes nach § 12 Abs. 1 UrhG und gibt der Allgemeinheit die Möglichkeit, sein Werk entsprechend der gesetzlichen Schranken zu nutzen.

Dies gilt hingegen nicht, wenn der Kreis der Empfänger zahlenmäßig abgrenzbar und durch gegenseitige Beziehungen untereinander oder durch Beziehungen zum Informationsanbieter persönlich verbunden ist. Eine persönliche gegenseitige Beziehung der Empfänger zueinander setzt aber voraus, dass eine gemeinschaftsbildende und Außenstehende ausschließende Verbindung der Beteiligten vorliegt, die von einem gemeinsamen Zusammengehörigkeitsgefühl geprägt ist.[247] Eine Verbindung dieser Art kommt jedenfalls nur dann in Betracht, wenn das betreffende Werk einem zahlenmäßig beschränkten Kreis zur Verfügung steht.[248] Bei Datenbanknutzern wird zumindest in der Anlaufphase der Interessentenkreis an den bereitgestellten Werken eine überschaubare Größe haben. Jedoch besteht zwischen den einzelnen Nutzern untereinander kein derartiges Zusammengehörigkeitsgefühl, um von einer persönlichen Beziehung zueinander sprechen zu können. Der Umstand, dass die Nutzer meist aus ähnlichen Berufsgruppen stammen und alle Kunden der gleichen Datenbank sind, ist für sich genommen nicht ausreichend, um eine Veröffentlichung im Sinne des Urheberrechtsgesetzes zu verneinen.[249]

Eine persönliche Beziehung zum Informationsanbieter wird bei einem Bekanntschafts- oder Freundschaftsverhältnis sowie bei einer Betriebs- oder Interessengemeinschaft, jedenfalls bis zu einer bestimmten zahlenmäßigen Größe, in Betracht gezogen.[250] Der Kreis von Datenbanknutzern ist jedoch ständiger Fluktuation unterworfen, da bisherige Nutzer ausscheiden und an deren Stelle neue Nutzer hinzutreten, so dass man nicht von einer persönlichen Beziehung zwischen dem Informationsanbieter und den Nutzern sprechen kann. Es handelt sich vielmehr um eine rein vertragliche bzw. geschäftliche Verbindung der Per-

---

247 von Gamm, Urheberrechtsgesetz, § 15 Rn. 8

248 Goebel/Hackemann/Scheller, Zum Begriff des Erscheinens beim Elektronischen Publizieren, GRUR 1986, 355, 357

249 A.A. Schiefler, Veröffentlichung und Erscheinen nach dem neuen Urhebergesetz, UFITA Bd. 48 III (1966), 81, 85, der es als ausreichend ansieht, wenn eine bestimmte Personengruppe lediglich ein sachliches Interesse gemein ist und demnach die gleiche Berufsgruppe für den Ausschluss der Öffentlichkeit ausreichend wäre. Eine Verbindung zwischen Personen dergestalt, dass man der gleichen Branche entspricht, ist aber schon nach dem Wortverständnis keine persönliche, sondern eine sachliche Beziehung. Diese Rechtsansicht blieb daher eine absolute Mindermeinung in der Literatur.

250 von Gamm, Urheberrechtsgesetz, § 15 Rn. 8

sonen.[251] Eine persönliche Beziehung zwischen den Parteien wäre eine reine Zufälligkeit.

Zusammenfassend kann man sagen, dass selbst wenn das im Internet veröffentlichte Werk noch von keinem Dritten tatsächlich zur Kenntnis genommen wurde oder nur für einen, sei es in der Anlaufphase noch so kleinen Kreis von exklusiven Datenbanknutzern bekanntgegeben wird, eine Veröffentlichung nach § 6 Abs. 1 UrhG vorliegt, wenn der Berechtigte vorher nach § 183 Satz 1 BGB oder hinterher nach § 184 Abs. 1 BGB zugestimmt hat. Entscheidend ist alleine, dass das Werk der Öffentlichkeit zugänglich ist, d.h., dass es wahrgenommen werden kann, gleich ob dies in körperlicher oder unkörperlicher Form geschieht.[252] Dies hat den Verlust des Veröffentlichungsrechts gemäß § 12 Abs. 1 UrhG und die Zugriffsmöglichkeit Dritter gemäß den gesetzlichen Schranken des Urheberrechts zur Folge.

### *b) Erstveröffentlichungsrecht*

Umstritten ist darüber hinaus, ob der Urheber das Veröffentlichungsrecht mehrfach ausüben kann. Damit ist gemeint, ob § 12 Abs. 1 UrhG nur das Recht zur Erstveröffentlichung insgesamt gewährt, egal auf welche Art und Weise oder ob das Veröffentlichungsrecht bei demselben Werk von der jeweiligen gewählten Veröffentlichungsform abhängt. Beispielsweise, ob dem Urheber ein Veröffentlichungsrecht bei Werken in gedruckter Form, ein weiteres bei Fernsehfunk- oder – relevant für die Open-Access-Diskussion – ein separates Veröffentlichungsrecht bezüglich einer Internetveröffentlichung zusteht.

Nach überwiegender Meinung in Literatur und Rechtsprechung hat der Urheber, wenn er sein Werk freiwillig aus seiner Geheimsphäre entlässt und es an die Öffentlichkeit gelangt, sein (Erst-)Veröffentlichungsrecht insgesamt verbraucht.[253] Die Veröffentlichung sei ein Realakt, der nicht rückgängig gemacht oder mehrfach ausgeübt werden könne.[254]

Nach anderer Rechtsansicht beschränkt sich das Veröffentlichungsrecht nicht auf die Erstveröffentlichung, sondern erfasst jede erneute Veröffentlichung unabhängig von Art und Form, da hierdurch die urheberpersönlichkeitsrechtlichen

---

251 Goebel/Hackemann/Scheller, Zum Begriff des Erscheinens beim Elektronischen Publizieren, GRUR Int 1986, 355, 358

252 Schack, Rechtsprobleme der Online-Übermittlung, GRUR 2007, 639, 640 u. 644

253 OLG München NJW-RR 1997, 493, 494; Bullinger in: Wandtke/Bullinger, § 12 Rn. 7; Dietz in: Schricker, § 12 Rn. 7; Dreyer in: Dreyer/Kotthoff/Meckel, § 12 Rn. 5; Schulze in: Dreier/Schulze, § 12 Rn. 6; Dietz in: Loewenheim, Hdb. des Urheberrechts, § 16 Rn. 4; Haberstumpf, Hdb. des Urheberrechts, Rn. 127; Schack, Urheber- und Urhebervertragsrecht, Rn. 328

254 Schack, Urheber- und Urhebervertragsrecht, Rn. 328

Interessen des Werkschöpfers stets erneut berührt seien.[255] Die Annahme, dass sich das Veröffentlichungsrecht nach § 12 Abs. 1 UrhG nur auf die konkrete Art der Veröffentlichung bezieht, findet im Gesetz jedoch keine Stütze.[256] Auch widerspricht diese Auslegung dem Sinn und Zweck der Vorschrift. § 12 Abs. 1 UrhG schützt den Urheber davor, dass ein (noch) nicht für die Öffentlichkeit bestimmtes bzw. unfertiges Werk gegen seinen Willen an die Öffentlichkeit gelangt, da beispielsweise sein wissenschaftlicher Ruf Schaden nehmen könnte, wenn Forschungsergebnisse noch ungesichert bzw. fehlerhaft der Allgemeinheit zugänglich gemacht werden.[257] Gelangt das Werk jedoch mit Zustimmung des Urhebers erstmals an die Öffentlichkeit ist er vor nachfolgenden Veröffentlichungen und Nutzugsformen ausreichend durch die Verwertungsrechte nach §§ 15 ff. UrhG geschützt.[258] Richtigerweise bezieht sich § 12 Abs. 1 UrhG daher nur auf die Erstveröffentlichung des Werkes, so dass eine zweite Veröffentlichung eines urheberechtlichen Werkes, beispielsweise im Internet nach Open-Access-Grundsätzen, nicht gegen das Veröffentlichungsrecht des Berechtigten verstößt, wenn es vorab schon einmal mit dessen Zustimmung an die Öffentlichkeit gelangte.

## 2. Verwertungsrechte, §§ 15 ff. UrhG

Das Urheberrecht ist im deutschen Recht dauerhaft mit seinem Urheber verbunden und im Gegensatz zum US-amerikanischen Copyright nach § 29 Abs. 1 UrhG i.d.R. nicht auf Dritte übertragbar. Nach § 15 UrhG ist der Urheber zudem Inhaber des Verwertungs- und der damit umfassten verschiedenen Nutzungsrechte an seinem Werk. Das ist für den Urheber von entscheidender wirtschaftlicher Bedeutung, da er hierdurch am kommerziellen Erfolg seines Werkes partizipiert. § 29 Abs. 2 UrhG gestattet dem Urheber Dritten Nutzungsrechte gemäß § 31 UrhG an seinem Urheberrecht einzuräumen. Diese Übertragung der Nutzungsrechte erfolgt durch vertragliche Vereinbarung mit dem Urheber selbst, ggf. mit einer Verwertungsgesellschaft als dessen Interessenvertreter.[259]

255 LG Berlin GRUR Int 1983, 761, 762 („Portraitbild"); Kroitsch in: Möhring/Nicolini, § 12 Rn. 2; von Gamm, Urheberrechtsgesetz, § 12 Rn. 7; so auch noch Hertin in: Fromm/Nordemann, 9. Auflage § 12 Rn. 10, aber nunmehr entsprechend der h.M. Dustmann in: Fromm/Nordemann, § 12 Rn. 9

256 von Welser, Die Wahrnehmung urheberpersönlichkeitsrechtlicher Befugnisse durch Dritte, S. 28

257 Dustmann in: Fromm/Nordemann, § 12 Rn. 9; Engel, Persönlichkeitsrechtlicher Schutz für wissenschaftliche Arbeiten und Forschungsergebnisse, GRUR 1982, 705, 713

258 Schulze in: Dreier/Schulze, § 12 Rn. 7

259 Eine Verwertungsgesellschaft ist eine Einrichtung, die Urheberrechte oder verwandte Schutzrechte treuhänderisch für eine große Anzahl von Urhebern oder Inhabern zur gemeinsamen

Die urheberrechtliche Verwertung untergliedert sich in körperliche und unkörperliche Verwertung. Eine körperliche Verwertung setzt voraus, dass das urheberrechtlich geschützte Werk geeignet ist, durch menschliche Sinne wahrgenommen zu werden.[260] Das Werk muss demnach in einem körperlichen Gegenstand enthalten sein; beispielsweise als Zeitschrift, Buch, Fotokopie, Tonträger, Diskette, elektronischer Speicher o.ä.[261] Eine Verwertung in unkörperlicher Form meint im Gegensatz dazu, eine Verwertung, die das Werk nur mittelbar zum Gegenstand hat, beispielsweise mittels Funk o.ä., unabhängig davon, ob drahtlos oder drahtgebunden.[262] Das Verwertungsrecht des Urhebers umfasst die verschiedenen Nutzungsrechte an dem Werk, die der Urheber anderen einräumen kann. Im Wissenschaftsbereich sind dabei folgende Nutzungsrechte von besonderer Bedeutung:[263]

Das Vervielfältigungsrecht (§ 16 UrhG), Verbreitungsrecht (§ 17 UrhG), Vortrags-, Vorführungs- und Aufführungsrecht (§ 19 Abs. 1 bis 3 UrhG), Recht der öffentlichen Zugänglichmachung (§ 19a UrhG), Bearbeitung und Umgestaltung (§ 23 UrhG) und die freie Benutzung (§ 24 UrhG).

Bei Nutzungsrechten unterscheidet man zwischen einfachen und ausschließlichen Nutzungsrechten. Durch die Einräumung eines ausschließlichen Nutzungsrechts ist der Inhaber des Rechtes neben der Nutzung des Werkes auch zum Ausschluss aller anderen von dessen Nutzung berechtigt.[264] Diese Unterscheidung hat für die Open-Access-Bewegung weitreichende Bedeutung. Durch die Einräumung eines ausschließlichen Nutzungsrechtes zu Gunsten eines kommerziellen Verlegers ist eine weitere Publikation nach Open-Access-Grundsätzen ohne die Zustimmung des Verlegers nicht möglich, da nach § 31 Abs. 3 Satz 1 UrhG hierzu die Einräumung eines weiteren einfachen Nutzungsrechtes durch den Verlag erforderlich wäre.

Wissenschaftler sind auf Veröffentlichungen in bestimmten renommierten Zeitschriften angewiesen, um sich eine ausreichende Reputation zur beruflichen Weiterentwicklung zu schaffen. Nur eine Fachzeitschrift, die in den jeweiligen Wissenschaftsbereichen angesehen und als unabdingbare Voraussetzung wissenschaftlicher Forschung und Lehre gilt, kann dieses Kriterium erfüllen. Die Reputation einer wissenschaftlichen Fachzeitschrift bemisst sich aktuell nach dem

---

Auswertung wahrnimmt. Gesetzliche Grundlage in Deutschland ist das Urheberrechtswahrnehmungsgesetz (UrhWG), z.B. VG Wort, VG Bild-Kunst oder GEMA.

260 Amtl. Begr. zu § 15, BTDrucks 4/270, S. 46

261 Schulze in: Dreier/Schulze, § 15 Rn. 25

262 Schulze in: Dreier/Schulze, § 15 Rn. 29

263 Mönch/Nödler, Hochschule und Urheberrecht – Schutz wissenschaftlicher Werke in: Rechtliche Rahmenbedingungen von Open Access-Publikationen, S. 34

264 Fechner, Medienrecht, Kap. 5 Rn. 35

von Eugene Garfield, einem US-amerikanischen Informationswissenschaftler, entwickelten Journal Impact Factor (JIF). Nach dem JIF ist der Informationsgehalt einer Fachzeitschrift umso größer, je höher die Anzahl der Zitate von Artikeln dieser Zeitschrift ist.[265] Wissenschaftliche Fachzeitschriften mit einem großen JIF genießen in der Fachwelt ein sehr hohes Ansehen, so dass Autoren primär versuchen in derartigen Zeitschriften zu veröffentlichen.

Aufgrund dieser Abhängigkeit der Wissenschaftler ist es bisher praxisüblich, dass sich die jeweiligen Verlage ein ausschließliches Nutzungsrecht an dem Werk einräumen lassen. Verbreitet sind sog. Buy-Out-Verträge, d.h. der Verlag lässt sich gegen Zahlung eines Pauschalhonorars sachlich, zeitlich und räumlich unbegrenzt alle Nutzungsarten vom Urheber übertragen.[266] I.d.R. wird den Wissenschaftsverlagen auch das Recht der öffentlichen Zugänglichmachung gemäß § 19a UrhG, d.h. die Nutzung von Werken in elektronischen Netzen, vor allem im Internet, eingeräumt.

Für den Fall, dass keine eindeutigen vertraglichen Abreden bezüglich der Art des Verwertungsrechtes getroffen wurden, findet § 38 Abs. 1 UrhG Anwendung. Demzufolge erwirbt der Verleger oder Herausgeber in Zweifelsfällen gemäß § 38 Abs. 1 Satz 1 UrhG ein ausschließliches Nutzungsrecht zur Vervielfältigung und Verbreitung, wenn der Urheber die Aufnahme des Werkes in eine periodisch erscheinende Sammlung gestattet. Unter einer periodisch erscheinenden Sammlung versteht man insbesondere wissenschaftliche Zeitschriften, wobei es unerheblich ist, ob diese regelmäßig oder unregelmäßig erscheinen, erforderlich ist nur eine fortlaufende Folge der Verbreitung.[267]

---

265 Der jeweilige JIF errechnet sich als Bruchzahl und gibt die Anzahl der Zitationen im Jahr von allen Veröffentlichungen der Fachzeitschrift in den vorherigen zwei Jahren, dividiert durch die Anzahl der Artikel dieser Zeitschrift im gleichen Zeitraum, an und wird in den Journal Citation Reports des Instituts for Scientific Information ausgewiesen. Ausführlich hierzu: Sühl-Strohmenger, Digitale Welt und Wissenschaftliche Bibliothek – Informationspraxis im Wandel, S. 120 ff.; anzumerken ist, dass der JIF nicht unumstritten ist, da er nicht alle wissenschaftlichen Zeitschriften umfasst, manche Dokumentengattungen ganz vernachlässigt. Alternativen zum JIF sind der Hirsch-Index oder Nutzungsstatistiken, wie die von der Deutsche Initiative für Netzwerkinformation speziell für Open Access entwickelte Open-Access-Statistik.

266 Wandtke/Grunert in: Wandtke/Bullinger, Vorbem. Vor §§ 31 ff. Rn. 92; das OLG München ZUM 2011, 576, 581, sieht in einer Buy-Out-Vereinbarung zwischen Verlagen und freien Zeitungsjournalisten eine unangemessene Benachteiligung im Sinne des § 307 Abs. 1 Satz 1, Abs. 2 Nr. 1 BGB, insbesondere sei eine derartige Vereinbarung mit dem Beteiligungsgrundsatz des § 11 Satz 2 UrhG als wesentlichem Grundgedanken des Urhebervertragsrechts unvereinbar. Anders noch die Vorinstanz LG München I ZUM 2010, 825, 827 f., wonach eine Buy-Out-Vereinbarung als sog. Preisvereinbarung nicht einer gerichtlichen AGB-Kontrolle unterliege und darüber hinaus einer solchen Kontrolle auch standhielte.

267 Spautz in: Möhring/Nicolini, § 38 Rn. 3; Schulze in: Dreier/Schulze, § 38 Rn. 10; von Gamm, Urheberrechtsgesetz, § 38 Rn. 6

Hat der Verleger oder Herausgeber aufgrund der Auslegungsregel des § 38 Abs. 1 Satz 1 UrhG das ausschließliche Nutzungsrecht an einem Werk erworben, gilt dies für die Dauer eines Jahres nach Beitragserscheinen. § 38 Abs. 1 Satz 2 UrhG gestattet dem Urheber das Werk nach Ablauf eines Jahres anderweitig zu vervielfältigen und zu verbreiten, sofern nichts anderes vereinbart ist. Das anfängliche ausschließliche Nutzungsrecht wandelt sich somit kraft Gesetzes zu einem einfachen Nutzungsrecht.[268] Es steht dem Urheber nunmehr frei seinen Artikel anderweitig zu veröffentlichen. Da die Anwendbarkeit von § 38 Abs. 1 Satz 2 UrhG aber vertraglich abbedungen werden kann, liegt auf der Hand, dass er in der Praxis keine allzu große Rolle spielt. Aufgrund der i.d.R. überlegenen Verhandlungsposition der Verlage ist der vertragliche Ausschluss absolut üblich. Darüber hinaus gewährt § 38 Abs. 1 Satz 2 UrhG dem Urheber kein Recht zur öffentlichen Zugänglichmachung im Sinne des § 19a UrhG, d.h. eine Nutzung mittels Internet, mithin nach Open-Access-Grundsätzen, da der Anwendungsbereich nur eine weitere körperliche Verbreitung des Werkes gestattet.[269]

Anders verhält es sich, wenn dem Verlag von Anfang an nur ein einfaches Nutzungsrecht eingeräumt wird, da dann der Urheber weiterhin über die Verwertung seines Werkes entscheidungsbefugt bleibt.[270] Urhebern steht es zwar frei, Verlage lediglich ein einfaches Nutzungsrecht einzuräumen, so dass der Verlag gemäß § 31 Abs. 2 UrhG nur zur Nutzung des Werkes auf die festgelegte Art neben dem Urheber und eventuellen weiteren Nutzungsrechteinhabern berechtigt ist. Ein Verbotsrecht steht dem Inhaber eines einfachen Nutzungsrechts nämlich nicht zu.[271] In diesem Fall obläge es dem Urheber, weitere Nutzungsrechte bezüglich seines Werkes zu vergeben und insbesondere eine weitere Ver-

---

268 Schulze in: Dreier/Schulze, § 38 Rn. 16; von Gamm, Urheberrechtsgesetz, § 38 Rn. 5; Heckmann/Weber, Open Access in der Informationsgesellschaft – § 38 UrhG de lege ferenda, GRUR Int 2006, 995, 998

269 Dreier in: Dreier/Schulze, § 38 Rn. 11; Wandtke/Grunert in: Wandtke/Bullinger, § 38 Rn. 6; Heckmann/Weber, Open Access in der Informationsgesellschaft – § 38 UrhG de lege ferenda, GRUR Int 2006, 995, 996; im Ergebnis ebenso Ehmann/Fischer, Zweitverwertung rechtswissenschaftlicher Texte im Internet, GRUR Int 2008, 284, 288, die aber eine analoge Anwendung auf § 19a UrhG für geboten halten.

270 Aufgrund ihrer doppelten Funktion als Autor und Nutzer empfiehlt und erwartet der Wissenschaftsrat (WR) in seinen Empfehlungen zur digitalen Informationsversorgung durch Hochschulbibliotheken v. 13. Juli 2001 (Drucks 4935/01, S. 26) von den Wissenschaftlern ein differenzierteres Umgehen mit dem Urheberrecht, so dass sie nicht pauschal und exklusiv die Verwertung den Verlagen einräumen.

271 Spautz in: Möhring/Nicolini, § 31 Rn. 39

öffentlichung seines Werkes nach Open-Access-Prinzipien zu ermöglichen. Eine derartige Vertragsformulierung lautet in der Praxis wie folgt:[272]

*Für eine Online-Veröffentlichung des Werkes wird dem Verlag ein einfaches Nutzungsrecht ohne Benutzungspflicht eingeräumt. Dem Autor steht es frei, das Werk mit dem Zeitpunkt des Erscheinens als Buchversion parallel kostenlos als PDF-Datei im Internet über seine Homepage, einen institutionellen Server oder ein geeignetes fachliches Repositorium öffentlich zugänglich zu machen.*

Nicht nur aufgrund der aufgezeigten ungleichen Verhandlungsposition zwischen Urheber und Verlag ist die Einräumung eines einfachen Nutzungsrechts jedoch die Ausnahme. Verlage gehen mit der Veröffentlichung wissenschaftlicher Werke ein finanzielles Risiko ein, das mit deren Verwertung kompensiert werden soll. Eine kommerzielle Verwertung des Werkes ist aber wesentlich schwieriger, wenn der Urheber Dritten weitere einfache Nutzungsrechte einräumt und somit in Konkurrenz zu seinem Verlag treten kann.

### 3. Unbekannte Nutzungsarten

Im Rahmen des Zweiten Korbes hatte vor allem die Aufhebung des § 31 Abs. 4 UrhG mittelbar Auswirkungen auf die Open-Access-Bewegung. Vor der Streichung des § 31 Abs. 4 UrhG a.F. war die Einräumung von Nutzungsrechten für noch nicht bekannte Nutzungsarten sowie Verpflichtungen hierzu unwirksam. Eine Nutzungsart ist in diesem Sinne unbekannt, wenn sie als klar abgrenzbare, wirtschaftlich-technische Verwendungsform zum Zeitpunkt des Abschlusses eines Vertrages über die Einräumung von Nutzungsrechten von einem durchschnittlichen Teilnehmer der einschlägigen Fachkreise nicht erkannt werden musste.[273]

Zum eigenen Schutz des Urhebers blieb diese Entscheidungsbefugnis für den Zeitpunkt vorbehalten, in dem die Urheber die Nutzungsart konkret beurteilen konnten. Eine pauschale Rechtseinräumung vorab war nicht möglich, so dass Nutzungsverträge, die dennoch solche Klauseln enthielten, für Verwerter keine Wirksamkeit hinsichtlich derartiger Rechtseinräumung entfaltet haben.[274] Der

---

272 Abrufbar unter: http://open-access.net/de/allgemeines/rechtsfragen/verlagsvertraege, mit weiteren Musterformulierungen (14.01.2012); Ähnlich das Author´s Addendum der Scholarly Publishing and Academic Resources Coalition (SPARC): „Für eine Online-Veröffentlichung des Werkes wird dem Verlag ein einfaches Nutzungsrecht eingeräumt. Dem Autor steht es frei, eine digitale Kopie des Dokumentes vor/während/nach der Publikation durch den Verlag zeitlich unbeschränkt auf einen öffentlich zugänglichen Non-Profit akademischen Server zu legen."

273 BGHZ 128, 336, 345 („Videozweitauswertung III“)

274 Wandtke, Korb II und die unbekannten nutzungsarten im Arbeitsverhältnis in: FS Loewenheim, S. 393

Schutz der Autoren wurde i.d.R. mit dem Zweckübertragungsgrundsatz des § 31 Abs. 5 UrhG begründet.[275] Dieser Grundsatz wurde aber im Zweiten Korb aus Gründen der leichteren Realisierung neuer kommerzieller Produkte aus alten Werken stark beschränkt bzw. nach einer Übergangsfrist ganz aufgegeben.[276]

Die Einräumung von Nutzungsrechten an unbekannten Nutzungsarten ist seit dem 1. Januar 2008 gemäß § 31a Abs. 1 Satz 1 UrhG n.F. möglich, bedarf aber grundsätzlich der Schriftform des § 126 BGB. Nach Satz 2 bedarf es der Schriftform hingegen nicht, wenn der Urheber unentgeltlich ein einfaches Nutzungsrecht für jedermann einräumt. Nach alter Rechtslage verblieb das Recht zur Online-Verwertung des urheberrechtlich geschützten Werkes, für das ein Verlagsvertrag zwischen 1966 und 1994 geschlossen wurde, beim Urheber. Zumindest für Deutschland kann die Bekanntheit von Nutzungsarten, die die Bereitstellung von urheberrechtlichen Werken auf Websites und in Datenbanken im Internet zum Gegenstand oder zur Voraussetzung haben, nicht vor 1995 angenommen werden.[277] Mit Ablauf des Jahres 2008 erwarben nunmehr jedoch die Verwerter die bei den Autoren verbliebenen Nutzungsrechte für die im Zeitpunkt des Vertragsschlusses noch unbekannten Nutzungsarten nach § 137l Abs. 1 Satz 1 UrhG, sofern ihnen damals alle wesentlichen Nutzungsrechte ausschließlich sowie räumlich und zeitlich unbegrenzt eingeräumt wurden und die Urheber nicht binnen einer Frist die gesetzliche Übertragungsfiktion widerriefen. Intention des Gesetzgebers war, dass „die in zahlreichen Archiven ruhenden Schätze (...) endlich neuen Nutzungsarten problemlos zugänglich gemacht werden“ können.[278] Die Entscheidungsbefugnis, ob ein derartiges Werk entsprechend dem Open-Access-Paradigma veröffentlicht wird, obliegt nunmehr den Verwertern.

### 4. Schrankenregelungen, §§ 44a ff. UrhG

Ohne besondere nutzungsrechtliche Erlaubnis des Berechtigten dürfen urheberechtlich geschützte Werke von Dritten entsprechend der Schrankenbedingungen des Urheberrechts (§ 44a bis § 63a UrhG) verwendet werden. Diese Nutzungsberechtigung ist mit Ausnahme der Zitatberechtigung nach § 51 UrhG entgeltpflichtig, so dass eine angemessene Vergütung des Urhebers i.d.R. sichergestellt

275 Kuhlen, Erfolgreiches Scheitern – eine Götterdämmerung des Urheberrechts?, S. 303

276 BTDrucks 16/1828, S. 22

277 h.M. Wandtke/Grunert in: Wandtke/Bullinger, § 31a Rn. 41 mwN; Überblick über die verschiedenen vertretenen Zeitpunkte zwischen 1984 bis 1995 bei Katzenberger, Elektronische Printmedien und Urheberrecht – Urheberrechtliche und urhebervertragsrechtliche Fragen der elektronischen Nutzung von Zeitungen und Zeitschriften, AfP 1997, 434, 440 f.

278 BTDrucks 16/1828, S. 22

ist. Für den Wissenschaftsbereich sind folgende Schranken des Urheberrechts von Bedeutung:

Zitate (§ 51 UrhG), Öffentliche Zugänglichmachung für Unterricht und Forschung (§ 52a UrhG), Wiedergabe von Werken an elektronischen Leseplätzen in öffentlichen Bibliotheken, Museen und Archiven (§ 52b UrhG) und Kopierversand auf Bestellung (§ 53a UrhG).

## V. Lizenzierungsvereinbarung bei Open-Access-Publikationen

Das Urheberrecht als solches ist mit Ausnahme von „in Erfüllung einer Verfügung von Todes wegen oder an Miterben im Wege der Erbauseinandersetzung" gemäß § 29 Abs. 1 UrhG nicht auf Dritte übertragbar. Zulässig sind nach § 29 Abs. 2 UrhG aber die Einräumung von Nutzungsrechten, schuldrechtliche Einwilligungen und Vereinbarungen zu Verwertungsrechten.

Um sowohl Urhebern als auch Verwendern von geschützten Werken im Rahmen des Open-Access-Paradigmas die größtmögliche Rechtssicherheit zu gewähren, empfiehlt es sich, ausdrückliche Lizenzvereinbarungen zu treffen, die die Bedingungen einer lizenzgebührenfreien Nutzung des Werkes für beide Seiten eindeutig und rechtsverbindlich regeln. Eindeutige verbindliche Regelungen sind nicht nur für den Lizenzgeber zum Schutze des Werkes vor nicht-autorisierten Veränderungen erforderlich, sondern sie bieten auch den Lizenznehmern Schutz. Nach § 32 Abs. 1 Satz 2 UrhG hat der Urheber für die Einräumung von Nutzungsrechten und die Erlaubnis zur Werknutzung grundsätzlich Anspruch auf eine angemessene Vergütung, soweit keine eindeutige Vergütung vertraglich vereinbart wurde. Es besteht somit grundsätzlich die Möglichkeit, dass der Werknutzer einem nachträglichen Vergütungsanspruch ausgesetzt ist. Um die Gefahr der nachträglichen Inanspruchnahme bei der Verwendung von Open-Access-Publikationen zu bannen, bietet sich eine Lizenzvereinbarung zwischen dem Urheber und dem Nutzer an, wobei die Parteien entsprechend § 32 Abs. 3 Satz 3 UrhG vereinbaren können, dass die Übertragung des einfachen Nutzungsrechtes unentgeltlich erfolgt. Zu beachten ist jedoch, dass § 32 Abs. 3 Satz 3 UrhG nur für die Fälle gilt, in denen der Nutzer sein Nutzungsrecht direkt vom Autor erwirbt.[279] Hier ist der Wortlaut der Vorschrift eindeutig, der von der Befugnis des Urhebers spricht. Überträgt jedoch der Urheber die entsprechenden Rechte vorab an einen Lizenzgeber, welcher dann selbst kostenlose Lizenzen für jedermann erteilt, bleibt der Anspruch des Urhebers auf angemessene Vergütung

279 Dorschel, Open Access und Urheberrecht: Open Source in neuem Gewand? in: Internetökonomie der Medienbranche, S. 248

zu seinem Schutze i.d.R. bestehen.[280] Es ist dann Sache des Urhebers, ob er den Anspruch geltend macht oder nicht. In Ausnahmefällen kann die angemessene Vergütung jedoch auf Null schrumpfen.[281] Eine solche Reduzierung auf Null ist etwa bei wissenschaftlichen Werken (z. B. Dissertationen und Festschriften) mit kleiner Auflage ohne Aussicht auf eine kostendeckende Verwertung anerkannt.[282]

Es scheint daher folgerichtig bei Open-Access-Publikationen im Drei-Personen-Verhältnis den an sich bestehenden Vergütungsanspruch des Urhebers auf Null zu reduzieren, da der Open-Access-Vertrag – anders als der klassische Verlagsvertrag – keine kommerziellen Ziele verfolgt. Der Open-Access-Urheber wird von niemandem übervorteilt. Er stellt sein Werk der Allgemeinheit, nicht etwa nur einzelnen Werknutzern zur Verfügung, die ihrerseits mit diesem Werk Erträge erwirtschaften, an denen sie den Urheber nicht beteiligen.[283]

Nicht nur die Sicherheit des Rechtsverkehrs gebietet aus obigen Gründen den Abschluss von Lizenzvereinbarungen, sondern die Open-Access-Definition selbst fordert eine derartige Regelung. Open Access steht nicht alleine für kostenlose Zurverfügungstellung wissenschaftlicher Informationen, sondern nur wissenschaftliche Erkenntnisse, die unter einer freien Lizenz verbreitet werden, gelten als Open-Access-Publikationen. Eine Lizenzvereinbarung kann jedoch nur getroffen werden, sofern und soweit der Urheber sich darauf beschränkt bzw. beschränkt hat, seinem Verlag nur ein einfaches Nutzungsrecht zu erteilen bzw. erteilt hat. Andernfalls kann nur der Lizenznehmer (Verlag) verbindliche Lizenzerklärungen abgeben.[284]

Zur Gewährung von Rechtssicherheit wurden bei Open-Access-Publikationen diverse Lizenzmodelle entwickelt, die gemäß dem geltenden Urheberrecht die Beziehungen zwischen Berechtigten und Nutzern regeln. Die in Deutschland gebräuchlichsten und daher für den Rechtsraum wichtigsten Lizenzmodelle sind die Creative Commons Lizenz und die Digital Peer Publishing Lizenz, die im Folgenden dargestellt werden:

---

280 Schulze in: Dreier/Schulze, § 32 Rn. 80 f.; Dorschel, Open Access und Urheberrecht: Open Source in neuem Gewand? in: Internetökonomie der Medienbranche, S. 248

281 Dreier in: Dreier/Schulze, § 32 Rn. 73

282 Entwurf eines Gesetzes zur Stärkung der vertraglichen Stellung von Urhebern und ausübenden Künstlern, BTDrucks 16/6433, S. 15; Wandtke/Grunert in: Wandtke/Bullinger, § 32 Rn. 34

283 Schulze in: Dreier/Schulze, § 32 Rn. 80 f.

284 Peifer, Open Access und Urheberrecht in: Open Access – Chancen und Herausforderungen – ein Hdb. der deutschen UNESCO-Kommission, S. 48

## 1. Creative Commons Lizenz

Creative Commons (CC; dt.: schöpferisches Gemeingut) ist eine Non-Profit Organisation mit Hauptsitz in San Francisco (Kalifornien/USA), die für die Veröffentlichung und Verbreitung digitaler Medieninhalte Lizenzverträge im Internet zum Download anbietet. Die Portierung der CC-Lizenzvereinbarungen in nationales Recht wird von der organisatorisch getrennten Creative Commons International Gemeinschaft mit Sitz in Berlin koordiniert. Ein Urheber bzw. Rechteinhaber, der sich einer CC-Lizenz bei der Publikation eines Werkes bedient, kann diese Lizenz auf dem Server von CC selbst – an sein nationales Rechtssystem angepasst – generieren.[285] Im Juni 2004 wurde eine entsprechend dem deutschen Urheberrecht angepasste CC-Lizenz erstmals erstellt.

Der CC-Lizenzvertrag ist ein Vertrag im Sinne des § 311 Abs. 1 BGB, wobei das Angebot zum Vertragsschluss vom Berechtigten nach § 145 BGB ad incertam personam, d.h. an einen noch nicht näher bestimmten Personenkreis erfolgt.[286] Der Nutzer nimmt die Willenserklärung durch Verwendung des Werkes nach § 147 Abs. 2 BGB konkludent an, wobei die Annahmeerklärung dem Anbietenden gemäß § 151 Satz 1 BGB nicht zugehen muss. Die CC-Lizenzvereinbarungen stellen für eine Vielzahl von Fällen vorformulierte Regelungen dar und sind deshalb als Allgemeine Geschäftsbedingungen (AGB) gemäß §§ 305 ff. BGB zu qualifizieren.[287]

CC bietet der Allgemeinheit kostenlos sechs verschiedene Standardverträge an, wobei der Urheber mit Hilfe eines vorgelagerten Lizenzierungstools seinen eigenen individuellen Lizenzvertrag zusammenstellt. Die folgenden einzelnen Lizenzierungselemente wählt der Nutzer vorab per Ja/Nein Optionen selbst aus:

- Die Option Namensnennung (by – im Original Attribution) erlaubt anderen Verwendern den Inhalt des geschützten Werkes und darauf aufbauende Bearbeitungen zu vervielfältigen, zu verbreiten, aufzuführen und öffentlich zugänglich zu machen, soweit die Rechteinhaberschaft durch Nennung des Urhebernamens vermerkt ist. Die Pflicht zur Namensnennung trifft den Lizenznehmer auf jeden Fall.
- Darüber hinaus besteht die Möglichkeit des Rechteinhabers die kommerzielle Nutzung des Werkes auszuschließen (nc – im Original Non Commercial).

285 Mantz, Open Access Lizenzen und Rechtsübertragungen bei Open Access-Werken in: Rechtliche Rahmenbedingungen von Open Access Publikationen, S. 57

286 Mantz, Open Access Lizenzen und Rechtsübertragungen bei Open Access-Werken in: Rechtliche Rahmenbedingungen von Open Access Publikationen, S. 73

287 Dreier, Creative Commons, Science Commons – Ein Paradigmenwechsel im Urheberrecht in: FS Schricker S. 289; Paul in: Hoeren/Sieber, Teil 7.4 Rn. 129

Hiermit ist nicht die eigene kommerzielle Verwertung des Werkes durch den Berechtigten gemeint, sondern die weitere Verwertung durch die jeweiligen Nutzer, um einen wirtschaftlichen Vorteil zu erzielen.[288]

- Der Rechteinhaber kann auch sicherstellen, dass Dritte an seinem Werk keine Bearbeitungen vornehmen und es nur unverfälscht vervielfältigt, verbreitet, aufgeführt oder öffentlich zugänglich gemacht wird (nd – im Original No Derivatives). Hierbei handelt es sich um die restriktivste Lizenzvereinbarung im Rahmen von CC, die im Ergebnis lediglich die Anpassung an andere Medien und Dateiformate gestattet.[289]
- Erlaubt hingegen der Rechteinhaber, dass die Nutzer Bearbeitungen an dem Werk vornehmen dürfen, kann er sicherstellen, dass die Weitergabe des geänderten Werkes nur unter der gleichartigen CC-Lizenz erfolgt, die in der Ursprungslizenz galt (sa – im Original Share Alike). Da nur von einer gleichartigen CC-Lizenz die Rede ist, dürfen neben der zuvor verwendeten Lizenz auch in anderes Recht portierte Lizenzvereinbarungen und spätere Versionen mit denselben Lizenzelementen benutzt werden.[290]

Mögliche Kombinationen sind (by), (by-sa), (by-nd), (by-nc), (by-nc-sa) und (by-nc-nd). Stellt ein Autor seinen Text unter der CC-Lizenz (by-nc-sa) ins Internet, gestattet er den Nutzern seines Werkes, es unter Nennung seines Namens im nicht kommerziellen Rahmen zu vervielfältigen, zu verbreiten, öffentlich zu lesen, aufzuführen und zu modifizieren, sofern die Weiterverwendung unter einer Lizenz erfolgt, die mit der von ihm verwendeten Lizenz kongruent ist.

Herzstück der CC-Lizenz ist Ziffer 3, in der der Berechtigte und der Nutzer die Einräumung eines unentgeltlichen einfachen Nutzungsrechts an dem Schutzgegenstand wie folgt vereinbaren[291]:

> *Ziffer 3. Einräumung von Nutzungsrechten*
>
> *Unter den Bedingungen dieser Lizenz räumt Ihnen der Lizenzgeber – unbeschadet unverzichtbarer Rechte und vorbehaltlich des Abschnitts 4.f – das vergütungsfreie, räumlich und zeitlich (für die Dauer des Schutzrechts am Schutzgegenstand) unbeschränkte einfache Recht ein, den Schutzgegenstand auf die folgenden Arten und Weisen zu nutzen ("unentgeltlich eingeräumtes einfaches Nutzungsrecht für jedermann"):*
>
> *a. Den Schutzgegenstand in beliebiger Form und Menge zu vervielfältigen, ihn in Sammelwerke zu integrieren und ihn als Teil solcher Sammelwerke zu vervielfältigen;*

288 Philapitsch, Die Creative Commons Lizenzen, medien und recht 2008, 82, 86

289 Philapitsch, Die Creative Commons Lizenzen, medien und recht 2008, 82, 87

290 Philapitsch, Die Creative Commons Lizenzen, medien und recht 2008, 82, 86

291 Abrufbar unter http://creativecommons.org/licenses/by-nc-sa/3.0/de/legalcode (14.01.2012) (Version 3.0 – Deutschland)

*b. Abwandlungen des Schutzgegenstandes anzufertigen, einschließlich Übersetzungen unter Nutzung jedweder Medien, sofern deutlich erkennbar gemacht wird, dass es sich um Abwandlungen handelt;*

*c. den Schutzgegenstand, allein oder in Sammelwerke aufgenommen, öffentlich zu zeigen und zu verbreiten;*

*d. Abwandlungen des Schutzgegenstandes zu veröffentlichen, öffentlich zu zeigen und zu verbreiten.*

*Das vorgenannte Nutzungsrecht wird für alle bekannten sowie für alle noch nicht bekannten Nutzungsarten eingeräumt. Es beinhaltet auch das Recht, solche Änderungen am Schutzgegenstand vorzunehmen, die für bestimmte nach dieser Lizenz zulässige Nutzungen technisch erforderlich sind. Alle sonstigen Rechte, die über diesen Abschnitt hinaus nicht ausdrücklich durch den Lizenzgeber eingeräumt werden, bleiben diesem allein vorbehalten. Soweit Datenbanken oder Zusammenstellungen von Daten Schutzgegenstand dieser Lizenz oder Teil dessen sind und einen immaterialgüterrechtlichen Schutz eigener Art genießen, verzichtet der Lizenzgeber auf sämtliche aus diesem Schutz resultierenden Rechte.*

Nach Ziffer 4 lit. a Satz 4 CC-Lizenz ist dem Nutzer eine Unterlizenzierung des Schutzgegenstandes untersagt. Jeder Nutzer erwirbt das einfache Nutzungsrecht direkt vom Rechteinhaber selbst. Die CC-Lizenz gilt nach Ziffer 7 lit. b Satz 1 CC-Lizenz in aller Regel unbefristet. Die Lizenz und die durch sie eingeräumten Nutzungsrechte erlöschen hingegen mit Wirkung für die Zukunft für den Fall, dass der Nutzer gegen die Lizenzbedingungen verstößt, unabhängig von der Kenntnis des Lizenzgebers vom Verstoß, sog. Heimfall der Rechte nach Ziffer 7 lit. a Satz 1 CC-Lizenz. Dieser Rechteheimfall wird nach vorherrschender Ansicht durch die Annahme einer auflösenden Bedingung gemäß § 158 Abs. 2 BGB für den Fall eines Lizenzverstoßes realisiert.[292]

Hat der Rechteinhaber eine Lizenzvereinbarung nach seinen Bedürfnissen generiert, muss diese in das Rechtsverhältnis der Parteien wirksam einbezogen werden. Da es sich bei der CC-Lizenz um AGB im Sinne der §§ 305 ff. BGB handelt, werden diese nur Vertragsbestandteil, wenn der Lizenzgeber bei Vertragsschluss den Lizenznehmer ausdrücklich auf die AGB hinweist und der Lizenznehmer die Möglichkeit hat, in zumutbarer Weise von ihrem Inhalt Kenntnis zu nehmen und mit ihrer Geltung einverstanden ist, § 305 Abs. 2 BGB. Für die Möglichkeit der Kenntnisverschaffung genügt es, wenn die AGB über einen auf

292 Mantz, Open Content-Lizenzen und Verlagsverträge – Die Reichweite des § 33 UrhG, MMR 2006, 784, 785; Paul in: Hoeren/Sieber, Teil 7.4 Rn. 127; Peifer, Open Access und Urheberrecht, in: Open Access – Chancen und Herausforderungen – ein Hdb. der deutschen UNESCO-Kommission, S. 48; für Open Source: LG München I MMR 2004, 693, 695 (rkr.) mit Anmerkung Kreuzer; Grützmacher in: Wandtke/Bullinger, § 69c Rn. 79; Schack, Urheber- und Urhebervertragsrecht, Rn. 545c; Wiebe in: Leupold/Glossner, Teil 3 Rn. 84 f.; Grzeszick, Freie Software: Eine Widerlegung der Urheberrechtstheorie?, MMR 2000, 412, 415; Metzger/Jaeger, Open Source Software und deutsches Urheberrecht, GRUR Int 1999, 839, 843,

der Internetseite gut sichtbaren Hyperlink aufgerufen und ausgedruckt werden können.[293] Die Verwendung von Hyperlinks gehört zu den in dem Medium Internet üblichen Gepflogenheiten. Verwender von AGB können daher davon ausgehen, dass Internetnutzer mit solchen Links ohne weiteres umgehen können. Darüber hinaus kann auch das Dokument selbst die Lizenzvereinbarung als Anhang beinhalten, um jegliche Einbeziehungsproblematik zu vermeiden.

In Deutschland ist bisher nur ein gerichtliches Verfahren bekannt, das die Wirksamkeit von CC-Lizenzen explizit zum Gegenstand hatte. Im Rahmen eines einstweiligen Verfügungsverfahrens hatte das Landgericht Berlin (Az. 16 O 458/10) über die Wirksamkeit einer CC-Lizenz „Attribution Share Alike" (by – sa) zu entschieden und bejahte den Unterlassungsanspruch des Rechteinhabers im Rahmen dieses vorläufigen summarischen Verfahrens. Im EU-Ausland ergingen bereits zwei Urteile (in den Niederlanden[294] und in Spanien[295]), die die Wirksamkeit der jeweils eingesetzten CC-Lizenzen im Grundsatz bestätigten. Es ist daher davon auszugehen, dass deutsche Gerichte im Hinblick auf die Wirksamkeit von CC-Lizenzen auch in Hauptsacheverfahren ebenso urteilen werden, so dass Rechteinhaber auf die Wirksamkeit von CC-Lizenzen vertrauen dürfen.[296]

CC-Lizenzen sind nicht alleine im Hinblick auf wissenschaftliche Beiträge initiiert worden, jedoch ist deren Hauptanwendungsfeld die Wissenschaft. Um den Anforderungen der Wissenschaft noch besser gerecht zu werden, wurde im Kontext zu CC im Jahr 2006 eine weitere Lizenzvariante, die sog. Science Commons (SC; wissenschaftliches Gemeingut) speziell für die Wissenschaft entwickelt und eingeführt. Die Besonderheit von SC-Lizenzen im Vergleich zu CC-Lizenzen ist, dass diese inhaltlich an die Besonderheiten und Bedürfnisse des wissenschaftlichen Publizierens angepasst sind.[297] Mögliche Optionen bei SC sind beispielsweise „to Share: to copy, distribute and transmit the work" und "to Remix: to adapt the work" unter der Bedingung der Zurechnung.[298] Im Übrigen gelten die Ausführungen zu CC-Lizenzen entsprechend.

---

293 BGH NJW 2006, 2976, 2977

294 Rechtbank Amsterdam, Urt. v. 09.03.2006, 334492 / KG 06-176 SR („Curry v Audax"); eine inoffizielle englische Übersetzung ist abrufbar unter http://mirrors.creativecommons.org/judgements/Curry-Audax-English.pdf (14.01.2012)

295 Urt. des sechstem Amtsgerichts von Badajoz v. 17.02.2006 („SGAE v. Fernández"); eine inoffizielle englische Übersetzung ist abrufbar unter http://mirrors.creativecommons.org/judgements/ SGAE-Fernandez-English.pdf (14.01.2012)

296 Mantz, Creative Commons-Lizenzen im Spiegel internationaler Gerichtsverfahren, GRUR Int 2008, 20, 24

297 Dreier, Creative Commons, Science Commons – Ein Paradigmenwechsel im Urheberrecht in: FS Schricker S. 297

298 Kuhlen, Erfolgreiches Scheitern – eine Götterdämmerung des Urheberrechts?, S. 574

## 2. Digital Peer Publishing Lizenz

CC-Lizenzen wurden nicht ausschließlich für Texte entwickelt, sondern decken den ganzen kreativen digitalen Medieninhalt (Bild, Video, Texte, Software etc.) ab. Eine Alternative zu einer CC- bzw. SC-Lizenz ist die speziell für Textwerke bzw. E-Publishing von Zeitschriften entwickelte Digital Peer Publishing (DiPP) Lizenz. DiPP wurde 2003 auf Initiative des Landes Nordrhein-Westfalen geschaffen, um die Verbreitung elektronischer Zeitschriften zu fördern. Die erste Version der DiPP-Lizenz wurde in Zusammenarbeit mit dem privaten Institut für Rechtsfragen der Freien und Open Source Software (ifross) in München im Februar 2004 veröffentlicht. Die organisatorische und technische Betreuung des Projekts obliegt dem Hochschulbibliothekszentrum des Landes Nordrhein-Westfalen. Ziel der DiPP-Lizenz ist es, vertragliche Grundlagen für die Verbreitung von Wissenschaftsveröffentlichungen im Internet aufzustellen. Die DiPP-Lizenz liegt zurzeit in drei Verschiedenen Versionen vor, die anders als die CC-Lizenz abstrakt vorgegeben sind und nicht individuell an die jeweiligen Bedürfnisse angepasst werden. Namentlich sind dies die Basisversion, eine modulare (M-DiPP) und eine freie Lizenzvereinbarung (F-DiPP). Diese drei Versionen unterscheiden sich in der Art der Weitergabe des Textwerkes und der Erlaubnis das Werk (zumindest teilweise) zu bearbeiten.

In der Basisform der DiPP-Lizenz und im Rahmen der M-DiPP darf der Nutzer das Werk nur in elektronischer Form verbreiten, insbesondere im Internet zum Download anbieten. Demgegenüber gestattet die Variante F-DiPP darüber hinaus auch die körperliche Weitergabe des Schutzgegenstandes, d.h. in gedruckten Medien wie Fachzeitschriften und/oder Büchern.

Ein weiteres Unterscheidungsmerkmal ist die Erlaubnis des Lizenznehmers zur Bearbeitung des veröffentlichten Textes. Das Basismodell der DiPP-Lizenz gestattet keine Veränderung an dem zur Verfügung gestellten Dokument. Die F-DiPP-Lizenz erlaubt dagegen den Nutzern jede beliebige Bearbeitung des Dokuments sowie die Verbreitung der geänderten Version des Originals. Einen Mittelweg beschreitet die M-DiPP-Lizenz. Bei diesem Lizenzmodell kennzeichnet der Rechteinhaber die Teile des Werkes, die er zur Veränderung frei gibt. Diese gekennzeichneten Teile dürfen sodann von jedermann beliebig bearbeitet und verändert werden, die übrigen Bestandteile des Dokuments müssen jedoch unangetastet bleiben. Auch bei den DiPP-Lizenzmodellen gibt es eine Heimfallklausel bezüglich der Nutzungsrechte. Nach § 10 Abs. 1 DiPP-Lizenz bzw. § 12 Abs. 1 M-DiPP/F-DiPP-Lizenz entfallen automatisch die vertraglich eingeräumten Nutzungsrechte an dem Dokument, wenn der Lizenznehmer eine vertragliche Pflicht verletzt. Er darf das Werk dann nicht mehr nutzen und macht sich bei Zuwiderhandlung schadensersatzpflichtig.

### 3. Rechtsnatur der Lizenzvereinbarungen

Aufgrund der unentgeltlichen Nutzungsmöglichkeit werden die Lizenzvereinbarungen meist dem Typus eines Schenkungsvertrages zugewiesen.[299] Bei einer Schenkung handelt es sich um einen Unterfall unentgeltlicher Verträge, bei denen sich eine Partei zu einer Leistung verpflichtet, ohne dafür eine Gegenleistung zu erhalten.[300] Eine Schenkung im Sinne des § 516 Abs. 1 BGB liegt vor, wenn der Schenker aus seinem Vermögen eine Zuwendung an den Beschenkten erbringt, durch die dieser i.d.R. dauerhaft bereichert wird, soweit sich beide Teile über die Unentgeltlichkeit der Zuwendung einig sind. Grundvoraussetzung einer jeden Schenkung ist eine vermögensverschiebende Zuwendung des Schenkers an den Beschenkten. Hierunter versteht man die rechtliche Entäußerung eines Vermögensbestandteils durch ein Rechtssubjekt zum Vorteil eines anderen.[301] Im Rahmen der Lizenzvereinbarungen wird Lizenznehmern ein Nutzungsrecht an dem Dokument kostenlos übertragen, so dass man durchaus von einer unentgeltlichen Vermögensverschiebung sprechen kann. Die Zuwendung erfolgt zudem aus dem Vermögen des Lizenznehmers, da er Inhaber der Nutzugsrechte ist.

Problematisch ist aber, dass die zugewendeten Nutzungsrechte unter den jeweiligen Bedingungen des Lizenzvertrages stehen. Die Einhaltung dieser Bedingungen dürfte allerdings keine Gegenleistung des Lizenznehmers darstellen. Eine Gegenleistung liegt vor, wenn jeder Vertragspartner seine Leistung um der Gegenleistung willen des anderen Teiles verspricht, d.h. aus dem Grundsatz gegenseitiger Zweckbindung (do ut des).[302] Die Leistung des einen stellt praktisch das Entgelt für die Leistung des anderen dar.[303] Die Gegenleistung, die zum Ausschluss der Unentgeltlichkeit führt, muss nicht notwendigerweise vermögensrechtlichen Charakter haben, sondern kann auch eine immaterielle Gegenleistung darstellen.[304] Das Einverständnis des Lizenznehmers, den Gegenstand nur im Sinne der Lizenz zu verwenden, stellt jedoch keine synallagmatische Gegenleistung in diesem Sinne dar. Der Lizenznehmer erwirbt das Nutzungsrecht nämlich zunächst komplett. Die Bedingungen des Lizenzvertrages gelten vielmehr erst, wenn er mit Dritten im Rahmen der Verbreitung des Werkes in Ver-

299 Dreier, Creative Commons, Science Commons – Ein Paradigmenwechsel im Urheberrecht in: FS Schricker S. 289

300 Koch in: MünchKommBGB, § 516 Rn. 1

301 Wimmer-Leonhardt in: Staudinger BGB, § 516 Rn. 17

302 Grüneberg in: Palandt, Einf. v § 320 Rn. 5

303 BGH NJW 2006, 2773, 2775

304 Wimmer-Leonhardt in: Staudinger BGB, § 516 Rn. 31

bindung tritt und beschweren ihn deshalb nicht von Anfang an.[305] Für die Annahme einer Unentgeltlichkeit spricht auch, dass aus objektiver und subjektiver Betrachtung der Parteien die Lizenzvereinbarung nicht als Entgelt für die Übertragung der Nutzungsrechte aufgrund eines offensichtlichen Missverhältnisses gesehen werden kann. Bei entgeltlichen Verträgen suchen die Parteien aber den Gegenwert ihrer eigenen Leistung in der Leistung des anderen. Die Parteien gehen dabei typischerweise davon aus, dass die Leistung des anderen (zumindest) gleichwertig ist.[306]

Da die Lizenzvereinbarung, wie aufgezeigt, keine Gegenleistung für die Übertragbarkeit der Nutzungsrechte darstellt, dem Lizenznehmer aber Pflichten auferlegt werden, liegt die Vermutung einer Schenkung unter Auflagen nach § 525 Abs. 1 BGB (donatio sub modo) nahe. Im Gegensatz zu einem entgeltlichen Vertrag handelt es sich bei der Schenkung unter Auflagen um eine unentgeltliche Zuwendung mit einer Nebenbestimmung, wobei die Auflage nur eine Einschränkung der Leistung sein soll.[307] Der Begriff der Auflage ist zwar gesetzlich nicht näher definiert, jedoch versteht man unter einer Auflage im Sinne des § 525 Abs. 1 BGB, die mit der Schenkung verknüpfte Bestimmung, aufgrund derer der Beschenkte zu einer Leistung (Tun oder Unterlassen) verpflichtet werden soll, wenn er in den Genuss des geschenkten Gegenstandes gelangen will.[308] Da für den Lizenznehmer durch die zugrundeliegenden Vereinbarungen Beschränkungen in der Verbreitung des Dokuments im Verhältnis zu Dritten bestehen, handelt es sich bei der schuldrechtlichen Komponente der Lizenzvereinbarungen um eine Schenkung unter (Nutzungs-) Auflagen. Unschädlich ist, dass die Schenkung unter der auflösenden Bedingung der Einhaltung der Lizenzvereinbarung steht. Schenkungen können ohne Weiteres unter einer Bedingung im Sinne des § 158 BGB gestellt werden. Der Schenker erhält bei Eintritt der Bedingung ein Rückforderungsrecht gemäß § 812 Abs. 1 Satz 2 Alt. 1 BGB (condictio ob causam finitam).

Daneben ist der mögliche Hintergedanke des Lizenzgebers Nutzungsrechte an seinem Werk unentgeltlich einzuräumen, damit sein Werk ein Maximum an Verbreitung erreicht, für die Annahme einer Schenkung unter Auflagen unerheblich. Dieses Motiv stellt keine Auflage an den Lizenznehmer dar, da er nicht verpflichtet sein soll, das Werk zu verbreiten. Der Lizenzgeber bringt lediglich zum Ausdruck, dass er eine Weiterverbreitung des Werkes erwartet, zumindest aber

305 Mantz, Open Access Lizenzen und Rechtsübertragungen bei Open Access-Werken in: Rechtliche Rahmenbedingungen von Open Access Publikationen, S. 71; für GPL: Spindler, Rechtsfragen bei Open Source, S. 157

306 BGH NJW 1962, 250, 251

307 BayObLG NJW 1974, 1142, 1442 f.

308 Koch in: MünchKommBGB, § 525 Rn. 2

wünscht. Diese Hoffnung bzw. Erwartung des Lizenzgebers wird aber nicht Inhalt des Rechtsgeschäfts, da sie nicht rechtlich verbindlich sein soll und auch rechtlich nicht durchsetzbar wäre.[309]

Nach anderer Auffassung kommt neben einem Schenkungsvertrag auch ein unentgeltlicher Vertrag sui generis in Betracht.[310] Ein Vertrag sui generis stellt eine aufgrund der Vertragsfreiheit zulässige Vertragsneuschöpfung dar, ohne Vorbild im BGB oder anderen Gesetzen, sofern und soweit sich die Neuschöpfung im gesetzlich Rahmen hält.[311] Der Rückgriff auf einen Vertrag sui generis ist jedoch dann nicht erforderlich, wenn das zugrundeliegende Rechtsgeschäft in ein gesetzlich vorgegebenes Vertragsmodell passt. Wie oben aufgezeigt, handelt es sich bei der unentgeltlichen Einräumung von Nutzungsrechten im Rahmen der Lizenzvereinbarung um eine Schenkung unter Auflagen gemäß § 525 Abs. 1 BGB. Letztendlich ist daher die Annahme eines Vertrages sui generis abzulehnen; darüber hinaus ergäben sich aber kaum rechtliche Unterschiede. Auch bei Verträgen eigener Art, die Elemente anderer gesetzlich geregelter Vertragsarten beinhalten, sog. gemischte Verträge, werden deren gesetzliche Vorschriften entsprechend angewendet.[312]

Im Ergebnis bleibt somit festzuhalten, dass Open-Access-Lizenzvereinbarungen schuldrechtlich gesehen Schenkungsverträge unter Auflagen darstellen und somit in Haftungsfragen dem Schenkungsrecht gemäß §§ 516 ff. BGB unterliegen.[313] Nach §§ 521, 523 Abs. 1 BGB hat der Schenker aufgrund altruistischer Motive somit nur Vorsatz und grobe Fahrlässigkeit zu vertreten und ist dem Beschenkten nur dann zum Schadensersatz verpflichtet, wenn er arglistig einen Rechtsmangel verschweigt.

Eine Auflagenschenkung unterliegt dem allgemeinen Schenkungsrecht, so dass insbesondere der Formzwang des § 518 Abs. 1 BGB gilt und sich dieser Zwang zudem auf die Auflage erstreckt.[314] Nach § 518 Abs. 1 Satz 1 BGB ist i.d.R. die notarielle Beurkundung des Schenkungsversprechens erforderlich. Der Formmangel wird regelmäßig gemäß § 518 Abs. 2 BGB jedoch durch die Bewirkung der versprochenen Leistung, d.h. durch die Einräumung der Rechte ge-

309 Wimmer-Leonhardt in: Staudinger BGB, § 525 Rn. 18

310 Für Open Source: Wiebe/Prändl, Open Source Software, ÖJZ 2004, 621, 635 ohne Begründung

311 Galt im antiken römischen Recht noch ein numerus clausus an Vertragstypen, dienen heute die gesetzlichen Vertragstypen den Parteien als Muster kausaler Rechtsbeziehungen.

312 Löwisch in: Staudinger BGB, § 311 Rn. 28 u. 36. Da bei diesem Rechtsgeschäft der Schenkungsvertrag jedenfalls im Vordergrund steht, ist es unerheblich ob man der Absorptions- oder der vorzugswürdigen Kombinationsmethode folgt.

313 So auch für CC-Lizenzen: Philapitsch, Die Creative Commons Lizenzen, medien und recht 2008, 82, 88

314 Koch in: MünchKommBGB, § 525 Rn. 1; Wimmer-Leonhardt in: Staudinger BGB, § 525 Rn. 5

heilt. Die Einräumung der Nutzungsrechte fällt mit dem Abschluss des Lizenzvertrages praktisch uno actu zusammen, so dass der Formmangel unbeachtlich ist, spätestens jedoch mit der Nutzung der Rechte.[315]

## VI. Urheberrecht bei Arbeits- bzw. Dienstverhältnissen

### 1. Urheber in Arbeits- oder Dienstverhältnissen, § 43 UrhG

Im Rahmen der Open-Access-Diskussion bedarf das Urheberrecht im Arbeits- bzw. Dienstverhältnis einer besonderen Beachtung. Oftmals geht die Initiative zu einer Publikation nach Open-Access-Maßstäben nicht vom Urheber des wissenschaftlichen Werkes, sondern von dessen Arbeitgeber oder Dienstherrn aus, da diese meist ein Interesse haben, die Veröffentlichungen der Angestellten der Öffentlichkeit frei zugänglich zu machen. Besonders für Hochschulen und außeruniversitäre Forschungseinrichtungen haben die Veröffentlichungen ihrer Mitarbeiter außerordentliche Bedeutung. Diese sind mitentscheidend für die Reputation des Wissenschaftsbetriebes und damit im Ergebnis für die staatliche Mittelzuweisung. Insbesondere Universitäten stehen aufgrund der Exzellenzinitiative[316] in einem verstärkten (ökonomischen) Wettbewerb[317] hinsichtlich wissenschaftlicher Ergebnisse in Forschung und Lehre zu einander. Daraus erklärt sich z.B., dass Antragsteller eines Druckkostenzuschusses zur Publikation einer Dissertation zum Teil ein Motivationsschreiben mit der Begründung für die Bewerbung sowie eine Darlegung der inhaltlichen und/oder formalen Gründe, die gegen eine elektronische Publikation sprechen, beifügen müssen.[318] Mit dieser Regelung sollen Doktoranden zu einer Open-Access-Publikation ermuntert werden, um diese Dokumente in das „universitäre Schaufenster“ stellen zu können. Es stellt sich daher die Frage, ob ein angestellter wissenschaftlicher Urheber über sein Werk frei verfügen darf oder ob er seinem daran interessierten Arbeitgeber oder Dienstherrn Rechte an dieser Publikation einräumen muss. In diesem Fall könnte der abhängig-beschäftigte Wissenschaftler verpflichtet sein, etwaige Aufsätze oder auch ganze Lehrbücher beispielsweise in einem universitären Hochschul-

---

315 für GPL: Spindler, Rechtsfragen der Open Source Software, S. 75

316 Mit der Exzellenzinitiative fördern Bund und Länder herausragende Forschung an Universitäten in Deutschland.

317 Umfassend zum Wettbewerb der Universitären: Geis, Universitäten im Wettbewerb, VVDStRL Bd. 69 (2010), 366 ff.

318 Abrufbar unter: http://www.graduateacademy.uni-heidelberg.de/stipendien/druckkosten.html (14.01.2012); dies soll nur als Beispiel dienen, wobei nicht verkannt wird, dass bei einer Doktorandentätigkeit der Anwendungsbereich des § 43 UrhG grundsätzlich nicht eröffnet ist.

verlag entsprechend dem Open-Access-Paradigma aus rein arbeits- oder dienstrechtlichen Gründen zu veröffentlichen.

Nach § 43 UrhG sind die Vorschriften dieses Unterabschnittes (§§ 31 bis 42 UrhG) auch anzuwenden, wenn der Urheber das Werk „in Erfüllung seiner Verpflichtungen aus einem Arbeits- oder Dienstverhältnis geschaffen hat, soweit sich aus dem Inhalt oder dem Wesen des Arbeits- oder Dienstverhältnisses nichts anderes ergibt".[319] Man spricht allgemein vom sog. Arbeitnehmerurheberrecht. Diese Norm hat große praktische Bedeutung, da die überwiegende Anzahl urheberechtlich geschützter Werke im Rahmen eines Anstellungsverhältnisses geschaffen werden. Aktuell werden circa drei Viertel aller schöpferischen und künstlerischen Leistungen von abhängig Beschäftigten erbracht.[320] Der aus eigenem Antrieb, auf eigene Kosten und für eigene Rechnung tätige freischaffende Wissenschaftler kommt in der Praxis kaum noch vor, da insbesondere im Bereich der naturwissenschaftlichen Forschung der apparative Aufwand, den die Forschung erfordert, und die hierbei entstehenden Kosten höher sind, als dass sie ein einzelner Wissenschaftler alleine tragen könnte.[321] Der Aussagegehalt des § 43 UrhG wird jedoch dieser enormen Bedeutung selten gerecht und insgesamt als unzureichend empfunden.[322] Rehbinder geht einen Schritt weiter und spricht von einer „nichtssagenden Regelung".[323] Nach A. Nordemann sollte § 43 UrhG der Lebenswirklichkeit angepasst wie folgt umformuliert werden:

> *Hat der Urheber ein Werk in Erfüllung seiner Verpflichtungen aus dem Arbeits- oder Dienstverhältnisses geschaffen, so stehen dem Arbeitgeber oder Dienstherrn daran die Nutzungsrechte zu, soweit er sie für die betriebliche Verwertung des Werkes benötigt.*

Diese Änderung soll nur der sprachlichen Vereinfachung dienen, in der Sache selbst aber keinen Unterschied ausmachen. § 43 UrhG bestimmt, dass ein beschäftigter Wissenschaftler als Urheber seines Werkes gilt, da auch im Rahmen eines Arbeitsverhältnisses das in § 7 UrhG verankerte Schöpferprinzip und die

319 Im Fall geschützter Computerprogramme bestimmt § 69 b UrhG als „lex specialis" zu § 43 UrhG hingegen, dass dem Arbeitgeber bzw. Dienstherrn kraft Gesetzes alle vermögensrechtlichen Befugnisse an einem in einem Abhängigkeitsverhältnis entwickelten Computerprogramm zustehen, soweit die Parteien nichts Anderweitiges vereinbart haben.

320 Schack, Urheber- und Urhebervertragsrecht, Rn. 978

321 von Moltke, Das Urheberrecht an den Werken der Wissenschaft, S. 212

322 Schack, Urheber- und Urhebervertragsrecht, Rn. 978 u. 981 spricht von einem „nebelhaften Aussagegehalt" der Vorschrift, ähnlich Axel Nordemann in: Fromm/Nordemann, § 43 Rn. 1, der § 43 UrhG für eine „merkwürdige Vorschrift" hält. Anders Vinck, Der Urheber im Arbeits- und arbeitnehmerähnlichen Verhältnis, RdA 1975, 162, 166, der eine derartige Generalklausel bevorzugt, da sie dem Richter am besten ermöglicht eine interessengerechte Einzelfalllösung zu finden.

323 Rehbinder, Urheberrecht, Rn. 629

monistische Auffassung des Urheberrechts gilt.[324] Voraussetzung ist aber, dass der Arbeitnehmer bzw. Dienstverpflichtete nicht nur nach genauen Anweisungen seines Arbeitgebers bzw. Dienstherrn handelt, sondern dem Werk zumindest in geringem Maße individuelle Züge verleiht, da andernfalls bloß eine Gehilfentätigkeit des Angestellten vorläge, die ein eigenes Urheberrecht eben gerade nicht begründet.[325]

Der Arbeitgeber bzw. Dienstherr selbst kann in Deutschland nicht als Schöpfer eines Werkes seiner Arbeitnehmer angesehen werden.[326] Möchte der Arbeitgeber bzw. Dienstherr Werke seiner Arbeitnehmer bzw. Beamten nutzen, so ist er darauf angewiesen, von ihnen die erforderliche urheberrechtliche Berechtigung zu erwerben. D.h. der abhängig Beschäftigte muss dem Arbeitgeber bzw. Dienstherrn Nutzungsrechte an dem jeweiligen Werk einräumen. Der Gesetzgeber beabsichtigte jedoch eine Privilegierung des Arbeitgeber bzw. Dienstherrn, da er es ist, der mittels Investitionen die Schöpfungsvoraussetzungen überhaupt erst schafft und zudem das gesamte Investitionsrisiko trägt, wo hingegen der Arbeitnehmer bzw. Dienstverpflichtete aufgrund seines Arbeits- bzw. Dienstverhältnisses eine gewisse finanzielle Absicherung genießt.[327] Besonders bei Dienstverhältnissen ist darüber hinaus zu berücksichtigen, dass derartige Dienstleistungen meist in Erfüllung öffentlicher Aufgaben erbracht werden, woran die Allgemeinheit i.d.R. ein die persönlichen Interessen des Beamten überwiegendes Interesse hat.[328] Der Arbeitgeber bzw. Dienstherr ist grundsätzlich auch auf eine entsprechende Rechtsübertragung angewiesen, wenn das Werk für seine Zwecke erstellt wird und die Rechtsübertragung erst die vertraglich vorausgesetzte Werknutzung ermöglicht.[329]

Nach § 43 UrhG sind daher Ausnahmen von den §§ 31 bis 42 UrhG möglich, soweit es sich aus dem Inhalt oder dem Wesen des Arbeits- oder Dienstverhältnisses ergibt. Dies bedeutet, dass der Arbeitnehmer bzw. Dienstverpflichtete u.U. verpflichtet ist, seinem Arbeitgeber oder Dienstherrn Nutzungsrechte an bestimmten Werken einzuräumen bzw. schon mit Abschluss des Vertrages im Wege einer sog. Vorausverfügung konkludent eingeräumt hat. Rechtsfolge des § 43 UrhG ist demnach eine vertragliche Verpflichtung des Arbeitnehmers bzw.

324 Rojahn in: Schricker, § 43 Rn. 2; Spautz in: Möhring/Nicolini, § 43 Rn. 1; Wandtke in: Wandtke/Bullinger, § 43 Rn. 4; Rehbinder, Urheberrecht, Rn. 627

325 Plett, Urheberschaft, Miturheberschaft und wissenschaftliches Gemeinschaftswerk, S. 52

326 Nach US-amerikanischem Urheberrecht ist dies anders. Nach sec. 201 (b) US Copyright Act gilt der Arbeitgeber als Urheber, wenn der Arbeitnehmer für ihn ein Werk geschaffen hat, sog. „work made for hire“. Ähnlich in Frankreich, sog. „oeuvre collectif“.

327 Haberstumpf, Hdb. des Urheberrechts, Rn. 296

328 Leuze, Urheberrecht im Beamtenverhältnis, ZBR 1997, 37, 40

329 BGH GRUR 1974, 480, 482 („Hummelrechte“)

Dienstverpflichteten zur Einräumung von Nutzungsrechten und stellt damit eine Reduktion des Urheberrechts von abhängig Beschäftigten zu Gunsten ihrer jeweiligen Arbeitgeber bzw. Dienstherrn dar.[330]

Arbeitgeber und Dienstherrn können die Nutzungseinräumung gemäß § 43 UrhG nur dann sinnvoll in Anspruch nehmen, wenn ihnen auch gestattet ist, das Werk zu veröffentlichen. Nach herrschender Rechtsauffassung ist es daher möglich, dass der Werkschaffende die Veröffentlichungsbefugnis einem Dritten einräumt, so dass dieser berechtigt ist, das Veröffentlichungsrecht für den Urheber wahrzunehmen.[331] Wird die Veröffentlichungshandlung durch einen Dritten im Einverständnis mit dem Urheber vorgenommen, so ist die vorgelagerte Zustimmung des Urhebers als Ausübung des Veröffentlichungsrechts gemäß § 12 Abs. 1 UrhG anzusehen.[332] Der Dritte entscheidet nunmehr, u.U. auch gegen den Willen des Urhebers, über den Zeitpunkt und die Form der Veröffentlichung des urheberechtlich geschützten Werkes und somit auch darüber, ob das wissenschaftliche Werk Open Access zur Verfügung gestellt wird.[333]

*a) Arbeits- oder Dienstverhältnis*

Die Vorschrift des § 43 UrhG gilt nur bei Vorliegen eines Arbeits- oder Dienstverhältnisses des (wissenschaftlichen) Urhebers. In Abgrenzung zum (öffentlich-rechtlichen) Dienstverhältnis versteht man unter Arbeitsverhältnis im Sinne des § 43 UrhG allgemein jede Beschäftigung des Urhebers aufgrund eines Arbeitsvertrages. Ein Arbeitsvertrag ist ein Unterfall eines Dienstvertrages gemäß § 611 BGB, wobei zwischen Arbeitnehmer und Arbeitgeber ein Dauerschuldverhältnis besteht.[334] Unter einem Arbeitnehmer versteht man eine Person, die aufgrund eines privatrechtlichen Vertrages zur Arbeit im Dienste eines anderen gegen Entgelt verpflichtet ist.[335] In einem privatrechtlichen Arbeitsverhältnis stehen sowohl die Arbeitnehmer der Privatwirtschaft, als auch die Angestellten im öffentlichen

330 Kraßer/Schricker, Patent- und Urheberrecht an Hochschulen, S. 97; Schack, Urheber- und Urhebervertragsrecht, Rn. 983

331 Dietz in: Loewenheim, § 43 Rn. 13; Rojahn in: Schricker, § 43 Rn. 73; Wandtke in: Wandtke/Bullinger, § 43 Rn. 87; Haberstumpf, Hdb. des Urheberrechts, Rn. 303; Ulmer, Urheber- und Verlagsrecht, S. 211 f.; von Gamm, Urheberrechtsgesetz, § 11 Rn. 7; nach Heermann, Der Schutzumfang von Sprachwerken der Wissenschaft und die urheberrechtliche Stellung von Hochschulangehörigen, GRUR 1999, 468, 473, handelt es sich hierbei um eine Ermächtigung im Sinne des § 185 Abs. 1 BGB.

332 Bullinger in: Wandtke/Bullinger, § 12 Rn. 3

333 Dreier in: Dreier/Schulze, § 43 Rn. 35

334 Preis in: ErfK, § 611 BGB Rn. 1

335 BAG NJW 2004, 461, 462; BAGE 93, 310, 314 f.; Preis in: ErfK, § 611 BGB Rn. 35;

Dienst.[336] Abzugrenzen ist der Arbeitnehmer-Wissenschaftler von einem freien Mitarbeiter. Diese sind regelmäßig Selbstständige, die meist verschiedene Auftraggeber haben und rechtlich über Dienst- (§ 611 BGB) oder Werkverträge (§ 631 BGB) gebunden sind. In der Praxis werden diese Verträge als Honorarverträge bezeichnet. Die Abgrenzung zwischen Arbeitnehmer und Selbstständigen richtet sich nach dem Maß der persönlichen Abhängigkeit des betroffenen Wissenschaftlers von einer anderen (natürlichen oder juristischen) Person und insbesondere nicht danach, was die beiden Parteien vereinbart haben. Ob eine derartige persönliche Abhängigkeit vorliegt, wird von der Rechtsprechung an Hand diverser Indizien der tatsächlich verrichteten Tätigkeit überprüft. Solche Indizien sind beispielsweise:[337] Weisungsgebundenheit des Wissenschaftlers, Vorgabe von Ort und Zeit der Arbeitsleistung (Verlust der eigenen Zeitsouveränität), Eingliederung in den betrieblichen Ablauf der Gesamtorganisation, Gewährung von Urlaubsgeld, Lohnfortzahlung im Krankheitsfall etc. Kommt man demnach zu dem (eher seltenen) Ergebnis, dass der Wissenschaftler einer freiberuflichen Tätigkeit nachgeht, so findet § 43 UrhG keine Anwendung.

Gerade bei wissenschaftlicher Tätigkeit im Hochschulbereich ist es i.d.R. gesetzlich vorgegeben und somit praxisüblich, Beschäftigten kein unbefristetes Arbeitsverhältnis anzubieten, sondern Verträge entweder auf die Produktionsdauer der jeweiligen Projekte gemäß § 14 Abs. 1 Satz 2 Nr. 1 TzBfG oder entsprechend den Regelungen des Wissenschaftszeitvertragsgesetzes (WissZeitVG) befristet abzuschließen. Nach dem WissZeitVG können Wissenschaftler bis zu sechs Jahren vor der Promotion und weitere sechs[338] Jahre bis zur Habilitation an Wissenschaftseinrichtungen befristet beschäftigt werden. Ob der Urheber das Werk während eines unbefristeten oder befristeten Arbeitsverhältnisses schafft, ist für die Anwendbarkeit von § 43 UrhG ohne Bedeutung, da für die Dauer des (befristeten) Arbeitsverhältnisses die allgemeinen arbeitsvertraglichen Bestimmungen gelten.[339]

Im Unterschied zu privatrechtlichen Arbeitsverhältnissen versteht man unter Dienstverhältnissen im Sinne des § 43 UrhG die öffentlich-rechtlichen Dienstverhältnisse der Beamten durch Ernennung. Unter einem Dienstverhältnis in diesem Sinne sind nach herrschender Auffassung keine freien Dienstverhältnisse im

---

336 Rojahn in: Schricker, § 43 Rn. 10; Kraßer/Schricker, Patent- und Urheberrecht an Hochschulen, S. 95

337 Mit weiteren Indizien Dreier in: Dreier/Schulze, § 43 Rn. 6 u. Rojahn in: Schricker, § 43 Rn. 14

338 Bzw. neun Jahre im Bereich der Medizin. Ist die Habilitation nach Ablauf dieses Zeitraums noch nicht abgeschlossen, sind weitere Befristungen nur zulässig, wenn diese mit überwiegend Drittmittel finanziert werden oder der Wissenschaftler Kinder (je 2 Jahre pro Kind unter 18 Jahren) hat, § 2 Abs. 1 u. 2 WissZeitVG.

339 Dreier in: Dreier/Schulze, § 43 Rn. 6; Rojahn in: Schricker, § 43 Rn. 15

Sinne des § 611 BGB zu verstehen, da Sinn und Zweck des § 43 UrhG ist, alle in abhängiger Arbeit Beschäftigten zu erfassen, gleichgültig ob sie in einem privatrechtlichen oder öffentlich-rechtlichen Beschäftigungsverhältnissen stehen.[340] Diese Beschäftigen stehen grundsätzlich in einem gesicherten Abhängigkeitsverhältnis zu ihrem Arbeitgeber bzw. Dienstherrn, so dass ihr Einkommen gesichert und Einschränkungen des Urheberrechts daher gerechtfertigt sind.[341] Für eine derartige Auslegung spricht auch die gesonderte Aufzählung von Arbeits- und Dienstverhältnis. Da das Arbeitsverhältnis nur ein Unterfall des Dienstverhältnisses im Sinne des BGB ist, wäre andernfalls dessen explizite Erwähnung in § 43 UrhG unnötig.

Öffentlich-rechtliche Beschäftigte in diesem Sinne sind beispielsweise Beamte, insbesondere Hochschullehrer, wenn sie in ein Beamtenverhältnis berufen werden, und Richter. Zwar ist die beamtenrechtliche Ernennung eines Hochschullehrers auf Lebenszeit gesetzlich nach Art. 8 Abs.1 Satz 1 BayHSchPG i.V.m. §§ 10, 11 BBG die Regel, jedoch kann in besonderen Fällen nach Art. 8 Abs. 3 Satz 1 BayHSchPG auch ein privatrechtliches Dienstverhältnis, d.h. Arbeitsverhältnis im Sinne des § 43 UrhG, begründet werden.[342] Der Einfachheit halber wird im Folgenden nur von verbeamteten Hochschullehrern gesprochen, jedoch gilt für privatrechtlich angestellte dasselbe.

*b) In Erfüllung seiner Verpflichtung*

§ 43 UrhG gilt nur für Werke, die der abhängig Beschäftigte in Ermangelung anderweitiger Vereinbarung in Erfüllung seiner Verpflichtung aus einem Arbeits- oder Dienstverhältnis geschaffen hat. Diese pflichtgebundenen Werke eines Urhebers nennt man Pflichtwerke. Diese sind von sog. freien Werken, das sind außervertragliche bzw. nicht-dienstliche Werke, zu unterscheiden, auf die § 43 UrhG keine Anwendung findet. Freie Werke können daher unabhängig von arbeits- oder dienstrechtlichen Bindungen vom Schöpfer selbst im Sinne des Open-Access-Prinzips verwendet werden. Eine Vermutung, dass Werke, die von angestellten Wissenschaftlern geschaffen wurden, auch in Erfüllung ihrer Verpflich-

340 Rojahn in: Schricker, § 43 Rn. 10; Spautz in: Möhring/Nicolini, § 43 Rn. 2; Wandtke in: Wandtke/Bullinger, § 43 Rn. 10; Schack, Urheber- und Urhebervertragsrecht, Rn. 981; Ulmer, Urheber- und Verlagsrecht, S. 401, der konsequent nur von Arbeitnehmern und Beamten spricht; anders noch Vinck in: Fromm/Nordemann, 9. Auflage, § 43 Rn. 2 wonach auch freie Dienstverträge gemäß § 611 BGB umfasst sein sollen. Nunmehr aber der h.M. folgend Axel Nordemann in: Fromm/Nordemann, § 43 Rn. 11

341 Axel Nordemann in: Fromm/Nordemann, § 43 Rn. 9 f.

342 Nach einigen Landesgesetzen wird sogar von einer Gleichwertigkeit beider Beschäftigungsverhältnisses ausgegangen, vgl. hierzu § 41 BbgHG, § 70 Abs. 3 HessHG oder § 39 NWHG.

tung aus dem Arbeits- bzw. Dienstverhältnis entstanden sind, besteht nicht, so dass die Darlegungslast im Streitfall in diesen Fragen beim Arbeitgeber bzw. Dienstherrn liegt.[343]

Welche konkreten Verpflichtungen aus einem Arbeitsverhältnis bestehen, ergibt sich primär aus den jeweiligen individuellen Vereinbarungen zwischen den Vertragsparteien. Es bleibt somit den Parteien selbst überlassen, das urheberrechtliche Werkschaffen arbeitsvertraglich zu regeln, wobei die konsequente Anwendung des Urheberrechts aber zu klaren und eindeutigen Vereinbarungen über die Bezeichnung des Inhalts und Umfangs des werkschaffenden Arbeitnehmers im Arbeitsvertrag zwingt.[344] Neben einer individualvertraglichen Regelung kommen zur Bestimmung des Werkschaffens insbesondere auch tarifvertragliche Regelungen in Betracht.[345] Eine bloße Tätigkeits- und Berufsbezeichnung ist hingegen nicht ausreichend, kann aber eine gewisse Indizwirkung haben. Unproblematisch sind die Fälle, in denen angestellte Wissenschaftler in Erfüllung ihrer Hauptpflicht aus dem Arbeitsvertrag urheberrechtlich geschützte Werke zu schaffen haben. Diese Praxis findet man beispielsweise in der Pharmaindustrie, wo angestellte Wissenschaftler beauftragt werden, für forschende Unternehmen in bestimmten Fachzeitschriften zu veröffentlichen.[346]

Die Arbeitsverträge von Wissenschaftlern in der Privatwirtschaft beinhalten jedoch i.d.R. keine ausdrückliche Verpflichtung in urheberrechtlicher Weise tätig zu werden, da Arbeitgeber den Schwerpunkt der Arbeitnehmertätigkeit primär in der Forschung selbst, weniger in der Publikation von Ergebnisse sehen.[347] Finden sich keine eindeutigen Regelungen bezüglich des Pflichtenkreises des Arbeitnehmers, muss im Wege der ergänzenden Vertragsauslegung der Vertragswille der Parteien ermittelt werden.[348] Diese Auslegung ist an objektiven Umständen zu messen. Der subjektive Wille des Arbeitnehmers, das Werk für sich oder für den Arbeitgeber zu erbringen, ist ohne Belang, da er in eine fremde Arbeitsorganisation eingebunden ist.[349] Wesentliche Auslegungskriterien sind vielmehr die

---

343 Axel Nordemann in: Fromm/Nordemann, § 43 Rn. 14

344 Wandtke in: Wandtke/Bullinger, § 43 Rn. 17

345 Dreier in: Dreier/Schulze, § 43 Rn. 10; Rojahn in: Schricker, § 43 Rn. 22, 104 f.; z.B. räumt der/die Redakteur/-in in § 18 des Manteltarifvertrages für Redakteure/Redakteurinnen an Tageszeitungen dem Verlag ein ausschließliches, zeitlich und räumlich unbeschränktes Nutzungsrecht an den urheberrechtlich geschützten Werken ein, die in Erfüllung der vertraglichen Pflicht aus dem Arbeitsverhältnis erworben werden, abrufbar unter: http://dju.verdi.de/tarif/tarifvertraege/#tageszeitungen (14.01.2012)

346 Rojahn in: Schricker, § 43 Rn. 127

347 Rojahn in: Schricker, § 43 Rn. 127; von Moltke, Das Urheberrecht an den Werken der Wissenschaft, S. 215

348 Haberstumpf, Hdb. des Urheberrechts, Rn. 299

349 Rojahn in: Schricker, § 43 Rn. 23; Rehbinder, Urheberrecht, Rn. 630

betriebliche Funktion des Arbeitnehmers, sein Berufsbild, die Verwendbarkeit des Werkes für den Arbeitgeber und, wenn diese Kriterien zu keiner eindeutigen Klärung führen, u.U. auch die Branchenüblichkeit.[350] Der Ort und die Zeit der Arbeitsleistung sind demgegenüber kein eindeutiges Kriterium zur Abgrenzung zwischen freien Werken und Pflichtwerken, da sich die schöpferische Tätigkeit eines Urhebers nicht in einen bestimmten Stundenrhythmus oder in abgrenzbare Räume „pressen lässt".[351] Ein Arbeitnehmer kann auch nachts und zuhause für seinen Arbeitgeber im Anwendungsbereich des § 43 UrhG schöpferisch tätig werden.[352]

Nichts anderes gilt im Rahmen eines beamtenrechtlichen Dienstverhältnisses.[353] Weder das BBG noch die Landesbeamtengesetze enthalten Regelungen über die Einräumung von Nutzungsrechten an urheberrechtlich geschützten Werken der Beamten, die in Ausübung der Verpflichtungen aus dem Dienstverhältnis entstanden sind. Zur Bestimmung der Dienstpflicht bei Beamten kann nicht auf individualarbeitsvertragliche Vereinbarungen zurückgegriffen werden, sondern die Dienstpflicht eines Beamten richtet sich nach dem jeweiligen dienstrechtlichen Aufgabenbereich.[354] Die Dienstpflicht eines Beamten müsste das Schaffen eines Werkes derart umfassen, dass sich das Nichtschaffen als Verletzung der Dienstpflicht durch den Beamten darstellt.[355] Demnach unterfallen Werke, die ein Beamter aus eigener Initiative oder bei Gelegenheit schafft, nicht dem Anwendungsbereich des § 43 UrhG, selbst wenn sie im Interesse des Dienstherrn erbracht werden.[356] Wird aber z.B. ein in einem Beamtenverhältnis stehender Justiziar einer Behörde mit der Erstellung eines Rechtsgutachtens oder eines Schriftsatzes ausdrücklich beauftragt, erfüllt der Beamte damit eine Verpflichtung aus seinem Dienstverhältnis, so dass § 43 UrhG Anwendung findet.[357]

---

350 BGH GRUR 1974, 480, 482 („Hummelrechte"); BAG GRUR 1984, 429, 431 („Statikprogramme"); BGH GRUR 1985, 129, 130 („Elektrodenfabrik"); Haberstumpf, Hdb. des Urheberrechts, Rn. 299; Rojahn in: Schricker, § 43 Rn. 22; Ulmer, Urheber- und Verlagsrecht, § 95 II 1; Dreier in: Dreier/Schulze, § 43 Rn. 10

351 Dreier in: Dreier/Schulze, § 43 Rn. 10, wonach aber u.U. Ort und Zeit der Schöpfung eine gewisse Indizwirkung zu kommen soll, je nachdem wie räumlich und zeitlich das Arbeitsverhältnis im Einzelfall abgegrenzt ist; Rojahn in: Schricker, § 43 Rn. 23; Wandtke in: Wandtke/Bullinger, § 43 Rn. 20; Rehbinder, Urheberrecht, Rn. 630; Wandtke, Reform des Arbeitnehmerurheberrechts?, GRUR 1999, 390, 391 f.;

352 OLG Nürnberg ZUM 1999, 656, 657 („Museumsführer")

353 Dreier in: Dreier/Schulze, § 43 Rn. 11; Rojahn in: Schricker, § 43 Rn. 28

354 Seewald/Freudling, Der Beamte als Urheber, NJW 1986, 2688, 2690

355 Leuze, Urheberrecht der Beschäftigten in öffentlichen Dienst, § 5 Rn. 17

356 BGH GRUR 1972, 713, 715 („Im Rhythmus der Jahrhunderte")

357 Leuze, Urheberrecht der Beschäftigten in öffentlichen Dienst, § 5 Rn. 17

### c) *Umfang der Übertragung (Zweckübertragungslehre)*

Der Umfang der Nutzungseinräumung an den Arbeitgeber richtet sich bei ausdrücklicher individualvertraglicher Regelung nach dem Inhalt des Vertrages und ist bis zur Grenze der Sittenwidrigkeit zulässig. Möglich ist hier die Einräumung eines einfachen oder ausschließlichen Nutzungsrechtes, wobei auch die zeitliche, räumliche oder inhaltliche Nutzung des Werkes beschränkt werden kann. Da zumeist nicht einmal die Verpflichtung zur Schaffung urheberrechtlicher Werke vereinbart wird, bleibt auch der Umfang der Übertragung grundsätzlich ungeregelt. Entsprechendes gilt für Beamte im Rahmen ihrer Dienstverpflichtung.

Innerhalb des Anwendungsbereiches des § 43 UrhG gelten „die Vorschriften dieses Unterabschnitts", so dass auch der in § 31 Abs. 5 UrhG verankerte Zweckübertragungsgrundsatz als Auslegungsregel Anwendung findet. Dieser Grundsatz gilt auch im Rahmen eines Beamtenverhältnisses[358] und besagt, dass im Zweifel die Nutzungsrechte mit dem Arbeits- oder Dienstvertrag nur in dem Umfang als übertragen gelten, als dies der Vertragszweck, betriebliche oder dienstliche Zwecke des Arbeitgebers bzw. Dienstherrn erfordern.[359]

Eine allgemeine Definition des betrieblichen Zwecks gibt das Gesetz jedoch nicht her. Der betriebliche Zweck muss daher im konkreten Einzelfall ermittelt werden, wenn er aus dem Arbeitsvertrag oder den kollektivvertraglichen Regelungen nicht zu entnehmen ist, wobei als Anhaltspunkt die Produktionsweise des Betriebes und dessen Aufgabenstellung herangezogen werden können.[360] In der Regel sind Zwecke des Betriebes weit zu verstehen, so dass sie im Zweifel alles das umfassen, was in irgendeiner Weise geeignet ist, den Betrieb zu fördern.[361]

## 2. Besonderheiten bei Hochschulen

Ein großer Teil wissenschaftlicher Publikationen wird von angestellten Urhebern aus dem Hochschulbereich verfasst. § 43 UrhG gilt dem Grunde nach ebenfalls für diesen Teil wissenschaftlicher Forschung und Lehre, wobei auch hier die urheberrechtlichen Rechte und Pflichten der Hochschulangehörigen vertraglich kaum geregelt sind.[362] Wendete man § 43 UrhG unverändert auf den Hochschulbereich an, käme man zu der Schlussfolgerung, dass das Hochschulpersonal auf-

---

358 Seewald/Freudling, Der Beamte als Urheber, NJW 1986, 2688, 2690

359 BGH GRUR 1985, 529, 530 („Happening"); BGH GRUR 1974, 480, 482 („Hummelrechte"); Dreier in: Dreier/Schulze, § 43 Rn. 17; Wandtke in: Wandtke/Bullinger, § 43 Rn. 55; von Gamm, Urheberrechtsgesetz, § 43 Rn. 2;

360 Wandtke in: Wandtke/Bullinger, § 43 Rn. 59

361 Kotthoff in: Dreyer/Kotthoff/Meckel, § 43 Rn. 14

362 Dreier in: Dreier/Schulze, § 43 Rn. 12; Rojahn in: Schricker, § 43 Rn. 130

grund seiner Arbeits- bzw. Dienstverhältnisse dazu verpflichtet wäre, der jeweiligen Hochschule Nutzungsrechte an den von ihnen geschaffenen Publikationen und Lehrmaterialien einzuräumen.

Es ist aber offensichtlich, dass dem Anwendungsbereich des § 43 UrhG im Hochschulbereich gewisse Grenzen gesetzt sind, da sich das Hochschulpersonal, wenn auch in abgestufter Form, im Rahmen der Forschung und Lehre auf die Wissenschaftsfreiheit des Art. 5 Abs. 3 Satz 1 GG berufen kann.[363] Insbesondere den Hochschullehrern erkennt das BVerfG eine herausgehobene Stellung zu, denn ihnen ist in der Universität „die Pflege von Forschung und Lehre vornehmlich anvertraut".[364] Gleichzeitig definiert das BVerfG den Hochschullehrer im Einklang mit der Entwicklung dieses Berufsstandes und im Einklang mit der deutschen Universitätstradition als denjenigen „akademischen Forscher und Lehrer, dem aufgrund Habilitation oder eines sonstigen Qualifikationsbeweises mit der selbständigen Vertretung eines wissenschaftlichen Faches in Forschung und Lehre betraut ist".[365] Nach Art. 2 Abs. 3 Satz 1 BayHSchPG sind Hochschullehrer im Sinne dieses Gesetzes Professoren, Juniorprofessoren, Honorarprofessoren, Privatdozenten und außerplanmäßige Professoren. Die Dienstpflicht dieser Hochschullehrer beinhaltet Forschung und Lehre frei und eigenverantwortlich wahrzunehmen.[366] Deren wissenschaftliche Tätigkeit ist demnach nicht weisungsabhängig sowie nicht darauf gerichtet, dem Arbeitgeber bzw. Dienstherrn Arbeitsergebnisse zur Verfügung zu stellen. Die Publikation von Forschungsergebnissen bzw. Lehrmaterialien gehört daher i.d.R. nicht zum Aufgabenbereich eines Hochschullehrers.[367] Demzufolge sind urheberrechtliche Werke der Hoch-

---

363 Leuze, Urheberrecht der Beschäftigten im öffentlichen Dienst, § 6 Rn. 1

364 BVerfG NJW 1973, 1176, 1180 („Hochschulurteil")

365 BVerfG NJW 1973, 1176, 1180 („Hochschulurteil")

366 Epping, Rechte und Pflichten von Professoren unter besonderer Berücksichtigung der Beamtenpflichten, ZBR 1997, 383, 384; vgl. hierzu auch § 43 HRG, wonach Hochschullehrer/-innen die ihrer Hochschule jeweils obliegenden Aufgaben in Wissenschaft und Kunst, Forschung, Lehre und Weiterbildung in ihren Fächern nach näherer Ausgestaltung ihres Dienstverhältnisses selbständig wahrnehmen. Als Reaktion auf die Föderalismusreform, in der die Rahmengesetzgebungskompetenz des Bundes entfiel, hat die Bundesregierung zwar den Entwurf eines Gesetzes zur Aufhebung des Hochschulrahmengesetzes beschlossen (BRDrucks 352/07). Jedoch ist das HRG anders als anfangs geplant weder zum 01.10.2008 noch zum 01.04.2009 außer Kraft getreten. Das HRG gilt somit wg. Art. 125a Abs. 1 Satz 1, 125b Abs. 1 Satz 1, 2 GG fort.

367 BGH GRUR 1985, 529, 530 („Happening"); Kraßer/Schricker, Patent- und Urheberrecht an Hochschulen, S. 126 f.; a.A. VG Berlin NJW 1978, 848, 848 und Fahse, Artikel 5 GG und das Urheberrecht der Architektur-Professoren, GRUR 1996, 331, 226, wonach die Dienstpflicht des Professors zur Forschung zum Inhalt hat, dass er seine Arbeitsergebnisse, an denen ein wissenschaftliches Interesse besteht, der Allgemeinheit in geeigneter Weise zur Verfügung stellen muss; Rojahn in: Schricker, § 43 Rn. 131; Haberstumpf, Wem gehören Forschungsergebnisse?, ZUM 2001, 819, 825

schullehrer keine Pflichtwerke im Sinne des § 43 UrhG, sondern freie Werke, deren Nutzungen ausschließlich den jeweiligen Schöpfern zusteht, selbst wenn der Hochschullehrer sie während seiner Dienstzeit und unter Zuhilfenahme universitärer Mittel personeller oder sachlicher Art geschaffen hat.[368] Gleiches gilt für Professoren an Fachhochschulen, da die grundgesetzlichen Wertungen der Wissenschaftsfreiheit für das Urheberrecht auch für diese Bereiche vollumfänglich gelten.[369]

Zwar ist die Publizität universitärer wissenschaftlicher Tätigkeit für das Allgemeininteresse wünschenswert und natürlich für das individuelle berufliche Vorankommen unentbehrlich, jedoch besteht für Hochschullehrer keine Verpflichtung bestimmte konkrete Forschungsergebnisse zu erzielen bzw. zu veröffentlichen.[370] Die Wahrung der Wissenschaftsfreiheit und nicht die Schaffung urheberrechtlich relevanter Werke ist Hochschullehrern als dienstliche Verpflichtung aufgegeben.[371] Die Missachtung eines Hochschullehrers, seine wissenschaftlichen Ergebnisse zu veröffentlichen, stellt daher keine Dienstpflichtverletzung dar. Mangels Einräumung von Nutzungsrechten hat die jeweilige Hochschule somit keine Möglichkeit, auf wissenschaftliche Werke ihrer angestellten Hochschullehrer zuzugreifen, um diese nach Open-Access-Maßstäben (beispielsweise in hochschuleigenen Verlagen) zu veröffentlichen.

In wenigen Ausnahmefällen ist die Publikation wissenschaftlicher Werke aber eine weisungsabhängige Tätigkeiten des Hochschullehrers, so dass den Arbeitgebern bzw. Dienstherrn dennoch Nutzungsrechte nach § 43 UrhG eingeräumt werden (müssen). In diese Kategorie fallen z.B. die Erstellung und Bereitstellung von Lehrmaterial durch den jeweiligen Professor im Rahmen eines Fernstudiums, da hier der unmittelbare Kontakt des Lehrpersonals mit Studenten durch die Übersendung von schriftlichem Lehrmaterial für das heimische Studium ersetzt wird.[372] Andernfalls läge das gesamte Konzept eines Fernstudiums in den

---

368 BGH GRUR 1985, 529, 530 („Happening“); Czychowski in: Loewenheim, § 65 Rn. 5; Wandtke in: Wandtke/Bullinger, § 43 Rn. 26; Haberstumpf, Hdb. des Urheberrechts, Rn. 305, Rehbinder, Urheberecht, Rn. 633

369 Götting/Leuze, Das Urheberrecht des wissenschaftlichen Personals in: Hochschulrecht – Ein Hdb. für die Praxis, S.667

370 Kraßer/Schricker, Patent- und Urheberrecht an Hochschulen, S. 107; Ulmer, Urheber- und Verlagsrecht, § 95 II 2; Altenpohl, Der urheberrechtliche Schutz von Forschungsresultaten, S. 263, spricht von einer moralischen Obliegenheit des Hochschullehrers den wissenschaftlich Fortschritt durch Teilnahme zu unterstützen.

371 Homma/Ulrich, Urheber-, Patent- und Arbeitnehmererfindungsrecht in: Hdb. des Wissenschaftsrechts Bd. 2, S. 1565

372 Götting/Leuze, Das Urheberrecht des wissenschaftlichen Personals in: Hochschulrecht – Ein Hdb. für die Praxis, S.666; Kraßer/Schricker, Patent- und Urheberrecht an Hochschulen, S. 113, 132

Händen eines Einzelnen. Gleiches gilt für den Fall, dass ein Professor als Teil eines längerfristigen fächerübergreifenden Forschungsprojekts eingebunden ist, da ansonsten die Arbeit derartiger Projekte gefährdet wäre, wenn jedem Forscher die freie Verfügbarkeit über die Nutzungsrechte gegeben wäre.[373] Eine weitere Ausnahme gilt bei der Erstellung von universitären Prüfungsklausuren; auch hier wird eine Dienstpflicht des Hochschullehrers angenommen.[374] Die Nutzungseinräumung ist hierbei immer auf den dienstlichen Zweck beschränkt, d.h. dass die Unterrichtsmaterialien und Klausuren nur im Rahmen von Informationsvermittlung und Prüfungsaufgaben hochschulintern verwendet werden dürfen. Ein Recht, diese Werke in einem Lehrbuch oder einer Fallsammlung zu veröffentlichen, besteht hingegen nicht.[375] Nach Art. 9 Abs. 1 Nr. 6 BayHSchPG gehört zu den hauptberuflichen Aufgaben der Professoren auch die Erstellung von Dienstgutachten, einschließlich der hierzu erforderlichen Untersuchungen auf Anforderung der Hochschule oder des Staatsministeriums ohne besondere Vergütung. Zwar ist die Hochschule selbst i.d.R. nicht dienstfähig[376], jedoch stehen der Hochschule als selbstständiger Körperschaft des öffentlichen Rechts nach § 43 UrhG wegen ihrer besonderen Stellung die urheberrechtlichen Nutzungsrechte an den oben beschriebenen Werken zu.[377] Ihr obliegt daher die Verwertung derartiger urheberrechtlicher Werke auch im Hinblick auf das Open-Access-Paradigma.

Neben Professoren setzt sich das hauptberufliche wissenschaftliche Personal einer Hochschule vor allem aus wissenschaftlichen Mitarbeitern zusammen. Nach Art. 20 Satz 1 BayHSchPG werden wissenschaftliche Mitarbeiter i.d.R. zum Akademischen Rat in einem Beamtenverhältnis ernannt, wobei nach Satz 2 auch die Möglichkeit der Begründung eines privatrechtlichen Arbeitsverhältnisses besteht. Die Aufgabe eines wissenschaftlichen Mitarbeiters ist nach Art. 21 Abs. 1 BayHSchPG wissenschaftliche Dienstleistungen zu erbringen, die zudem einer Förderung der eigenen wissenschaftlichen Qualifikation dienen[378], unabhängig davon, ob er in einem Beamten- oder in einem Angestelltenverhältnis steht. Zwar ist der wissenschaftliche Mitarbeiter einem Professor zugeordnet und

373 Mönch/Nödler, Hochschule und Urheberrecht – Schutz wissenschaftlicher Werke in: Rechtliche Rahmenbedingungen von Open Access-Publikationen, S. 41

374 LG Köln NJW-RR 2000, 1294, 1295 („Multiple Choice Klausuren"); Wandtke in: Wandtke/Bullinger, § 43 Rn. 43

375 Axel Nordemann in: Fromm/Nordemann, § 43 Rn. 43

376 Krausnick, Grundlage und Reichweite der akademischen Selbstverwaltung in: Hochschulrecht im Freistaat Bayern, I Rn. 166; anders in Berlin (§ 2 Abs. 4 Satz 1 BerlHG), Nordrhein-Westfalen (§ 2 Abs. 3 HG NRW) und Niedersachsen (§ 58 Abs. 1 Satz 1 NHG).

377 LG Köln NJW-RR 2000, 1294, 1295 („Multiple Choice Klausuren"); Rojahn in: Schricker, § 43 Rn. 136; Haberstumpf, Hdb. des Urheberrechts, Rn. 306

378 Nach Leuze, Die Urheberrechte der wissenschaftlichen Mitarbeiter, GRUR 2006, 552, 553 ist die entsprechende Soll-Vorschrift in den Landesgesetzen als Muss-Vorschrift zu verstehen.

unterliegt in Bezug auf den abhängigen Teil seiner wissenschaftlichen Tätigkeit dessen Weisungsbefugnis, wobei diese wissenschaftlichen Dienstleistungen unter der fachlichen Verantwortung und Betreuung der jeweiligen Professoren erfolgt; der Professor ist in diesem Fall der Fachvorgesetzte. Jedoch ist dem Mitarbeiter entsprechend seines Fähigkeits- und Leistungsstandes auch ausreichend Zeit zu eigener wissenschaftlicher Arbeit zu gewähren.[379] Vor allem innerhalb moderner Massenuniversitäten übernehmen wissenschaftliche Mitarbeiter je nach Fakultät bzw. Fachbereich einen quantitativ erheblichen und qualitativ bedeutenden Teil wissenschaftlicher Tätigkeit.

Assistenz- und Nachwuchsfunktion prägen den Aufgabenbereich eines wissenschaftlichen Mitarbeiters zu gleichen Teilen. Urheberrechtlich gilt für diese Doppelfunktion daher, dass bei Werken, die in den ihnen zugebilligten Freiräumen für selbstständige Lehre und Forschung geschaffen werden, § 43 UrhG keine Anwendung findet, da diese Tätigkeit der Wissenschaftsfreiheit gemäß Art. 5 Abs. 3 Satz 1 GG unterliegt.[380] Dem Schutzbereich des Art. 5 Abs. 3 Satz 1 GG unterliegen jedoch nicht diejenigen Werke eines wissenschaftlichen Mitarbeiters, die entsprechend den Weisungen „seines" Professors als wissenschaftliche Dienstleistungen entstehen. Da es sich bei diesen Werken um Pflichtwerke handelt, findet § 43 UrhG Anwendung.[381] Im Unterscheid zur selbstständigen wissenschaftlichen Tätigkeit dienen diese Pflichtwerke der Assistenten der Verwendung des jeweiligen Professors bzw. dem Hochschulbereich.[382] Hierunter fallen urheberrechtlich relevante Werke, die im Rahmen der allgemeinen oder durch Einzelanweisung konkretisierten Dienstpflicht des Mitarbeiters geschaffen werden, beispielsweise die Ausarbeitung von Lehrmaterial, von Forschungsberichten sowie die Mitarbeit an Veröffentlichungen oder sonstigen Werken des Professors.[383]

Zum weiteren Hochschulpersonal zählen schließlich wissenschaftliche Hilfskräfte und Tutoren, deren ausschließliche Aufgabe die Erbringung von wissenschaftlichen Dienstleistungen ist. Diese potentiellen Urheber erbringen ihre Tätigkeit grundsätzlich in unselbstständiger und weisungsgebundener Stellung,

379 Perschel, wissenschaftliche Assistenten, sonstiger wissenschaftlicher Nachwuchs in: Hdb. des Wissenschaftsrechts Bd. 1, S. 394

380 Kraßer/Schricker, Patent- und Urheberrecht an Hochschulen, S. 141

381 Leuze, Urheberrecht der Beschäftigten im öffentlichen Dienst, § 6 Rn. 11

382 Homma/Ulrich, Urheber-, Patent- und Arbeitnehmererfindungsrecht in: Hdb. des Wissenschaftsrechts Bd. 2, S. 1565

383 Kraßer/Schricker, Patent- und Urheberrecht an Hochschulen, S. 142 f.; Besonders im Rahmen der Mitarbeit an Veröffentlichungen des Professors ist jedoch der Fall zu unterscheiden, dass der Assistent selbst einen schöpferischen Beitrag zu dem Gesamtwerk erbringt, so dass u.U. eine Miturheberschaft von Professor und Assistent in Betracht kommt.

wobei meist ein Angestelltenverhältnis vorliegt. Die Anwendbarkeit von § 43 UrhG auf diese Personengruppe ist die Regel. § 43 UrhG findet hingegen keine Anwendung, wenn diesen Personen ein Freiraum zur eigenen wissenschaftlichen Tätigkeit gewährt wird, beispielsweise im Rahmen einer Promotion, da in diesem Fall der Schutz des Art. 5 Abs. 3 Satz 1 GG überwiegt.[384] Dieser Personengruppe bleibt es unbenommen, außerhalb ihres Aufgabenbereiches einer anderweitigen wissenschaftlichen Tätigkeit nachzugehen und dabei mit Genehmigung des Vorgesetzten auch Arbeitsergebnisse aus ihrer angestellten Tätigkeit zu verwerten.[385] Soweit das Schaffen des übrigen Hochschulpersonals unter den Schutzbereich des Art. 5 Abs. 3 Satz 1 GG fällt, unterliegen die hierbei gewonnenen wissenschaftlichen Erkenntnisse keiner urheberrechtlichen Beschränkung. Es handelt sich um freie Werke, wobei der Urheber selbst über deren Publikation bzw. Verwertung entscheidet. Handelt es sich bei der Tätigkeit hingegen um das Ergebnis nichtselbstständiger weisungsgebundener Arbeit, so steht das Nutzungsrecht hieran der Hochschule selbst zu.[386] Durch Übertragung des Nutzungsrechtes ist es meist der zuständige Professor, der die so gewonnenen Arbeitsergebnisse verwenden kann.[387] Diesem obliegt es in der Praxis zu entscheiden, ob diese urheberrechtlich geschützten Werke entsprechend dem Open-Access-Paradigma veröffentlicht werden.

### 3. Außeruniversitäre Forschungseinrichtungen

Nach Art. 91b Abs. 1 Satz 1 Nr. 1 GG können Bund und Länder auf Grund von Vereinbarungen in Fällen überregionaler Bedeutung bei der Förderung von Einrichtungen und Vorhaben der wissenschaftlichen Forschung außerhalb von Hochschulen zusammenwirken. Wissenschaftliche Forschung ist somit nicht nur auf den Hochschulbereich beschränkt, sondern findet sich darüber hinaus auch in Einrichtungen und Organisationen außerhalb der Hochschule.

Zu diskutieren ist, ob die Grundsätze des Urheberrechts im Hochschulbereich auf private Forschungsinstitute bzw. nicht-kommerzielle Forschungseinrichtungen übertragbar sind. Diese sog. außeruniversitären Forschungseinrichtungen können zum Teil auf eine lange Tradition im deutschen Wissenschaftsraum zurückgreifen. Beispielhaft sei hier die unmittelbar nach dem ersten Weltkrieg ge-

---

384 Kraßer/Schricker, Patent- und Urheberrecht an Hochschulen, S. 145

385 Reich, Wissenschaftliche Mitarbeiter, akademische Lehrkräfte in: Hdb. des Wissenschaftsrechts Bd. 1, S. 416 f.

386 Dünnwald, Der Urheber im öffentlichen Dienst, S. 94 ff.; Götting/Leuze, Das Urheberrecht des wissenschaftlichen Personals in: Hochschulrecht – Ein Hdb. für die Praxis, S.670; vgl. hierzu S. 105 ff.

387 Rojahn in: Schricker, § 43 Rn. 136

gründete „Notgemeinschaft der deutschen Wissenschaft“, eine Vorläuferin der DFG, genannt. Es gibt grundsätzlich zwei Arten von außeruniversitären Forschungseinrichtungen. Zum einen gibt es eigenständige Forschungseinrichtungen, das sind solche, die selbst Forschung betreiben, zum anderen existieren Forschungsfördereinrichtungen, bei denen die Bereitstellung von Mitteln für die Forschung im Vordergrund steht. Zu den eigenständigen Forschungseinrichtungen zählen beispielsweise die Max-Planck-Gesellschaft zur Förderung der Wissenschaft mit Sitz in Berlin und Verwaltungssitz in München, die Fraunhofer-Gesellschaft mit Sitz in München, die Helmholtz-Gemeinschaft Deutscher Forschungszentren e.V. mit Sitz in Bonn und Berlin und die Wissensgemeinschaft Gottfried Wilhelm Leibniz e.V. mit Sitz in Berlin und Verwaltungssitz in Bonn. Hierbei handelt es sich nur um eine exemplarische Auflistung der bekanntesten außeruniversitären Forschungseinrichtungen; daneben existieren noch kleinere Forschungseinrichtungen, insbesondere wissenschaftliche Akademien und die in die Verwaltung des Bundes eingegliederten Ressortforschungseinrichtungen. Zu den in Deutschland bekanntesten forschungs- bzw. forscherfördernden Organisationen zählen u.a. die DFG und die Alexander-von-Humboldt-Stiftung jeweils mit Sitz in Bonn.

Der persönliche Schutzbereich der Wissenschaftsfreiheit gemäß Art. 5 Abs. 3 Satz 1 GG ist für jeden eröffnet, der sich wissenschaftlich betätigt oder tätig werden will.[388] Dies gilt unabhängig davon, ob der Wissenschaftler dem Universitätspersonal oder einer außeruniversitären Forschungseinrichtung zugeordnet ist, da Grundrechtsträger der Wissenschaftsfreiheit als sog. Jedermann-Grundrecht alle Personen sein können, die innerhalb oder außerhalb der Hochschule sind oder einer anderen wissenschaftlichen Einrichtung zugehören.[389] Auch ein, bei einem privaten Forschungsinstitut, angestellter Wissenschaftler kann sich somit auf die Wissenschaftsfreiheit berufen.[390]

Demzufolge gelten im Grundsatz die Ausführungen zur Anwendbarkeit des § 43 UrhG bei Hochschulen entsprechend für Personen außeruniversitärer Forschungseinrichtungen; d.h., der Anwendungsbereich des § 43 UrhG ist insoweit beschränkt, als nur Pflichtwerke und keine freien Werke erfasst sind. Innerhalb des Wissenschaftsbetriebes ist die Stellung eines leitenden Wissenschaftlers mit der eines Hochschullehrers zumindest in Ansätzen vergleichbar.[391] Unter einem

---

388 BVerfGE 35, 79, 112 („Hochschulurteil“); Pernice in: Dreier, Art. 5 III Rn. 34

389 Starck in: von Mangoldt/Klein/Starck, Art. 5 III Rn. 405

390 Homma/Ulrich, Urheber-, Patent- und Arbeitnehmererfindungsrecht in: Hdb. des Wissenschaftsrechts Bd. 2, S. 1567

391 Anders als im Hochschulbereich finden sich bei außeruniversitären Forschungseinrichtungen keine einheitlichen Status- und Funktionsbezeichnungen; es gibt unterschiedliche Bezeichnungen wie: Direktor, Institutsleiter, Bereichsleiter etc. Der Übersichtlichkeit halber wird im Fol-

leitenden Wissenschaftler versteht man denjenigen Forscher, der eine herausgehobenen Stellung innerhalb der Forschungseinrichtung innehat und wissenschaftliche Leitungsaufgaben eigenverantwortlich wahrnimmt, wobei dessen Berufung i.d.R. nach einem universitären Auswahlverfahren erfolgt.[392] Dem leitenden Wissenschaftler wird von der außeruniversitären Forschungseinrichtung zwar ein (größeres) Forschungsgebiet vorgegeben, jedoch kann er innerhalb dieses Gebietes bestimmte Forschungsziele eigenständig festlegen.[393] Aufgrund dieser vergleichbaren Interessenlage und funktionalen Ähnlichkeit wird daher die Ansicht vertreten, dass die urheberrechtlichen Grundsätze für Hochschullehrer auf leitende Wissenschaftler an außeruniversitären Forschungseinrichtungen inhaltsgleich übertragen werden können.[394]

Diese Ansicht lässt jedoch unberücksichtigt, dass ein Hochschullehrer grundsätzlich nicht für „seine" Hochschule, für deren Zwecke oder zur Förderung von deren materiellen Interessen forscht. Er widmet sich vielmehr der Forschung, um eine der Allgemeinheit gegenüber bestehende Aufgabe im wissenschaftlichen Bereich zu erfüllen.[395] Insbesondere ist der Hochschullehrer nicht in einen hierarchisch gegliederten Arbeitsbetrieb eingebunden.[396] Die Hochschule ist lediglich der organisatorische Rahmen innerhalb dessen wissenschaftliche Tätigkeit betreiben wird.[397] Seine Forschung ist insoweit zweckfrei. Darüber hinaus nimmt der Hochschullehrer neben der eigenverantwortlichen Forschung einen Ausbildungsauftrag zum Wohle der Allgemeinheit wahr; die Lehre ist demnach kein Selbstzweck.[398] Im Hochschulbereich stehen Forschung und Lehre gleichberechtigt als Kernaufgaben nebeneinander.[399] Bei außeruniversitären Forschungsein-

---

genden entsprechend Meusel, Außeruniversitäre Forschung im Wissenschaftsrecht, § 32 Rn. 415 ausschließlich – in Anspielung an einen „leitenden Angestellten" im Sinne des § 5 Abs. 3 BetrVG – im Folgenden von einem „leitenden Wissenschaftler" gesprochen.

392 Manche Helmholtz-Zentren berufen ihre leitenden Wissenschaftler gemeinsam mit einer Hochschule (Doppelberufung). 392

393 Sundermann, Nutzungs- und Vergütungsansprüche bei Softwareentwicklung im Arbeitsverhältnis, GRUR 1988, 350, 352

394 Schmidt, Die Rechtsverhältnisse in einem Forscherteam, Kap. 3 § 12, wobei im Folgenden aufgrund des gesteigerten Interesses der finanzierenden Allgemeinheit von einer urheberrechtlichen Anbietungspflicht ausgegangen wird, die ihre Grenzen in der Forschungsfreiheit des leitenden Wissenschaftlers haben soll.

395 OLG Karlsruhe GRUR 1988, 536, 538 („Hochschulprofessor"), Vorinstanz zu BGHZ 112, 243 („Grabungsmateralien")

396 Ullmann, Das urheberrechtlich geschützte Arbeitsergebnis – Verwertungsrecht und Vergütungspflicht, GRUR 1987, 6, 8

397 Homma/Ulrich, Urheber-, Patent- und Arbeitnehmererfindungsrecht in: Hdb. des Wissenschaftsrechts Bd. 2, S. 1568

398 Geis, Lehre und Studium in: Hochschulrecht im Freistaat Bayern, II Rn. 2

399 Meusel, Außeruniversitäre Forschung im Wissenschaftsrecht, § 3 Rn. 38

richtungen hingegen gibt es – anders als bei Hochschulen – keine allgemeine gesetzliche Aufgabenumschreibung. Gründungsgedanke dieser Institute ist, dass Forschung effektiver ein soll, wenn sich die jeweiligen Forscher ganz ihren wissenschaftlichen Arbeiten widmen können, ohne von Lehrveranstaltungen und Vorlesungen abgelenkt zu sein.[400] Die so gewonnenen wissenschaftlichen Erkenntnisse sollen i.d.R. einschließlich aller insoweit erstellten Unterlagen der wissenschaftlichen Forschungseinrichtung zur Verwertung zukommen, um den Produktivitätsfortschritt der Einrichtung zu gewährleisten.[401] Das Werkschaffen innerhalb einer außeruniversitären Forschungseinrichtung gehört daher zu den spezifischen arbeitsvertraglichen Aufgaben des Wissenschaftlers innerhalb eines privaten Forschungsbetriebes, wobei eine differenzierte Betrachtungsweise je nach Aufgabenbereich der jeweiligen außeruniversitären Forschungseinrichtung erforderlich und daher eine einheitliche Feststellung nicht möglich ist.[402] Der in einer außeruniversitären Forschungseinrichtung angestellte leitende Wissenschaftler schafft daher i.d.R. Pflichtwerke, die vom Anwendungsbereich des § 43 UrhG grundsätzlich erfasst werden, wenn sein Werkschaffen zu seinen speziellen Aufgaben gehört.[403] Nur wenn er außerhalb seiner (arbeits-)vertraglichen Verpflichtung urheberrechtlich relevante wissenschaftliche Werke schafft, handelt es sich um freie Werke. Soweit hingegen der Anwendungsbereich des § 43 UrhG eröffnet ist, findet bei leitenden Wissenschaftlern eine Übertragung der Nutzungsrechte an ihren urheberrechtlich geschützten Werken zu Gunsten der jeweiligen Forschungseinrichtung statt.

### 4. Anbietungspflicht des Hochschullehrers bei freien Werken

In Rechtsprechung und Literatur ist nicht einheitlich beantwortet, ob es trotz der Nichtanwendung des § 43 UrhG bei freien Werken zu Gunsten des Arbeitgebers bzw. Dienstherrn eine darüber hinausreichende Anbietungspflicht des Hochschulurhebers gibt, und auf welche Rechtsgrundlage sich diese für den Fall ihrer Annahme stützt. Der Arbeitgeber bzw. Dienstherr hat meist ein Interesse daran, urheberrechtlich geschützte Werke seiner Angestellten zu nutzen, zumal er hier-

400 Meusel, Außeruniversitäre Forschung im Wissenschaftsrecht, § 3 Rn. 31

401 BGHZ 112, 243, 249 („Grabungsmateralien“); ähnlich Meusel, Außeruniversitäre Forschung im Wissenschaftsrecht, § 46 Rn. 568, wonach die öffentliche Funktion einer außeruniversitären Wissenschaftseinrichtung, d.h. Förderung der Wirtschaft zum Technologietransfer in die Volkswirtschaft, jedem ihrer Arbeitnehmer bekannt sei und möglich bleiben solle.

402 Homma/Ulrich, Urheber-, Patent- und Arbeitnehmererfindungsrecht in: Hdb. des Wissenschaftsrechts Bd. 2, S. 1565; Meusel, Außeruniversitäre Forschung im Wissenschaftsrecht, § 10 Rn. 155

403 Leuze, Urheberrecht der Beschäftigten im öffentlichen Dienst, § 7 Rn. 9

mit die Entscheidungskompetenz erwerben kann, das wissenschaftliche Ergebnis entsprechend den Open-Access-Maßstäben, auch ohne ausdrückliche Zustimmung des Urhebers, zu veröffentlichen. Durch die Annahme des Angebots durch den Arbeitgeber bzw. Dienstherrn wäre der Urheber verpflichtet, diesem die entsprechenden Nutzungsrechte an dem urheberrechtlich geschützten Werk einzuräumen.

Im Rahmen dieser Diskussion wird von den Befürwortern einer zusätzlichen Anbietungspflicht des Urhebers als mögliche Rechtsgrundlagen eine Analogie zum Arbeitnehmererfindergesetz angeführt, daneben auch mit der Treuepflicht des Arbeitnehmers bzw. Dienstverpflichteten argumentiert oder aber der Rechtsgedanke des arbeitsvertraglichen Wettbewerbsverbots ins Spiel gebracht.

(1) Nur noch selten vertreten wird die Rechtsansicht[404], dass sich eine Anbietungspflicht des Urhebers aus einer Analogie zu §§ 18, 19 ArbNErfG herleiten lässt, wenn das geschaffene Werk bzw. die geistige Leistung für den Arbeitgeber als Verwertungsobjekt ernsthaft in Betracht komme. Nach §§ 18 Abs. 1 Satz 1, 19 Abs. 1 Satz 1 ArbNErfG ist der Arbeitnehmer verpflichtet, bei einer freien Erfindung seine außervertragliche Leistung dem Arbeitgeber unverzüglich mitzuteilen und anzubieten, wenn die Erfindung im Arbeitsbereich des Betriebes liegt. Dadurch soll vermieden werden, dass über das Patentmonopol des Arbeitnehmers oder eines lizenzberechtigten Dritten die vorhandene oder vorbereitete Produktion des Arbeitgebers stillgelegt werden kann.[405] Im Ergebnis soll eine Anbietungspflicht des Urhebers deswegen gerechtfertigt sein, weil die schöpferische Leistung kein Einzel-, sondern ein Gemeinschaftswerk des Arbeitnehmers bzw. Dienstverpflichteten und des Arbeitgebers bzw. Dienstherrn darstelle.[406]

Gegen ein derartiges Optionsrecht des Arbeitgebers bzw. Dienstherrn im Urheberrecht sprechen aber vor allem die grundsätzlichen Unterschiede zwischen Urheber- und Patentrecht. Zum einen hat der persönlichkeitsrechtliche Bestandteil des Urheberrechts im Vergleich zum Patentrecht eine wesentlich größere Bedeutung und zum anderen ist die Reichweite des Patentschutzes ungleich größer als der Schutz, den das Urheberrecht gewährt.[407] Darüber hinaus beinhaltet das

404 Schmieder, Die Rechtsstellung der Urheber und künstlerischen Werkmittler im privaten und öffentlichen Dienst, GRUR 1963, 297, 299; so aber auch noch LG München I ZUM 1997, 659, 665 f.

405 Ullmann, Das urheberrechtlich geschützte Arbeitsergebnis – Verwertungsrecht und Vergütungspflicht, GRUR 1987, 6, 9

406 LG München I ZUM 1997, 659, 665

407 Rojahn in: Schricker, § 43 Rn. 101; Kraßer/Schricker, Patent- und Urheberrecht an Hochschulen, S. 104; Rehbinder, Urheberrecht, Rn. 635; Schack, Urheber- und Urhebervertragsrecht, Rn. 982

ArbNErfG für das betriebliche Erfindungswesen einen in sich geschlossenen Regelungsbereich, der insbesondere auch die Vergütung des Anbietenden regelt. Es würde daher einen Systembruch darstellen, wenn man einzelne Vorschriften aus diesem geschlossenen Regelungsbereich auf das ganz anders strukturierte Urheberrechtsgesetz übertrüge.[408] Aufgrund seines Ausnahmecharakters sind die Vorschriften des ArbNErfG darüber hinaus auch nicht analogiefähig (singularia non sunt extendenda).[409] Insbesondere spricht auch die Reglung des § 69b UrhG gegen eine Analogiefähigkeit der §§ 18, 19 ArbNErfG, da hiernach eine weitergehende urheberrechtliche Rechtsübertragung zu Gunsten des Arbeitgebers ausdrücklich nur auf Computerprogramme beschränkt ist.[410] Es fehlt somit an einer planwidrigen Regelungslücke, da im Umkehrschluss alle übrigen urheberrechtlichen Werke einen umfassenderen Schutz zu Gunsten des Urhebers erhalten sollen. Die Abschaffung des Hochschullehrerprivilegs im Patentrecht durch Änderung des § 42 ArbNErfG zum 7. Februar 2002 lässt hier keinen entsprechenden Rückschluss auf das Urheberrecht zu. Neben den bereits oben genannten Gründen ist darüber hinaus die besonders freie Stellung eines Hochschullehrers zu berücksichtigen, wonach dessen Werke freie und eigenverantwortliche ihm zustehende wissenschaftliche Leistungen sind.[411]

(2) In der schon mehrfach zitierten Entscheidung „Grabungsmateralien" leitet der BGH hingegen eine Anbietungspflicht der Erben eines verstorbenen Ordinarius aus einer fortbestehenden Treuepflicht aus dem Dienstverhältnis ab.[412] Für das Bestehen einer nachwirkenden Treuepflicht sprächen nach Ansicht des BGH die zwanzigjährige Tätigkeit des Hochschullehrers am Forschungsinstitut der Universität und der Umstand, dass die Grabungsdokumentation unter wesentlicher Mithilfe von Institutsangehörigen im Rahmen der Institutstätigkeit erstellt worden wäre.[413]

Eine Anbietungspflicht für freie Werke, die unter dem Gesichtspunkt von Treu und Glauben aufgrund eines Dienst- bzw. Arbeitsverhältnisses abgeleitet wird, kann für den klassischen Arbeitnehmer eine hinnehmbare Einschränkung

408 Ullmann, Das urheberrechtlich geschützte Arbeitsergebnis – Verwertungsrecht und Vergütungspflicht, GRUR 1987, 6, 9

409 Wandtke in: Wandtke/Bullinger, § 43 Rn. 43; Leuze, Urheberrecht der Beschäftigten im öffentlichen Dienst, S. 126

410 Dreier in: Schulze/Dreier, § 43 Rn. 25; Rojahn in: Schricker, § 43 Rn. 101

411 Rojahn in: Schricker, § 43 Rn. 131

412 BGHZ 112, 243, 257 („Grabungsmateralien") unter Berufung auf Rehbinder in: FS Hubmann, S. 359, 361 f., 367; so auch Vinck, Der Urheber im Arbeits- und arbeitnehmerähnlichen Verhältnis, RdA 1975, 162, 163 f.

413 BGHZ 112, 243, 257 („Grabungsmateralien")

des Urheberrechts sein – allerding nur für Werke, deren Nutzung in den Arbeitsbereich des Arbeitgebers fällt. Will ein Arbeitnehmer solche Werke veröffentlichen, erscheint es vertretbar, dass er unter der Vielzahl von Verwertern denjenigen vorziehen muss, von dem er Unterhalt und Daseinsvorsorge erhält.[414] Entgegen einer verbreiteten Rechtsansicht[415] kann diese Anbietungspflicht – wenn sie denn überhaupt besteht – nicht auf Hochschullehrer übertragen werden. Nach dem eindeutigen Wortlaut des § 43 UrhG verbleibt es außerhalb dessen Anwendungsbereichs beim Wettbewerb aller Urheber und Verwerter untereinander, so dass die allgemeinen Regeln des Urhebervertragsrechts gelten. Darüber hinaus gebietet vor allem die Wissenschaftsfreiheit des Art. 5 Abs. 3 Satz 1 GG und einfach gesetzlich § 12 UrhG dem Professor die Möglichkeit, das Publikationsorgan seiner Präferenz auszuwählen.[416] Eine Pflicht sein geschaffenes Werk seinem Dienstherrn anzubieten, so dass letztendlich dieser über die Verwertung entscheidet, ist nicht mit der der Wissenschaftsfreiheit innewohnenden Publikationsfreiheit vereinbar.[417]

Als ergänzende Begründung zog der BGH in der oben genannten Entscheidung die Richtlinien der DFG heran, welche das Forschungsprojekt mit erheblichen Finanzmitteln unterstützt hatte, wonach sich der Hochschullehrer verpflichtet hatte, die Arbeitsergebnisse der Allgemeinheit in geeigneter Weise zur Verfügung zu stellen. Dieses Argument geht jedoch ins Leere, besagen die Richtlinien doch nur, dass die Arbeitsergebnisse der Allgemeinheit zur Verfügung gestellt werden sollen. Dass dies aber durch den Dienstherrn zu geschehen hat, schreiben die Richtlinien eben gerade nicht vor.[418]

(3) Ein weiterer Ansatz, das Bestehen einer Anbietungspflicht des Urhebers zu Gunsten seines Dienstherrn bzw. Arbeitgebers zu begründen, stellt das Abstellen auf das arbeitsvertragliche Wettbewerbsverbot dar. Danach soll eine Anbietungspflicht möglich sein, wenn ein Arbeitnehmer ein freies Werk veröffentlichen will und dadurch in Konkurrenz zu seinem Arbeitgeber träte.[419] Das arbeitsvertragliche Wettbewerbsverbot besagt, dass jeder Vertragsteil zur Rück-

414 Rehbinder, Recht am Arbeitsergebnis, UFITA Bd. 66 (1973), 125, 137

415 Rehbinder in: FS Hubmann, S. 359, 361; von Moltke, Urheberrecht an den Werken der Wissenschaft, S. 227; für eine bestehende Anbietungspflicht des Professors nur in ganz engen Ausnahmen: Haberstumpf, Hdb. des Urheberrechts, Rn. 306

416 Rojahn in: Schricker, § 43 Rn. 101; Leuze, Urheberrecht der Beschäftigten im öffentlichen Dienst, S. 126; Schricker, Das Recht des Hochschullehrers an seinen wissenschaftlichen Papieren, S. 243

417 Vgl. S. 99 ff.

418 Schricker in: FS Lorenz, S. 233, 237

419 Schack, Urheber- und Urhebervertragsrecht, Rn. 982

sicht auf die Rechte, Rechtsgüter und Interessen des anderen Teils verpflichtet ist.[420] Die ständige arbeitsgerichtliche Rechtsprechung wendet die zu § 60 Abs. 1 HGB entwickelten Grundsätze über den Kreis der Handlungsgehilfen hinaus auf alle Beschäftigten an, wobei sie sich nicht ausdrücklich auf § 60 HGB analog beruft, sondern entsprechende Grundsätze aus §§ 241, 242 BGB herleitet.[421] Im Ergebnis untersagt das arbeitsrechtliche Wettbewerbsverbot solche Betätigungen, durch die der Arbeitnehmer als Wettbewerber zu seinem Arbeitgeber am Markt auftritt.[422]

Es ist zwar höchstgerichtlich anerkannt, dass dem Gläubiger in einer dienstvertraglichen Beziehung ein vorbeugender Unterlassungsanspruch gegen eine drohende Verletzung einer Vertragspflicht auch dann zustehen kann, wenn es sich nur um eine Nebenpflicht handelt.[423] Für urheberrechtliche Werke folgt daraus aber nur, dass der Arbeitnehmerurheber das Werk nicht an Dritte lizenzieren bzw. es nicht selbst verwerten darf. Daraus folgt jedoch nicht, dass er verpflichtet wäre, seinem Arbeitgeber Nutzungsrechte daran einzuräumen.[424] Erst für den Fall, dass der Arbeitnehmer das Werk selbst öffentlich verwertet oder Dritten diese Möglichkeit einräumt, träte er zu seinem Arbeitgeber in Konkurrenz. Bei Verstoß gegen das arbeitsvertragliche Wettbewerbsverbot sind die Geschäfte des Arbeitnehmers aber trotzdem wirksam, da er nur einer schuldrechtlichen Verpflichtung zuwiderhandelt.[425] Die Annahme einer Anbietungspflicht zu Gunsten des Arbeitgebers kann zumindest im Ergebnis den angenommenen Schutzzweck nicht erreichen, wenn der Arbeitnehmer das Werk bereits an Dritte lizenziert hat, da der Arbeitgeber diesen Lizenzvertrag nicht beseitigen könnte und somit ein Interesse an der eigenen Verwertung nicht gegeben sein wird. Auch sieht die gesetzliche Folge eines Verstoßes gegen das Wettbewerbsverbot nicht ein derartiges Optionsrecht des Arbeitgebers vor. Der Arbeitgeber kann nur Unterlassung der Tätigkeit verlangen, soweit weitere Verstöße zu erwarten sind, den Arbeitnehmer u.U. ordentlich oder außerordentlich kündigen, Schadensersatz bzw. Auskunft über das wettbewerbswidrige Geschäft verlangen oder anstelle des Arbeitnehmers in dessen Geschäft eintreten.[426] Bei der Reichweite des Wettbe-

420 BAGE 119, 294, 297; Vogelsang in: ArbRHdb, § 54 Rn. 1

421 stRspr BAG DB 1970, 497, 498 ff.; BAGE 124, 133, 137 f.

422 BAG NZA 2010, 693, 694; Diller in: HWK, § 60 HGB Rn. 20; Vogelsang in ArbRHdb, § 54 Rn. 13

423 BGH NJW 1995, 1284, 1285

424 Bayreuther, Zum Verhältnis zwischen Arbeits-, Urheber- und Arbeitnehmererfindungsrecht – Unter besonderer Berücksichtigung der Sondervergütungsansprüche des angestellten Softwareerstellers, GRUR 2003, 570, 578

425 Oetker in: ErfK,§ 61 HGB Rn. 1 (kein Verbotsgesetz im Sinne des § 134 BGB)

426 Oetker in: ErfK,§ 61 HGB Rn. 1; von Hoyningen-Huene in: MünchKommHGB, § 60 Rn. 56 ff u. § 61, Rn. 2 f..; Grunsky, Wettbewerbsverbote für Arbeitnehmer, S. 31ff.

werbsverbots ist jedoch in jedem Fall die verfassungsrechtlich geschützte Berufsfreiheit des Arbeitnehmers zu berücksichtigen, so dass lediglich aufgrund einer Einzelfallabwägung festzustellen ist, ob nach Art der Tätigkeit überhaupt eine Gefährdung bzw. Beeinträchtigung der Interessen des Arbeitgebers vorliegt.[427]

Im Ergebnis besteht somit auch in Ausnahmefällen bei freien Werken im Sinne des Urheberrechtsgesetzes keine Anbietungspflicht des Wissenschaftlers zu Gunsten seines Arbeitgebers oder Dienstherrn. Der Wissenschaftler selbst entscheidet demnach über eine Open-Access-Veröffentlichung seiner gewonnenen Ergebnisse.

## B. Zusammenfassung

Zusammenfassend ist festzuhalten, dass die Open-Access-Idee im deutschen Urheberrecht allgemein eine ausreichende Rechtsgrundlage finden kann, obwohl sie nicht explizit erwähnt wird. Die Streichung des § 31 Abs. 4 UrhG im Zweiten Korb hatte zur Konsequenz, dass Verlagen nach § 137l Abs. 1 UrhG mit Ablauf der Widerspruchsfrist das Recht zur Online-Verwertung für Werke, für die zwischen 1966 und Ende 1994 ein Buy-Out-Verlagsvertrag geschlossen wurde, mit Ablauf des Jahres 2008 automatisch zufielen.

Von besonderer urheberrechtlicher Bedeutung im Wissenschaftsbereich sind wissenschaftliche Sprachwerke nach § 2 Abs. 1 Nr. 1 UrhG und Darstellungen wissenschaftlicher Art gemäß § 2 Abs. 1 Nr. 7 UrhG, wobei an deren Gestaltungshöhe keine besonderen Anforderungen zu stellen sind, da nach dem gesetzgeberischen Willen auch die „kleine Münze" urheberrechtlichen Schutz genießt. Urheber dieser schöpferischen Leistungen bleiben die Werkschaffenden. Nur mittels Lizenzvereinbarungen können sie über die Nutzungsrechte an den jeweiligen Werken verfügen und somit Dritten u.U. auch die kostenlose Nutzungsmöglichkeit einräumen. Da viele Wissenschaftler in einem Angestelltenverhältnis stehen, stellt § 43 UrhG zu diesem Grundsatz eine gewichtige Ausnahme dar. Der Arbeitnehmer bzw. Dienstverpflichtete räumt hiernach grundsätzlich seinem Arbeitgeber bzw. Dienstherrn die Befugnis ein, über die Nutzungsrechte an den jeweiligen urheberrechtlich geschützten Werken zu entscheiden, insbesondere ob eine Veröffentlichung nach Open-Access-Maßstäben erfolgt. Der Anwendungsbereich des § 43 UrhG ist jedoch bei wissenschaftlichen Werken von Hochschullehrern, zuweilen auch von anderen Hochschulmitarbeitern, nicht eröffnet,

427 BAG NZA 2010, 693, 694; von Hoyningen-Huene in: MünchKommHGB, § 60 Rn. 47; Grunsky, Wettbewerbsverbote für Arbeitnehmer, S. 12

soweit es sich um urheberrechtlich freie Werke handelt. Einer Anbietungspflicht zu Gunsten des Arbeitgebers bzw. Dienstherrn unterliegen diese Werke nicht, so dass Hochschulurheber selbst über die bestmögliche Veröffentlichung entscheiden können. Zwar ist auch für den angestellten leitenden Wissenschaftler einer außeruniversitären Forschungseinrichtung der Schutzbereich der Wissenschaftsfreiheit eröffnet. Jedoch findet i.d.R. eine Übertragung der Nutzungsrechte an seinen urheberrechtlich geschützten Werken nach § 43 UrhG statt, soweit die Schaffung dieser Werke zu seinen speziellen Aufgaben bzw. dem Aufgabenbereich der jeweiligen außeruniversitären Forschungseinrichtung gehört. Im Gegensatz zur Tätigkeit von Hochschullehrern ist die Forschung leitender Wissenschaftler an außeruniversitären Forschungseinrichtungen nicht zweckfrei.

# 4. Kapitel: Förderung der Open-Access-Idee unter verfassungsrechtlicher Beurteilung

## A. Vorschläge einer gesetzlichen Implementierung des Open-Access-Gedankens im Urheberrechtsgesetz

### I. Hintergrund der Diskussion

Die Berliner Erklärung im Jahr 2003 setzte ein Signal dahin, über die bloße Forderung nach Open-Access-Veröffentlichungen hinaus, die aktive Förderung dieses Gedankens voranzutreiben. Nach einer Akzeptanzstudie der DFG hat das Open-Access-Prinzip zwar eine breite Zustimmung durch alle Wissenschaftsbereiche hindurch (74 % der Materialwissenschaftler, 81 % der Geistes- und Sozialwissenschaftler, 84 % der Natur- und 88 % der Lebenswissenschaftler),[428] jedoch haben in Deutschland nur ca. 15 Prozent der Wissenschaftler ihre Beiträge bereits Open Access veröffentlicht.[429] Gewisse Erfolge des Open Access zeigen sich vor allem in den Naturwissenschaften, wo hingegen im Bereich der Geisteswissenschaften Open-Access-Publikationen aktuell fast nicht zu finden sind.

Aufgrund dieser Diskrepanz zwischen allgemeiner Zustimmung und tatsächlich geübter Praxis traten daher vor Inkrafttreten des Zweiten Urheberrechtskorbes im Jahr 2007 erstmals Fürsprecher des Open-Access-Prinzips aktiv in Erscheinung und forderten einen entgeltfreien Zugang zu öffentlich finanzierter wissenschaftlicher Information im Urheberrecht zu implementieren. Im Rahmen dieser Diskussion wurden verschiedene Gesetzesänderungen erwogen. Vor allem der Bundesrat machte sich für einen Paradigmenwechsel im Bereich wissenschaftlicher Veröffentlichungen an Hochschulen und Forschungseinrichtungen stark, um einen möglichst freien Zugang zu wissenschaftlichen Informationen zu

---

428 Vgl. Fournier, Akzeptanz und Verbreitung entgeltfrei zugänglicher Publikation in: Open Access– Chancen und Herausforderungen – ein Hdb. der deutschen UNESCO-Kommission, S. 66

429 Stellungnahme des Verbraucherzentrale Bundesverbandes v. 15. Juni 2009 zum Fragebogen des Bundesministeriums der Justiz betreffs Prüfung weiteren gesetzgeberischen Handlungsbedarfs im Bereich des Urheberrechts, S. 15, abrufbar unter: http://www.vzbv.de/mediapics/stn_fragebogen_bmj_handlungsbedarf_urheberrecht_06_2009.pdf (14.01.2012)

schaffen und schlug eine gesetzliche Open-Access-Regelung vor.[430] Auch die Kultusministerkonferenz der Länder der Bundesrepublik Deutschland (KMK) hat einen eigenen Reformvorschlag in die rechtspolitische Debatte um Open Access eingebracht.[431]

Vorab wird in einem ersten Schritt die aktuelle Rechtslage dar- und die diskutierten Gesetzesänderungen zu Gunsten von Open Access vorgestellt. Anschließend werden in einem zweiten Schritt diese Änderungsvorschläge einer verfassungsrechtlichen Kontrolle unterzogen.

## II. Gesetzliche Regelungen

### 1. Bisherige Rechtslage – de lege lata

Nach aktueller Rechtslage findet das Open-Access-Prinzip zwar eine rechtliche Grundlage im deutschen Urheberrecht, explizite gesetzliche Regelungen sind dem Urheberrecht in der aktuellen Fassung jedoch fremd, da weder § 52a UrhG, § 52b UrhG noch § 53a UrhG die Open-Access-Idee ausreichend aufnehmen.

Bereits im Ersten Korb wurde zeitlich befristet § 52a UrhG eingeführt, der die öffentliche Zugänglichmachung für Unterricht und Forschung regelt.[432] Nach dieser Vorschrift ist es u.a. zulässig, veröffentlichte kleine Teile eines Werkes, Werke geringen Umfangs sowie einzelne Beiträge aus Zeitungen oder Zeitschriften zur Veranschaulichung im Unterricht an Schulen, Hochschulen, nichtgewerblichen Einrichtungen der Aus- und Weiterbildung sowie an Einrichtungen der Berufsbildung ausschließlich für den bestimmt abgegrenzten Kreis von Unterrichtsteilnehmern oder veröffentlichte Teile eines Werkes, Werke geringen Umfangs sowie einzelne Beiträge aus Zeitungen oder Zeitschriften ausschließlich für einen bestimmt abgegrenzten Kreis von Personen für deren eigene wissenschaftliche Forschung öffentlich zugänglich zu machen, soweit dies zu dem jeweiligen Zweck geboten und zur Verfolgung nicht kommerzieller Zwecke gerechtfertigt ist. Der Online-Zugang zu wissenschaftlicher Information ist somit an enge Voraussetzungen und insbesondere an bestimmte Zielgruppen gebunden. Eine allgemeine Informationszugänglichkeit bleibt der Öffentlichkeit verwehrt. Zusätzlich haben die privilegierten Adressaten der Vorschrift nach § 52a Abs. 4 Satz 1 UrhG eine angemessene Vergütung zu entrichten. Eine unentgeltliche

430 Stellungnahme des Bundesrates zum Gesetzentwurf zur Regelung des Urheberrechts in der Informationsgesellschaft, BRDrucks 257/06, S. 7

431 Stellungnahme des Kultusministerkonferenz v. 11. November 2004 zum Gesetzentwurf zur Regelung des Urheberrechts in der Informationsgesellschaft, S. 9 ff.

432 Nach § 137k UrhG endet die Geltung des § 52a UrhG am 31.12.2012.

globale Zurverfügungstellung von Wissenschaftsinformationen, wie von der Open-Access-Bewegung gefordert, beinhaltet diese Norm somit nicht.

Auch im Zweiten Korb wurden trotz vorheriger Debatte keine speziellen Regelungen zu Gunsten von Open Access aufgenommen. Die neuen Schrankenregelungen der §§ 52b, 53a UrhG stellen keine Kodifizierung der Open-Access-Idee dar. § 52b UrhG gestattet zwar die Wiedergabe von Werken an elektronischen Leseplätzen, jedoch handelt es sich hierbei um eine sehr eingeschränkte öffentliche Zugänglichmachung, da die Zugangsmöglichkeit auf elektronische Leseplätze in öffentlichen Bibliotheken, Museen oder Archiven und den Bestand der jeweiligen Institution begrenzt ist.[433] Auch wird kein globaler Zugang zu Wissenschaftsinformationen gewährt, sondern der Interessierte muss die in den Institutionen eigens eingerichteten elektronischen Leseplätze, sog. On-the-Spot-Consultation, körperlich aufsuchen.[434] § 52b UrhG erlaubt darüber hinaus, nicht-digitale Versionen veröffentlichter Werke an elektronischen Leseplätzen in öffentlichen Bibliotheken auszudrucken oder auf einen externen Datenträger zu vervielfältigen und/oder solche Vervielfältigungen aus den Räumen der Bibliothek mit zunehmen.[435] § 53a Abs. 1 UrhG regelt den Kopienversand auf Bestellung durch öffentliche Bibliotheken, wobei eine Übermittlung des Schriftwerkes in elektronischer Form gestattet ist. Die elektronische Übermittlungsform tritt jedoch nur an Stelle der Einzelübermittlung im Wege des Post- oder Faxversandes, d.h. nur als grafische Datei (Faksimile) und in nicht digitalisiertem Zustand.[436] Eine elektronische Übermittlung wissenschaftlicher Information durch öffentliche Bibliotheken ist aber schon dann ausgeschlossen, wenn Verlage den entsprechenden Artikel zu angemessenen Konditionen im Internet zum Download anbieten.[437]

Eine extensive Auslegung der bestehenden Schrankenregelungen bzw. eine analoge Anwendung zu Gunsten von Open Access ist nach Rechtsprechung[438] und wissenschaftlicher Literatur[439] ausgeschlossen, da es sich hier um Ausnahmetatbestände handelt, die nur in den engen gesetzlichen Grenzen von dem grundsätzlichen Zustimmungserfordernis des Berechtigen abweichen (dürfen).

---

433 Gesetzentwurf der Bundesregierung zur Regelung des Urheberrechts in der Informationsgesellschaft, BTDrucks 16/1828, S. 26

434 Heckmann/Weber, Open Access in der Informationsgesellschaft – § 38 UrhG de lege ferenda, GRUR Int 2006, 995, 996

435 OLG Frankfurt a. M. GRUR-RR 2010, 1, 3 f. („Elektronische Leseplätze")

436 Gesetzentwurf der Bundesregierung zur Regelung des Urheberrechts in der Informationsgesellschaft, BTDrucks 16/1828, S. 27

437 Gesetzentwurf der Bundesregierung zur Regelung des Urheberrechts in der Informationsgesellschaft, BTDrucks 16/1828, S. 27

438 EuGH GRUR 2009, 1041, 1045 („Infopaq"); BGHZ 134, 250, 263 f („CB-Infobank I")

439 Nicolini in: Möhring/Nicolini, § 45 Rn. 2; Lüft in: Wandtke/Bullinger, § Vor §§ 44a Rn. 1

Das Urheberrechtsgesetz ist zwar an das digitale Zeitalter angepasst worden, jedoch fehlen Vorschriften, die die Open-Access-Idee explizit aufnehmen. Der rechtswissenschaftlichen Debatte mangelt es hingegen nicht an Gesetzesvorschlägen, das Open-Access-Paradigma zu kodifizieren. Am 20.10.2009 wurde eine Petition mit dem Thema: Wissenschaft und Forschung – Kostenloser Erwerb wissenschaftlicher Publikationen im Petitionsausschuss des Deutschen Bundestages eingereicht. Demnach soll der Deutsche Bundestag beschließen, „dass wissenschaftliche Publikationen, die aus öffentlich geförderter Forschung hervorgehen, allen Bürgern kostenfrei zugänglich sein müssen. Institutionen, die staatliche Forschungsgelder autonom verwalten, soll der Bundestag auffordern, entsprechende Vorschriften zu erlassen und die technischen Voraussetzungen zu schaffen."[440] Seit 07.07.2011 ist das Prüfungsverfahren abgeschlossen. Der Deutsche Bundestag hat die Petition beraten und entsprechend der Beschlussempfehlung des Petitionsausschusses[441] beschlossen, die Petition dem Bundesministerium für Bildung und Forschung und dem Bundesministerium der Justiz sowie den Fraktionen des Deutschen Bundestages zur Kenntnis zu gegeben. Im Laufe des Petitionsverfahrens haben fast 24.000 Personen das Anliegen unterstützt.

Darüber hinaus verständigten sich im Koalitionsvertrag vom 26.10.2009 die Partner CDU, CSU und FDP, dass die Arbeit zur Regelung eines Dritten Korbes zum Urheberrecht zügig aufgenommen wird.[442] Mit Antrag vom 29.06.2011 begehrten Abgeordnete und die Fraktion DIE LINKE, dass der Deutsche Bundestag beschließe, die Bundesregierung aufzufordern eine umfassende Modernisierung des Urheberrechts vorzunehmen, da das geltende Urheberrecht nicht mit der voranschreitenden Digitalisierung in Einklang zu bringen sei.[443] Im Rahmen dieser Modernisierung sollen Maßnahmen zur Sicherung eines ungehinderten Informations- und Wissenszugangs, insbesondere durch Open Access ergriffen werden.[444] Auch im Koalitionsvertrag zwischen BÜNDNIS 90/DIE GRÜNEN und der SPD Baden-Württemberg vom 09.05.2011 nimmt das Thema „Leistungsfähige Informationsstruktur und Open Access" einen eigenen Punkt ein, in dem die Partner vereinbaren, gemeinsam mit den Hochschulen und Universitätsbibliotheken Baden-Württembergs eine Open-Access-Strategie zu entwickeln,

---

440 Abrufbar unter: https://epetitionen.bundestag.de/index.php?action=petition; sa=details;petition =7922 (14.01.2012)

441 BTDrucks 17/6323, S. 2

442 Koalitionsvertrag „Wachstum. Bildung. Zusammenhalt." der 17. Legislaturperiode zwischen CDU, CSU und FDP v. 26.10.2009, S. 103 f.

443 Antrag der Abgeordneten Sitte, Wawzyniak, Alpers, Behrens, Gohlke, Hein, Jochimsen, Senger-Schäfer und der Fraktion DIE LINKE, BTDrucks 17/6341, S. 1 u. 3

444 Antrag der Abgeordneten Sitte, Wawzyniak, Alpers, Behrens, Gohlke, Hein, Jochimsen, Senger-Schäfer und der Fraktion DIE LINKE, BTDrucks 17/6341, S. 3

um alle durch das Land beauftragten Forschungsergebnisse der Öffentlichkeit frei zugänglich machen zu können.[445]

Es bleibt abzuwarten, ob durch diesen neuerlichen Vorstoß eine gesetzliche Implementierung des Open-Access-Gedankens vorangetrieben und in diesem Rahmen eine der im Folgenden erörterten Gesetzesvorschläge Berücksichtigung finden wird.

## 2. Gesetzesänderungen – de lege ferenda

Es gibt theoretisch verschiedene Ansatzpunkte, um das Open-Access-Paradigma zu forcieren und gesetzlich zu verankern. Aufgrund seiner sachlichen Nähe zum Urheberrecht, erscheint eine Implementierung von Open-Access-Regelungen im Urheberrechtsgesetz als sachgerecht.

### *a) Zwangslizenz*

Denkbar ist eine gesetzliche Regelung über eine Zwangslizenz, wonach jeder ausschließliche Rechteinhaber verpflichtet ist, nach einer noch zu bestimmenden zeitlichen Frist nach der Erstveröffentlichung jedermann ein unbeschränktes einfaches Nutzungsrecht an Werken im Sinne des § 2 Abs. 1 Nr. 1 UrhG einzuräumen, wenn das jeweilige Werk überwiegend mit Hilfe öffentlicher Mittel entstanden ist.[446] Eine Zwangslizenz im Urheberrecht bedeutet, dass im Zweifel das Werk des Urhebers auch gegen seinen Willen verwertet werden kann.[447] Es besteht ein gesetzlicher Kontrahierungszwang zu Lasten des Rechteinhabers auf Einräumung eines einfachen Nutzungsrechts an Interessierte zu angemessenen Konditionen.[448] Zwangslizenzen sind dem Urheberrechtsgesetz nicht fremd.[449] Beispielsweise ist nach § 42a Abs. 1 Satz 1 UrhG der Urheber verpflichtet, wenn er einem Hersteller von Tonträgern ein Nutzungsrecht an einem Werk der Musik (§ 2 Abs. 1 Nr. 2 UrhG) eingeräumt hat, mit dem Inhalt, das Werk zu gewerblichen Zwecken auf Tonträger zu übertragen und diese zu vervielfältigen und zu verbreiten, jedem anderen Hersteller von Tonträgern nach Erscheinen des Werkes gleichfalls ein Nutzungsrecht mit diesem Inhalt zu angemessenen Bedingun-

445 Koalitionsvertrag „Der Wechsel beginnt." zwischen BÜNDNIS 90/DIE GRÜNEN u. der SPD Baden-Württemberg v. 09.05.2011, S. 14

446 Hansen, Zugang zu wissenschaftlicher Information – alternative urheberrechtliche Ansätze, GRUR Int 2005, 378, 383

447 Bullinger in: Wandtke/Bullinger, § 42a Rn. 22

448 Rehbinder, UrhG, Rn. 82

449 Eine weitere Zwangslizenz beinhaltet § 5 Abs. 3 Satz 2 und 3 UrhG zu Gunsten von Verlegern bei privaten Normwerken.

gen einzuräumen. Hintergrund dieser Regelung sind wettbewerbspolitische Überlegungen, insbesondere Monopolisierungen im Bereich der Musikindustrie zu verhindern.[450]

Damit Open Access den Voraussetzungen der Berliner Erklärung entspricht, müsste Nutzern aber unentgeltlich gestattet sein, das Werk zu nutzen, zu verbreiten, zu übertragen, zu kopieren und öffentlich wiederzugeben sowie Bearbeitungen davon zu erstellen und zu verbreiten. Die Reichweite einer derartigen Rechtseinräumung ließe sich mittels entsprechender Zwangslizenzvereinbarungen dem Grunde nach regeln. Zu erörtern ist allerdings die Frage der Unentgeltlichkeit der Information. Zwangslizenzen im Urheberecht enthalten regelmäßig Vergütungsklauseln (§§ 42a Abs. 1 Satz 1, 5 Abs. 3 Satz 2, 87 Abs. 5 Satz 1 UrhG), wonach der Rechteinhaber zur Einräumung von Nutzungsrechten nur zu angemessenen Bedingungen verpflichtet ist. Eine Zwangslizenz im Urheberecht bedeutet zwar, dass bestimmte Verbotsrechte des Rechteinhabers eingeschränkt werden, nicht aber seine Befugnis, über die Gegenleistung der erzwingbaren Nutzungsrechtseinräumung zu verhandeln.[451] Nach vorherrschender Rechtsansicht gewähren Zwangslizenzen kein automatisches Nutzungsrecht eines Dritten, sondern es muss ggf. auf Nutzungsrechtseinräumung geklagt werden.[452]

Können sich Rechteinhaber und der Lizenznehmer nicht über die Höhe der Zwangslizenz einigen, so hat über deren Höhe das Gericht nach § 287 Abs. 2 ZPO zu entscheiden, und die Verpflichtung zur Rechtseinräumung kann vom Richter durchgesetzt werden.[453]

#### *b) Anbietungspflicht, § 43 Abs. 2 UrhG-E*

Im Rahmen der Debatte um den Zweiten Korb hat die KMK auf den Vorschlag von Pflüger/Ertmann[454] zur Änderung des § 43 UrhG rekurriert. Die KMK stellte zum Entwurf von Pflüger/Ertmann jedoch klar, dass der Hochschule oder Forschungseinrichtung nur ein einfaches Nutzungsrecht an den Werken eingeräumt

---

450 Hilty, Renaissance der Zwangslizenz im Urheberrecht? – Gedanken zu Ungereimtheiten auf der urheberrechtlichen Wertschöpfungskette, GRUR 2009, 633, 642

451 Hilty, Renaissance der Zwangslizenz im Urheberrecht? – Gedanken zu Ungereimtheiten auf der urheberrechtlichen Wertschöpfungskette, GRUR 2009, 633, 639

452 Jan Bernd Nordemann in: Fromm/Nordemann, Vor §§ 31 ff. Rn. 89

453 Rehbinder, UrhG, Rn. 603

454 Pflüger/Ertmann, E-Publishing und Open Access – Konsequenzen für das Urheberrecht im Hochschulbereich, ZUM 2004, 436, 441 f.

werden soll.[455] Ihrer Meinung nach wäre der aktuelle § 43 UrhG um folgenden Absatz 2 zu ergänzen:

> *Den Hochschulen und Forschungseinrichtungen steht an den von ihren Beschäftigten im Rahmen ihrer Lehr- und Forschungstätigkeit entstandenen und zur Veröffentlichung vorgesehenen wissenschaftlichen Werken ein nicht ausschließliches Nutzungsrecht zu. Die Beschäftigten sind verpflichtet, der Hochschule oder Forschungseinrichtung die Absicht zur Veröffentlichung unverzüglich anzuzeigen und sie in digitaler Form zur Verfügung zu stellen.*

Ähnlich § 42 ArbNErfG möchte man durch § 43 Abs. 2 UrhG-E Wissenschaftsautoren, die in einem Beschäftigungsverhältnis zu einer Hochschule oder öffentlich geförderten Forschungseinrichtung stehen, verpflichten, der Universität oder Forschungseinrichtung an ihren Werken im Sinne des § 2 Abs. 1 Nr. 1 UrhG ein einfaches Nutzungsrecht einzuräumen. Pflüger/Ertmann schlagen vor, der Hochschule oder Forschungseinrichtung hierzu eine zeitlich befristete Option von zwei Monaten zu gewähren, binnen derer das Zugriffsrecht ausgeübt werden kann.[456] Nach Ablauf dieser Optionsfrist sollen dem Urheber die Verwertungsrechte wieder uneingeschränkt zur Verfügung stehen. Ziel dieser Neuregelung ist eine obligatorische Zweitveröffentlichung von Wissenschaftsartikeln in einem Universitätsverlag oder -repositorium entsprechend der Open-Access-Idee.

Nach Meinung der KMK und Pflüger/Ertmann handele es sich bei § 43 Abs. 2 UrhG-E lediglich um eine deklaratorische Klarstellung der bisherigen Rechtslage, da der BGH in der Entscheidung „Grabungsmateralien“ eine Anbietungspflicht des Urhebers zu Gunsten der Hochschule dem Grundsatz nach bestätigt haben soll. Die vom BGH in diesem Fall konstruierte Anbietungspflicht ist jedoch nicht generell auf in Hochschulen oder Forschungsinstituten Beschäftigte übertragbar.[457] Ein allgemeiner Rückschluss ist daher nicht möglich, so dass § 43 Abs. 2 UrhG-E nicht deklaratorischen, sondern konstitutiven Charakter besäße.

### *c) Zweitveröffentlichungsrecht, § 38 Abs. 1 Satz 3 UrhG-E*

Ein weiterer Änderungsentwurf innerhalb der Diskussion zum Zweiten Korb kam vom Bundesrat, der sich dem Vorschlag von Hansen, zu dieser Zeit Stipendiat am Max-Planck-Institut für Geistiges Eigentum, Wettbewerbs- und Steuer-

455 Pflüger/Ertmann, E-Publishing und Open Access – Konsequenzen für das Urheberrecht im Hochschulbereich, ZUM 2004, 436, 441 f., ließen noch offen, ob das Werk exklusiv angeboten werden soll.

456 Pflüger/Ertmann, E-Publishing und Open Access – Konsequenzen für das Urheberrecht im Hochschulbereich, ZUM 2004, 436, 442

457 Vgl. S. 109 f.

recht in München,[458] anschloss, Urhebern ein unabdingbares Zweitveröffentlichungsrecht nach einer Karenzzeit von sechs Monaten einzuräumen. Nach Hansen sei § 38 Abs. 1 UrhG um folgenden Satz 3 zu ergänzen:

*An wissenschaftlichen Beiträgen, die im Rahmen einer überwiegend mit öffentlichen Mitteln finanzierten Lehr- und Forschungstätigkeit entstanden sind und in Periodika erscheinen, hat der Urheber auch bei Einräumung eines ausschließlichen Nutzungsrechts das Recht, den Beitrag nach Ablauf von sechs Monaten seit Erstveröffentlichung anderweitig öffentlich zugänglich zu machen, soweit dies zur Verfolgung nicht kommerzieller Zwecke gerechtfertigt ist.*

In seiner ansonsten wortlautgleichen Ausführung fordert der Bundesrat zusätzlich, dass die Zweitveröffentlichung nicht in der Formatierung der Erstveröffentlichung erfolgt und zur Klarstellung in einem Satz 4, dass dieses Recht nicht abbedungen werden kann.[459] Auch die Fraktion DIE LINKE befürwortet im Rahmen ihres Antrages bezüglich einer umfassenden Überarbeitung des Urheberrechtsgesetzes die Einführung eines unabdingbaren Zweitverwertungsrechts für wissenschaftliche Autoren, um den freien Zugang zu Wissen sicherzustellen ohne eine konkrete gesetzliche Lösung zu erarbeiten.[460] Nach Ansicht der SPD-Fraktion erfordert der Fortschritt der Wissenschaft einen freien Austausch von Informationen in der Wissenschaft und Forschung, wobei die Lösung die Einführung eines unabdingbaren Zweitverwertungsrechts sein soll.[461] In ausdrücklicher Anlehnung an die Stellungnahme des Bundesrates präferiert die Fraktion folgende Lösung als § 38a UrhG-E:

*An wissenschaftlichen Beiträgen, die im Rahmen einer mindestens zur Hälfte mit öffentlichen Mitteln finanzierten Lehr- und Forschungstätigkeit entstanden sind und in Periodika oder Sammelwerken nach § 38 Absatz 2 erscheinen, hat der Urheber auch bei Einräumung eines ausschließlichen Nutzungsrechts das Recht, den Inhalt längstens nach Ablauf von sechs Monaten bei Periodika und von zwölf Monaten bei Sammelwerken seit der Erstveröffentlichung anderweitig nicht kommerziell öffentlich zugänglich zu machen. Die Zweitveröffentlichung ist in der Formatierung der Erstveröffentlichung zulässig; die Quelle der Erstveröffentlichung ist anzugeben. Ein dem Verleger eingeräumtes ausschließliches Nutzungsrecht bleibt im Übrigen unberührt. Eine zum Nachteil des Urhebers abweichende Vereinbarung ist unwirksam.*

Eine Beschränkung auf eine andere Formatierung als die Erstveröffentlichung hält die SPD-Fraktion für entbehrlich, da insbesondere die Zweitveröffentlichung

458 Hansen, Zugang zu wissenschaftlicher Information – alternative urheberrechtliche Ansätze, GRUR Int 2005, 378, 387

459 Stellungnahme des Bundesrates zum Gesetzentwurf zur Regelung des Urheberrechts in der Informationsgesellschaft, BRDrucks 257/06, S. 6

460 Antrag der Abgeordneten Sitte, Wawzyniak, Alpers, Behrens, Gohlke, Hein, Jochimsen, Senger-Schäfer und der Fraktion DIE LINKE, BTDrucks 17/6341, S. 3

461 Gesetzentwurf der Fraktion der SPD, BT-Drucks 17/2011, S.1 f.

ihre Zitierfähigkeit verlöre, was sie im Ergebnis als wertlos erscheinen ließe.[462] Als Ausgleich sei aber die Quelle der Erstveröffentlichung zu nennen.

Nach § 38 Abs. 1 Satz 3 UrhG-E bzw. § 38a UrhG-E[463] unterläge der Ausschließlichkeitscharakter bei Einräumung eines ausschließlichen Nutzungsrechtes einer nicht abdingbaren zeitlichen Befristung von sechs bzw. zwölf Monaten, so dass sich nach Ablauf der Frist das ausschließliche Nutzungsrecht insoweit[464] in ein einfaches Nutzungsrecht umwandelt. Mangels entgegenstehender Verlagsrechte hätte der Urheber nunmehr die Möglichkeit sein Werk nochmals (nach Open-Access-Grundsätzen) zu veröffentlichen. Eine Pflicht des Urhebers von seinem Recht zur Zweitveröffentlichung Gebrauch zu machen, könnte sich dann ggf. aus arbeits- oder dienstvertraglichen Bestimmungen ergeben.[465] § 38 Abs. 1 Satz 3 UrhG-E wurde auch vom Bundesministerium für Justiz (BMJ) im Fragekatalog zur Prüfung weiteren gesetzgeberischen Handlungsbedarfes im Bereich des Urheberrechts vom 13. Februar 2009 aufgenommen, um hierzu Stellungnahmen betroffener Kreise zu erhalten.[466]

### *d) Schrankenregelung, § 52c UrhG-E*

Der Zugang zu öffentlich finanzierten wissenschaftlichen Informationen muss nicht zwingend von der Angebotsseite geregelt, sondern kann auch durch urheberrechtliche Schrankenregelungen sichergestellt werden. Gesetzessystematisch müsste diese Schranke entweder als zusätzlicher Absatz 5 in § 52a UrhG oder der Übersichtlichkeit halber als eigenständiger § 52c UrhG-E niedergelegt werden und wie folgt lauten:[467]

> *§ 52c UrhG-E Öffentliche Zugänglichmachung öffentlich finanzierter Lehre und Forschung*
>
> *(1) Zulässig ist es, Werke im Sinne von § 2 Abs. 1 Nr. 1, die im Rahmen einer überwiegend mit öffentlichen Mitteln finanzierten Lehr- und Forschungstätigkeit entstanden sind und in Periodika erscheinen, sechs Monate nach ihrer Erstveröffentlichung zur Informationsteilhabe der Allgemeinheit öffentlich zugänglich zu machen, soweit dies zur Verfolgung nicht kommerziel-*

462 Gesetzentwurf der Fraktion der SPD, BT-Drucks 17/2011, S. 4 f.

463 Im Folgenden wird aus Gründen der Einfachheit ausschließlich von § 38 Abs. 1 Satz 3 UrhG-E gesprochen, wobei im Vergleich zu § 38a UrhG-E keine unterschiedliche rechtliche Bewertung erfolgt.

464 § 38a Satz 3 UrhG-E stellt ausdrücklich klar, dass im Übrigen ein etwaiges ausschließliches Nutzungsrecht eines Verleger unberührt bleibt.

465 Dorschel, Open Access und Urheberrecht: Open Source in neuem Gewand?, S. 242

466 In diesem Fall handelt es sich ausnahmsweise tatsächlich ausschließlich um § 38 Abs. 1 Satz 3 UrhG-E, da § 38a UrhG-E zeitlich später erfolgte.

467 Hansen, Zugang zu wissenschaftlicher Information – alternative urheberrechtliche Ansätze, GRUR Int 2005, 378, 384

*ler Zwecke gerechtfertigt ist. Für die Zugänglichmachung ist eine angemessene Vergütung zu zahlen. Der Anspruch kann nur durch eine Verwertungsgesellschaft geltend gemacht werden.*

*(2) Der Urheber kann die öffentliche Zugänglichmachung verbieten, wenn das Werk seiner Überzeugung nicht mehr entspricht, ihm deshalb die Verwertung des Werkes nicht mehr zugemutet werden kann und er ein etwa bestehendes Nutzungsrecht aus diesem Grunde zurückgerufen hat (§ 42).*

Anzumerken ist, dass es sich bei diesem „de-lege-ferenda"-Vorschlag jedoch nicht um eine Kodifizierung des Open-Access-Gedankens im Sinne der BBB-Definition handelt, da der Zugriff auf die Publikationen nicht unentgeltlich erfolgen würde, sondern eine angemessene Vergütung zu entrichten wäre. Da jedoch dieser Vorschlag auch im Rahmen des Open Access diskutiert wird, wird er im Folgenden Berücksichtigung finden.

## B. Verfassungsmäßigkeit der „de lege ferenda"-Vorschläge

Die geschilderten Änderungsvorschläge beabsichtigen primär den Zugang zu öffentlich finanzierter Wissenschaftsinformation für jedermann, haben jedoch weitere darüber hinausgehende Rechtsfolgen. Vor allem Autoren als Urheber der wissenschaftlichen Werke und die Branche der Wissenschaftsverlage sind von den diskutierten Reformen betroffen. Der Grundrechtskatalog des Grundgesetzes beinhaltet keine ausdrückliche Erwähnung des Urheberrechts und der aus diesem folgenden Rechte.[468] Lediglich in Art. 73 Abs. 1 Nr. 9 GG findet sich eine grundgesetzliche Regelung über das Urheberrecht, wonach dem Bundesgesetzgeber im Verhältnis zu den Ländern die ausschließliche Gesetzgebungskompetenz über dieses Recht zusteht. Diese Zuständigkeitsverteilung gewährt aber keinen verfassungsrechtlichen Schutz für Autoren und Verlage oder begründet gar eine Schutzpflicht des Staates.[469] Folge einer fehlenden ausdrücklichen Verankerung des Urheberrechts und der damit einhergehenden Rechte im Grundgesetz ist nicht eine Versagung eines verfassungsrechtlichen Schutzes, sondern die Rechtsprechung musste die jeweiligen verfassungsrechtlichen Grundlagen der betroffenen Rechte in besonderer Weise herausarbeiten.[470]

Im Folgenden werden die Auswirkungen der diskutierten Änderungsvorschläge für die betroffenen Personenkreise dargestellt und einer verfassungsmäßigen Würdigung unterzogen.

468 Anders noch Art. 158 Abs. 1 WRV, wonach geistige Arbeit, das Recht der Urheber, der Erfinder und der Künstler den Schutz und die Fürsorge des Reichs genießt.

469 Nielen, Interessenausgleich in der Informationsgesellschaft, S. 175

470 Nielen, Interessenausgleich in der Informationsgesellschaft, S. 175

## I. Wissenschaftler

Eine angestrebte Implementierung des Open-Access-Gedankens im Urheberrechtsgesetz hat vor allem Auswirkungen auf die Urheber wissenschaftlicher Werke. Die Befürworter des Open Access sehen in einer gesetzlichen Regelung einen Gewinn für die Autoren, wo hingegen Open-Access-Gegner an der Verfassungsmäßigkeit derartiger Vorschriften zweifeln. Welche Folgen die „de lege ferenda"-Vorschläge hinsichtlich der Autoren beinhalten und ob daraus eine Unvereinbarkeit mit dem deutschen Verfassungsrecht entsteht, wird nachfolgend behandelt.

### 1. Eigentumsfreiheit, Art. 14 Abs. 1 GG

Die in Art. 14 Abs. 1 GG verbürgte Eigentumsgarantie hat im Gefüge des Grundrechtskatalogs den Zweck, ihrem Träger einen Freiheitsraum im Vermögensbereich zu erhalten und so die materiellen Grundlagen seiner Persönlichkeitsentfaltung zu sichern, sog. Individualgarantie des Eigentums.[471] Die „de lege ferenda"-Vorschläge einer Zwangslizenz, einer Anbietungspflicht (§ 43 Abs. 2 UrhG-E), sowie eines Zweitverwertungsrechts (§ 38 Abs. 1 Satz 3 UrhG-E) des Urhebers und einer urheberrechtlichen Schrankenregelung (§ 52c UrhG-E) tangieren die Eigentumsfreiheit des Urhebers.

#### *a) Schutzbereich*

Das Geistige Eigentum steht grundsätzlich unter dem Schutz des deutschen Verfassungsrechts.[472] Unter Geistigem Eigentum versteht man das Urheberrecht als Prototyp sowie das Patent-, Verlags- und Markenzeichenrecht. Im Rahmen der Open-Access-Debatte stehen das Verfassungs- und Urheberrecht im Zentrum der Diskussion. Anders als nach der zivilrechtlichen Dogmatik, wonach das Urheberrecht ein einheitliches Recht ist, das Ausstrahlungen nach der vermögensrechtlichen und der persönlichkeitsrechtlichen Richtung hat[473], ist aus verfassungsrechtlicher Sicht zwischen vermögensrechtlichen und persönlichkeitsrechtlichen Interessen zu unterscheiden, da Gegenstand des eigentumsrechtlichen

---

471 Hofmann in: Schmidt-Bleibtreu/Hofmann/Hopfauf, Art. 14 Rn. 2; im Gegensatz hierzu die zweite Dimension der Eigentumsgarantie, die sog. Institutsgarantie, die Eigentum als Herrschaftsform über Güter überhaupt gewährt.

472 Depenheuer in: von Mangoldt/Klein/Starck, Art. 14 Rn. 147; Papier in: Maunz/Dürig, Art, 14 Rn. 197; Wendt in: Sachs, Art. 14 Rn. 24; Kreile, Die Sozialbindung des geistigen Eigentums in: FS Lerche, S. 251

473 Kroitsch in: Möhring/Nicolini, § 11 Rn. 5

Schutzes alleine die vermögenswerte Seite des Urheberrechts ist.[474] Sachlich unterfallen der Eigentumsgarantie grundsätzlich alle vermögenswerten Rechte eines Grundrechtsträgers, die von der Rechtsordnung in der Weise zugeordnet sind, dass er die damit verbundenen Befugnisse nach eigenverantwortlicher Entscheidung zu seinem privaten Nutzen ausüben darf.[475]

Nach § 15 UrhG steht dem Urheber das ausschließliche Recht zu, das urheberrechtlich geschützte Werk in körperlicher Form zu verwerten und in unkörperlicher Form öffentlich wiederzugeben. Nach § 31 Abs. 3 Satz 1 UrhG berechtigt das ausschließliche Nutzungsrecht den Rechteinhaber, das Werk unter Ausschluss aller anderen Personen auf die ihm erlaubte Art zu nutzen und Nutzungsrechte einzuräumen. Nach ständiger Rechtsprechung des BVerfG stellen daher nicht nur das Urheberrecht, sondern auch die mit ihm verbundenen Nutzungsrechte Eigentum im Sinne von Art. 14 Abs. 1 GG dar, da andernfalls dem Rechteinhaber die wirtschaftliche Verwertung eigener Leistung vorenthalten würde.[476] Im Ergebnis unterfallen somit ausschließliche Nutzungsrechte aufgrund ihrer vermögensrechtlichen Wirkungen und wirtschaftlichen Verwertungsmöglichkeiten dem sachlichen Schutzbereich des Art. 14 Abs. 1 GG.[477]

Auf den Schutz des Eigentums kann sich jede natürliche Person berufen.[478] Besonderheiten gelten jedoch für Angehörige des öffentlichen Dienstes. Für deren vermögensrechtliche Ansprüche, die sich aus einem öffentlich-rechtlichen Dienstverhältnis ergeben, ist Art. 33 Abs. 5 GG lex specialis gegenüber Art. 14 Abs. 1 GG.[479] Die vermögensrechtlichen Ausstrahlungen des Urheberrechts beruhen aber nicht auf einem öffentlich-rechtlichen Dienstverhältnis, sondern sind Folge einer Schaffenstätigkeit als Urheber. Demnach findet Art. 33 Abs. 5 GG in Bezug auf den verfassungsrechtlichen Schutz bezüglich des Urheberrechts von Beamten insoweit keine Anwendung, so dass auch in diesem Fall der Schutzbereich des Art. 14 Abs. 1 GG eröffnet ist.

474 stRspr BVerfGE 31, 229, 238; BVerfG GRUR Int 2011, 959, 965; BVerfG ZUM 2011, 313, 314

475 BVerfGE 83, 201, 208 f.; BVerfG NJW 2010, 220, 220 f.; Wieland in: Dreier, Art. 14 Rn. 46

476 stRspr BVerfGE 31, 229, 239; Wendt in: Sachs, Art. 14 Rn. 63; Wolff, Zwangslizenzen im Immaterialgüterrecht, S. 19

477 Heckmann/Weber, Open Access in der Informationsgesellschaft – § 38 UrhG de lege ferenda, GRUR Int 2006, 995, 997; Nielen, Interessenausgleich in der Informationsgesellschaft, S. 178; Maunz, Das geistige Eigentum in verfassungsrechtlicher Sicht, GRUR 1973, 107, 108

478 Depenheuer in: von Mangoldt/Klein/Starck, Art. 14 Rn. 186

479 BVerfGE 67, 1, 14; BVerfGE 71, 255, 270 f.; Battis in: Sachs, Art. 33 Rn. 66

### *b) Eingriff*

Ein Eingriff in die verfassungsrechtliche Eigentumsfreiheit ist vor allem dann gegeben, wenn ein Entzug geschützter Rechtspositionen oder eine Beschränkung der geschützten Nutzung, Verfügung oder Verwertung durch eine Rechtsnorm eines Grundrechtsadressaten vorliegt.[480] Für die Frage, ob ein staatliches Handeln eine Beeinträchtigung des verfassungsrechtlichen Eigentumsschutzes darstellt, ist zunächst eine Unterscheidung zwischen Inhalts- und Schrankenbestimmung einerseits und Enteignung andererseits zu treffen. Das BVerfG stellt im Rahmen der Abgrenzung zwischen Enteignung und Inhalts- und Schrankenbestimmung nur auf formale Kriterien ab, und zwar ausschließlich auf Form- und Zweckrichtung des Eingriffes, nicht auf dessen Intensität.[481]

Eine Inhalts- und Schrankenbestimmung im Sinne des Art. 14 Abs. 1 Satz 2 GG ist die generelle und abstrakte Festlegung von Rechten und Pflichten durch den Gesetzgeber hinsichtlich solcher Rechtsgüter, die als Eigentum im Sinne der Verfassung zu verstehen sind. Sie ist auf die Normierung objektiv-rechtlicher Vorschriften gerichtet, die den Inhalt des Eigentumsrechts vom Inkrafttreten des Gesetzes an für die Zukunft bestimmen.[482]

Demgegenüber ist eine Enteignung gemäß Art. 14 Abs. 3 GG ein staatlicher Zugriff auf das Eigentum des Einzelnen, wobei sie ihrem Zweck nach auf die vollständige oder teilweise Entziehung konkreter subjektiver Rechtspositionen gerichtet ist.[483]

#### aa) Schrankenregelung/Zwangslizenz

Die Vorschläge zur Einführung einer Schrankenregelung bzw. Zwangslizenz im Urheberrecht im Bereich öffentlich finanzierter Wissenschaftsliteratur haben das gemeinsame Ziel, dieses Wissen jedermann zugänglich zu machen. Zwangslizenz und Schrankenbestimmung ist gemein, dass sie den Umfang der Ausschließlichkeit des jeweiligen Rechts beschränken.[484] Dogmatisch gesehen muss zwischen einer Zwangslizenz und einer urheberrechtlichen Schrankenbestimmung unterschieden werden.

Gesetzliche Schranken eines Rechts gestalten von vornherein den Inhalt und Umfang eines Rechts, d.h. der Gesetzgeber legt generell und abstrakt Rechte und

---

480 Jarass in: Jarass/Pieroth, Art. 14 Rn. 29

481 BVerfGE 52, 1, 26 f.; BVerfGE 72, 66, 76; BVerfGE 83, 201, 211 f.

482 BVerfGE 52, 1, 27; BVerfG NVwZ 2009, 1158, 1159; Depenheuer in: von Mangoldt/Klein/Starck, Art. 14 Rn. 203 u. 205

483 BVerfGE 102, 1, 15 f.; Depenheuer in: von Mangoldt/Klein/Starck, Art. 14 Rn. 204 f.

484 Wolff, Zwangslizenzen im Immaterialgüterrecht, S. 21

Pflichten bezüglich dieses Rechts fest. Die Schrankenregelungen des Urheberrechts stellen somit Inhalts- und Schrankenbestimmungen im Sinne des Art. 14 Abs. 1 Satz 2 GG dar.

Eine urheberrechtliche Zwangslizenz hingegen veranlasst den Rechteinhaber, auch gegen seinen Willen, jeder Person, die die gesetzlichen Voraussetzungen erfüllt, Rechte an dem ihm eigentlich ausschließlich zugewiesenen Recht einzuräumen.[485] Im Gegensatz zu Schrankenregelungen betrifft eine Zwangslizenz auch die Abschlussfreiheit des Berechtigten. Nach einer Ansicht im rechtswissenschaftlichen Schrifttum stellen Zwangslizenzen im Bereich des Geistigen Eigentums immer Enteignungen des Rechteinhabers nach Art. 14 Abs. 3 GG zu Gunsten privater Dritter dar, da es sich bei der Erteilung einer Zwangslizenz um eine konkrete Entscheidung im Einzelfall handele.[486] Dieser Ansicht ist jedoch nicht zuzustimmen. Die konkrete Entscheidung im Einzelfall trifft ein Gericht. Enteignungen sind aber nur durch Gesetz (Legalenteignung) oder aufgrund eines behördlichen Vollzugsaktes aufgrund einer gesetzlichen Ermächtigung (Administrativenteignung) zulässig.[487] Eine Enteignung durch behördlichen Vollzugsakt kann in einer Zwangslizenz nicht gesehen werden. Aber auch eine Enteignung durch Gesetz scheidet aus, da eine Legalenteignung dadurch gekennzeichnet ist, dass das Gesetz selbst und unmittelbar mit seinem Inkrafttreten ohne weiteren Vollzugsakt individuelle Rechte entzieht oder beschneidet.[488] Zwangslizenzen gewähren aber nicht per Gesetz automatisch ein Nutzungsrecht an einem urheberrechtlich geschützten Werk, sondern es muss ggf. auf Nutzungsrechtseinräumung geklagt und die Rechtseinräumung gerichtlich angeordnet werden.[489] Eine derartige Judikativenteignung wäre jedoch mit dem Gewaltenteilungsprinzip unvereinbar und findet auch in der Dogmatik des BVerfG keinen Raum.[490] Darüber hinaus ist eine Enteignung auf die vollständige oder teilweise Entziehung konkreter subjektiver Eigentumspositionen im Sinne des Art. 14 Abs. 1 Satz 1 GG zur Erfüllung bestimmter öffentlicher Aufgaben gerichtet.[491] Eine Zwangslizenz hat jedoch primär Auswirkungen auf die Abschlussfreiheit des Rechteinhabers bezüglich der Einräumung von Nutzungsrechten aufgrund gesetzlicher Bestimmungen, indem die Umstände, unter denen der Rechteerwerb

---

485 Rehbinder, UrhG, Rn. 82 u. 603 (sog. Kontrahierungszwang); Wolff, Zwangslizenzen im Immaterialgüterrecht, S. 21

486 Rehbinder, UrhG, Rn. 140; Holzapfel, Das Versuchsprivileg im Patentrecht und der Schutz biotechnologischer Forschungswerkzeuge, S. 231 f.

487 Jarass in: Jarass/Pieroth, Art. 14 Rn. 70 f. u. 79; Wendt in: Sachs, Art. 14 Rn. 158 f.

488 BVerfGE 100, 226, 239

489 Jan Bernd Nordemann in: Fromm/Nordemann, Vor §§ 31 ff. Rn. 89

490 Timmann, Das Patentrecht im Lichte des Art. 14 GG, S. 234

491 BVerfGE 102, 1, 15 f.

erfolgt, bestimmt werden. Eine Zwangslizenz regelt demnach abstrakt und generell Rechte und Pflichten des Grundrechtsträgers.[492]

Diese Auffassung findet auch eine Stütze in der höchstrichterlichen Rechtsprechung. Im Fall einer gesetzlichen Lizenz hat das BVerfG das Vorliegen einer Enteignung verneint und eine Inhalts- und Schrankenbestimmung angenommen.[493] Unter einer gesetzlichen Lizenz im Sinne des Urheberrechtsgesetzes versteht man eine gesetzliche Erlaubnis zur Benutzung eines Werkes ohne Zustimmung des Urhebers unter gleichzeitiger Vergütungspflicht.[494] Eine gesetzliche Lizenz gestattet demnach eine sofortige Werknutzung durch Gesetz, wobei eine Festsetzung einer erforderlichen angemessenen Vergütung erst im Anschluss erfolgt. Anders als bei einer gesetzlichen Lizenz ist die Nutzung eines urheberrechtlich geschützten Werkes bei einer Zwangslizenz nicht von Anfang an erlaubnisfrei, so dass der Nutzer verpflichtet ist, die Einwilligung des Urhebers abzuwarten. Jedoch trifft den Urheber ein Kontrahierungszwang, einen Nutzungsvertrag mit potentiellen Werknutzern abzuschließen.[495] Einer gesetzlichen und einer Zwangslizenz ist daher gemeinsam, dass ein Werknutzer im Ergebnis auf urheberrechtlich geschützte Werke eines anderen Zugriff hat, wobei die Durchsetzbarkeit des urheberrechtlichen Verbotsrechts ins Leere geht. Aufgrund dieser Ähnlichkeit ist daher ein Rückschluss zulässig.

Es handelt sich daher sowohl bei der Zwangslizenz als auch bei § 52c UrhG-E um eine zukunftsorientierte Neudefinition der Eigentumsrechte und demnach um Inhalts- und Schrankenbestimmungen im Sinne des Art. 14 Abs. 1 Satz 2 GG.

#### bb) Anbietungspflicht/Zweitveröffentlichungsrecht

Auch eine Anbietungspflicht des Urhebers stellt eine Inhalts- und Schrankenbestimmung des Eigentums dar. § 43 Abs. 2 UrhG-E will Wissenschaftsautoren, die in einem Beschäftigungsverhältnis zu einer Hochschule oder öffentlich geförderten Forschungseinrichtung stehen, verpflichten, der Universität oder Forschungseinrichtung bei Bedarf an ihren Werken im Sinne des § 2 Abs. 1 Nr. 1 UrhG ein einfaches Nutzungsrecht einzuräumen. Hierbei handelt es sich um eine abstrakte Festlegung einer Anbietungspflicht des Urhebers durch den Gesetzgeber, mithin um eine Inhalts- und Schrankenbestimmung.

Schwieriger zu beantworten ist dagegen die Frage, ob auch der Vorschlag, Urhebern nach Ablauf einer Embargofrist ein Zweitveröffentlichungsrecht zuzu-

---

492 Katzenberger in: Schricker, § 5 Rn. 12; Timmann, Das Patentrecht im Lichte des Art. 14 GG, S. 234 ff.

493 BVerfGE 49, 382, 393

494 Herter, Geistiges Eigentum und gesetzliche Lizenz, Einführung S. 1

495 Schack, Urheber- und Urhebervertragsrecht, Rn. 435

gestehen, einen Eingriff in deren Eigentumsfreiheit darstellt. Es handelt sich nämlich primär um eine zusätzliche Rechtsgewährung und nicht um eine Pflicht des Autors. Jedoch beinhaltet der Rückfall des Veröffentlichungsrechts zugleich den Verlust des Urhebers, einen Verlagsvertrag mit Ausschließlichkeitsklausel abzuschließen, da sich das anfängliche ausschließliche Nutzungsrecht eines Verlages nach Fristablauf in ein einfaches Nutzungsrecht wandelt.[496] Dem Urheber wird somit die Möglichkeit genommen, exklusive Positionen einem Verwerter einzuräumen.[497] Nach einer Ansicht wird daher die wirtschaftliche Verwertungsmöglichkeit des Urhebers, welche dem sachlichen Schutzbereich des Art. 14 Abs. 1 GG unterfällt, in abstrakt-genereller Weise beeinträchtigt.[498] Diese Ansicht verkennt aber, dass es dem Urheber unbenommen bleibt, dem Verleger freiwillig „exklusive" Nutzungsrechte an dem Werk einzuräumen, da ihm alleine die Entscheidungsbefugnis über eine Zweitveröffentlichung obliegt. Eine unmittelbare, gezielte Beeinträchtigung grundrechtsgeschützten Verhaltens beinhaltet § 38 Abs. 1 Satz 3 UrhG-E somit gerade nicht. Im Ergebnis scheidet daher ein Eingriff in Art. 14 Abs. 1 Satz GG durch § 38 Abs. 1 Satz 3 UrhG-E mangels Intensität der grundrechtsrelevanten Beeinträchtigung aus.

Dem folgend sind ausschließlich die Zwangslizenz, § 52c UrhG-E und § 43 Abs. 2 UrhG-E als Inhalts- und Schrankenbestimmung im Sinne des Art. 14 Abs. 1 Satz 2 GG zu qualifizieren, die einer verfassungsrechtlichen Rechtfertigung bedürfen.

#### *c) Rechtfertigung*

Die Eigentumsgarantie verpflichtet den Gesetzgeber nicht, ewige Leistungsschutzrechte einzuräumen.[499] Nach Art. 14 Abs. 1 Satz 2 GG werden Inhalt und Schranken des Eigentums durch Gesetz bestimmt. Daneben besagt Art. 14 Abs. 2 GG, dass das Eigentum verpflichtet und, dass sein Gebrauch zugleich dem Wohle der Allgemeinheit dienen soll. Bei Art. 14 Abs. 1 Satz 2 GG und Art. 14 Abs. 2 GG handelt es sich hingegen nicht um zwei verschiedene Beschränkungsmöglichkeiten der Eigentumsfreiheit, sondern um einen einheitlichen Gesetzesvorbehalt.[500]

---

496 Rieble, Autorenfreiheit und Publikationszwang in: Autorschaft in digitaler Zeit, S. 49

497 Peifer, Wissenschaftsmarkt und Urheberrecht: Schranken, Vertragsrecht, Wettbewerbsrecht, GRUR 2009, 22, 27

498 Rieble, Autorenfreiheit und Publikationszwang in: Autorschaft in digitaler Zeit, S. 50

499 Wieland in: Dreier, Art. 14 Rn. 59

500 Papier in: Maunz/Dürig, Art. 14 Rn. 306; Depenheuer in: von Mangoldt/Klein/Strack, Art. 14 Rn. 218, sieht in Art. 14 Abs. 2 GG zwar keinen subsumtionsfähigen Tatbestand, jedoch grundlegende Leitlinien, die es zu beachten gelte. Nach Jarass in: Jarass/Pieroth, Art. 14 Rn. 35

Die diskutierten Gesetzesänderungen sind allgemein betrachtet eine ausreichende gesetzliche Grundlage zur Beschränkung der verfassungsrechtlichen Eigentumsfreiheit. Jedoch kann nicht jede Einschränkung des Grundrechts durch einfaches Gesetz aufgestellt werden.[501] Der Gesetzgeber muss bei der Festlegung von Befugnissen und Pflichten, die den Inhalt des Rechts ausmachen, den grundlegenden Gehalt der Eigentumsgarantie wahren und den Interessen aller Beteiligten Rechnung tragen.[502] Jede Inhalts- und Schrankenbestimmung muss den Grundsatz der Verhältnismäßigkeit beachten, d.h. sie muss einem legitimen Zweck entsprechen, geeignet sein, das entsprechende Ziel zu fördern, eine mildere Alternative darf nicht vorliegen und die Belastung des Grundrechtsträgers muss in einem angemessenen Verhältnis stehen, da andernfalls eine Aushöhlung des garantierten Rechtsinstituts „Eigentum" droht.[503]

aa) Legitimer Zweck/Geeignetheit des Mittels

Ziel der „de lege ferenda"-Vorschläge ist eine verbesserte Informationsversorgung der Allgemeinheit mit öffentlich finanziertem Wissen. Aufgrund der Mehrfachfinanzierung derartiger Wissensproduktionen und den aufgezeigten Vorteilen von Open Access trägt die verfassungsmäßige Rechtsordnung die Förderung von Wissensdistribution als solche; mithin stellt die Maßnahme ein legitimes Ziel des Gesetzgebers dar.

Daneben müssen die veranschlagten Mittel auch geeignet sein, das gesetzgeberische Ziel zu fördern.[504] Geeignet ist das veranschlagte Mittel, wenn es in der Lage ist, das gefährdete Rechtsgut zu schützen und den legitimen Zweck zu erreichen.[505] Es ist nicht erforderlich, dass das vom Gesetzgeber gewählte Mittel das bestmöglichste oder geeignetste ist. Auf Gesetzesebene genügt es, wenn ein Beitrag zur abstrakten Möglichkeit der Zweckerreichung geleistet wird.[506] Bei der Beurteilung der Geeignetheit des gewählten Mittels, steht dem Gesetzgeber ein weiter Beurteilungsspielraum zu.[507] Abstrakt betrachtet sind alle Gesetzes-

---

enthält Art. 14 Abs. 2 GG für den Gesetzgeber einen bindenden Reglungsauftrag, dessen Bedeutung abhängig vom sozialen Bezug des Eigentumsobjektes sei.

501 Maunz, Das geistige Eigentum in verfassungsrechtlicher Sicht, GRUR 1973, 107, 110

502 BVerfGE 31, 229, 240

503 BVerfGE 61, 126, 134; Dreier in: Dreier, Vorbem. Rn. 68; Jarass in: Jarass/Pieroth, Art. 14 Rn. 38 ff.

504 BVerfGE 96, 10, 23; Starck in: von Mangoldt/Klein/Starck, Art. 1 Rn. 278; Sommermann in: von Mangoldt/Klein/Starck, Art. 20 Rn. 314

505 BVerfGE 67, 157, 175; Dreier in: Dreier, Vorbem. Rn. 92; Starck in: von Mangoldt/Klein/Starck, Art. 1 Rn. 278

506 BVerfGE 67, 157, 175; BVerfGE 100, 313, 373

507 BVerfGE 90, 145, 173; BVerfGE 102, 197, 218; Wieland in: Dreier, Art. 14 Rn. 127

vorschläge geeignet, die Informationsversorgung der Allgemeinheit zu fördern, da sie die Verbotsrechte der Urheber zu Gunsten des Informationsbedürfnisses der Allgemeinheit begrenzen.

bb) Erforderlichkeit des Mittels

Darüber hinaus darf eine Inhalts- und Schrankenbestimmung den Berechtigten nicht mehr beeinträchtigen, als das gesetzgeberische Ziel es erfordert, d.h. es darf keine mildere Alternative zur Erreichung des gesetzgeberischen Zwecks zur Verfügung stehen.[508] Es gibt mehrere Vorschläge zur gesetzlichen Kodifizierung der Open-Access-Idee im Urheberrechtsgesetz. Das Gebot der Erforderlichkeit ist aber erst dann verletzt, wenn das Ziel der staatlichen Maßnahme durch ein anderes, gleich wirksames Mittel des Gesetzgebers, das das jeweilige Grundrecht deutlich weniger fühlbar einschränkt, erreicht werden kann.[509]

Eine urheberrechtliche Zwangslizenz und § 52c UrhG-E fördern die Erreichung des beabsichtigten gesetzgeberischen Zieles dergestalt, dass jeder interessierte Nutzer ohne Widerspruchsmöglichkeit des Berechtigten öffentlich finanziertes Wissen erlangen kann. Demgegenüber ist § 43 Abs. 2 UrhG-E ein Alternativvorschlag, der eventuell zu einer geringeren Beeinträchtigung der Eigentumsfreiheit führt, da kein unmittelbarer gesetzlicher Zwang zu allgemeiner Zugänglichkeit des jeweiligen urheberrechtlich geschützten Wissenschaftswerkes besteht. Die Vorschrift erfüllt das gesetzgeberische Ziel nach maximaler Distribution von öffentlich finanziertem Wissen jedoch nicht so zweckvoll wie eine Zwangslizenz oder Schrankenregelung. Nach § 43 Abs. 2 UrhG-E sollen Wissenschaftsautoren, die in einem Beschäftigungsverhältnis zu einer Hochschule oder öffentlich geförderten Forschungseinrichtung stehen, verpflichtet sein, der Universität oder Forschungseinrichtung an ihren geschaffenen Werken ein einfaches Nutzungsrecht einzuräumen. Der allgemeine Zugang zu wissenschaftlicher Literatur im Rahmen des § 43 Abs. 2 UrhG-E bedarf somit eines weiteren Umsetzungsaktes der jeweiligen Hochschule oder Forschungseinrichtung. Diese Vorschrift setzt voraus, dass ein flächendeckendes System von Hochschulverlagen oder institutionellen Repositorien existiert, um der interessierten Öffentlichkeit die wissenschaftlichen Informationen auch zugänglich zu machen. Darüber hinaus fokussiert § 43 Abs. 2 UrhG-E die Anbietungspflicht ausschließlich auf den Hochschulsektor und öffentlich geförderte Forschungseinrichtungen, wohingegen eine Zwangslizenz oder § 52c UrhG-E die gesamte Bandbreite wissen-

508 BVerfGE 102, 197, 217; Jarass in: Jarass/Pieroth, Art. 14 Rn. 38b; Starck in: von Mangoldt/Klein/Starck, Art. 1 Rn. 278; Sommermann in: von Mangoldt/Klein/Starck, Art. 20 Rn. 314

509 stRspr BVerfGE 30, 292, 316; BVerfGE 102, 197, 218

schaftlicher Werke im Sinne des § 2 Abs. 1 Nr. 1 UrhG erfasst. Im Vergleich zu den vorgenannten Regelungen ist auch im Fall des § 38 Abs. 1 Satz 3 UrhG-E ein weiteres aktives Handeln des Urhebers erforderlich, um den Beitrag Open Access zugänglich zu machen, so dass auch hier das gesetzgeberische Ziel nicht ebenso effektiv erreicht werden könnte.

Aufgrund seines weiten Beurteilungsspielraums im Rahmen der Erforderlichkeit steht es dem Gesetzgeber jedoch frei, welcher Vorschlag im Urheberrechtsgesetz Niederschlag findet, da zurzeit niemand die Erfolgsaussichten der jeweiligen Regelungen zu Gunsten Open Access vorhersehen kann.

#### cc) Angemessenheit des Mittels

Eine Inhalts- und Schrankenbestimmung muss des Weiteren verhältnismäßig im engeren Sinne sein, d.h., die Belastung des Grundrechtsträgers muss in einem angemessenen Verhältnis zu den verfolgten Interessen des Gesetzgebers stehen.[510] Die schutzwürdigen Interessen des Betroffenen sowie die Belange des Gemeinwohls müssen in ein ausgewogenes Verhältnis gebracht werden.[511] Aufgabe des Gesetzgebers ist es, eine Eigentumsordnung zu schaffen, die sowohl den privaten Einzelinteressen als auch den Interessen der Allgemeinheit gerecht wird, wobei der Legislative ein weiter Beurteilungsspielraum zukommt.[512]

Im Gegensatz zum Sacheigentum ist dem Geistigen Eigentum immanent, dass es eine reproduzierbare „Ware" ist. Mit der Reproduktion und anderen Nutzungsformen verringert sich jedoch der wirtschaftliche Wert des Urheberwerks stetig.[513] Für das Urheberrecht bedeutet das, dass zwischen Eingriffen in die urheberrechtliche Verfügung einerseits und Verwertung andererseits zu differenzieren ist, wobei Eingriffe in das Verfügungsrecht des Urhebers eher mit Gemeinwohlgründen zu rechtfertigen sind als eine Beschränkung des urheberrechtlichen Verwertungsrechts.[514]

##### (1) Verlust des Verfügungsrechts

Die beabsichtigten Regelungen der Zwangslizenz und des § 52c UrhG-E bezwecken, dass jedermann Zugriff auf öffentlich finanzierte wissenschaftliche Er-

510 BVerfGE 92, 277, 327; BVerfGE 104, 337, 349; Dreier in: Dreier, Vorbem. Rn. 149; Jarass in: Jarass/Pieroth, Art. 14 Rn. 39

511 BVerfGE 87, 114, 138; BVerfGE 91, 294, 308; Depenheuer in: von Mangoldt/Klein/Starck, Art. 14 Rn. 219

512 BVerfGE 58, 300, 335 f.; BVerfGE 8, 71, 80

513 Harder, Digitale Universitätsbibliotheken aus urheberrechtlicher Sicht, S. 78

514 BVerfGE 79, 29, 41; BVerfG GRUR 2011, 227, 227

zeugnisse hat. Daneben gewährt § 43 Abs. 2 UrhG-E der Hochschule bzw. Forschungseinrichtung, bei welcher der Wissenschaftler angestellt ist, eine Zugriffsmöglichkeit auf dessen wissenschaftliche Werke und dadurch die Möglichkeit, diese in einem Universitätsverlag oder Repositorium allgemein zugänglich zu veröffentlichen. Der Rechteinhaber ist somit zwar nicht mehr frei in der Art und Weise seines Verfügungsrechts, da er der Verwendung seines Werkes nicht mehr widersprechen kann. Es ist jedoch Sache des Gesetzgebers, im Rahmen einer inhaltlichen Ausprägung des Urheberrechts sachgerechte Maßstäbe festzulegen, die eine, der Natur und sozialen Bedeutung des Urheberrechts entsprechende, Nutzung sicherstellt.[515] Darüber hinaus muss auch der soziale Bezug der betroffenen Rechtsposition ausreichend beachtet werden, da die Befugnis des Gesetzgebers zu einer Inhalts- und Schrankenbestimmung umso größer ist, je stärker der soziale Bezug des betroffenen Objekts ist.[516] Gemeinwohlinteressen müssen das Verfügungsinteresse des Urhebers überwiegen und dürfen nicht nur vorgeschoben werden, um einen ungehinderten Zugang zu urheberrechtlich geschützten Werken zu ermöglichen. Ein allgemeiner Maßstab, wann Belange des Gemeinwohls Urheberinteressen überwiegen, existiert jedoch nicht. Gemeinwohl in diesem Sinne meint die Sache des ganzen Gemeinwesens in Abgrenzung zu Sonder- und Eigenbelangen des Einzelnen oder einer bestimmten Gruppe, mithin das Wohlergehen aller Bürger.[517] Das allgemeine Interesse an einem Zugang zu urheberrechtlich geschützten Werken, auch soweit es dem Zweck der Volksbildung dienen soll, rechtfertigt für sich alleine gesehen jedoch keine Beschränkungen des urheberrechtlichen Schutzes, da es sich hierbei um kein berücksichtigungsfähiges überwiegendes Gemeinwohlziel handelt.[518]

Dem Verfügungsinteresse des Einzelnen stehen aber darüber hinaus weitere gewichtige Gemeinwohlinteresse gegenüber. Der Open-Access-Gedanke fußt (aus Sicht der Befürworter) u.a. auf der Erkenntnis, dass Wissensinformationen, die überwiegend mit Steuergeldern der Staatsbürger finanziert werden, den Bürgern aus Gerechtigkeitsgründen allgemein zugänglich zu machen sind. Wenn die Allgemeinheit schon die Schaffenstätigkeit bestimmter Wissenschaftler unterstütze, leiste sie einen nicht unerheblichen Beitrag, der im Rahmen einer Interessenabwägung nicht unberücksichtigt bleiben dürfe. Außerdem baut wissen-

515 BVerfGE 31, 229, 241; BVerfGE 79, 1, 25; BVerfG GRUR Int 2011, 959, 965

516 BVerfGE 79, 292, 302; BVerfGE 100, 226, 241; Depenheuer in: von Mangoldt/Klein/Starck, Art. 14 Rn. 218

517 Isensee/Kirchhof, Hdb. des Staatsrechts IV, 2006, § 71 Rn. 36

518 Fechner, Geistiges Eigentum und Verfassung, S. 242 mit Verweis auf Badura, Der Eigentumsschutz des Urhebers und die Vervielfältigung urheberrechtlich geschützter Werke für die Zwecke der Ausbildung und der Wissenschaft. Zur Sozialgebundenheit des geistigen Eigentums., S. 14

schaftliche Forschung auf der Basis der Erfahrung vorangegangener Generationen auf. Der Urheber entfaltet daher seine schöpferische geistige Tätigkeit nicht abstrakt und beziehungslos zu seiner Umwelt, sondern eingebettet in bereits vorhandenem Wissen.[519] Eine für jeden zugängliche wissenschaftliche Open-Access-Publikation führt zu einer höheren Publikationsgeschwindigkeit und kann damit die Forschungseffizienz steigern, um dadurch den Wirtschaftsprozess zu intensivieren. Wissen ist für eine Wissensgesellschaft von existentieller Bedeutung. Darüber hinaus kann eine Parallele zu der Entscheidung „Pflichtexemplar" des BVerfG gezogen werden, in der das BVerfG ausgeführt hat, dass es ein legitimes (verfassungsrechtlich gerechtfertigtes) Anliegen sei, die literarischen Erzeugnisse dem wissenschaftlich und kulturell Interessierten zugänglich zu machen.[520]

Der Verbotsanspruch des Urhebers wissenschaftlicher Werke kann daher hinter dem öffentlichen Teilhabeinteresse an einem urheberrechtlich geschützten Werk zurückstehen. Wissenschaftliche Urheber suchen darüber hinaus selbst die Kommunikation mit anderen Wissenschaftlern bzw. der Öffentlichkeit, um die eigene Reputation zu steigern und wissenschaftliche Akzeptanz zu erlangen. Es ist daher auch im eigenen Interesse eines Wissenschaftlers, dass seine wissenschaftlichen Ergebnisse eine so weit als mögliche Verbreitung finden, ohne dass damit eine Aussage über die Frage getroffen wird, ob der Urheber den Zugriff auf sein Werk generell unentgeltlich dulden muss.[521]

(2) Verlust des Verwertungsrechts

Das Open-Access-Paradigma beinhaltet nicht nur die allgemeine Zugänglichkeit zu öffentlich finanziertem Wissen, sondern proklamiert zudem das gebührenfreie, weltweite Zugangsrecht zu diesen Veröffentlichungen. Die unentgeltliche Freigabe eines Werkes stellt aber eine wesentliche Beeinträchtigung des wirtschaftlichen Wertes eines Verfassungsgutes dar. Der Verlust des Verfügungs- und zugleich des Verwertungsrechts ist der weitgehendste Eingriff in die Eigentumsfreiheit eines Urhebers.[522] Der Grundrechtsträger hat grundsätzlich einen Anspruch darauf, dass ihm der wirtschaftliche Nutzen seines Eigentums zufließt. Die Zulässigkeit der Unentgeltlichkeit einer Inanspruchnahme Privater ist von der bereits positiv beantworteten Frage der Zulässigkeit der Inanspruchnahme

519 Entwurf eines Gesetzes zur Änderung von Vorschriften auf dem Gebiet des Urheberrechts v. 22.12.1983, BTDrucks 10/837, S. 9

520 BVerfGE 58, 137, 148

521 Harder, Digitale Universitätsbibliotheken aus urheberrechtlicher Sicht, S. 79

522 Harder, Digitale Universitätsbibliotheken aus urheberrechtlicher Sicht, S. 79 f.

selbst zu trennen und gesondert nach den Maßstäben des Übermaßverbots zu beurteilen.[523]

Zwar enthält als Zulässigkeitsvoraussetzung einer Enteignung ausdrücklich nur Art. 14 Abs. 3 Satz 2 GG ein Entschädigungsgebot des Grundrechtträgers, wohingegen bei Inhalts- und Schrankenbestimmungen hierüber keine Aussage getroffen wird. Art. 14 Abs. 1 Satz 2 GG lässt daher grundsätzlich Inhalts- und Schrankenbestimmungen subjektiver Rechte aus Gründen des Allgemeinwohls entschädigungslos zu.[524] Dies steht der Berücksichtigung des allgemein anerkannten entschädigungsrechtlichen Abwägungsgebots im Geltungsbereich des Art. 14 Abs. 1 Satz 2 GG aber nicht entgegen.[525] Das BVerfG hat die Zulässigkeit einer ausgleichspflichtigen Inhalts- und Schrankenbestimmung mit seiner Pflichtexemplarentscheidung ausdrücklich anerkannt und klargestellt, dass zur Vermeidung unzumutbarer Belastungen im Einzelfall kompensatorische Ausgleichsmaßnahmen möglich sind.[526] Ist die mit der Eigentumsbeeinträchtigung verbundene Wertbeeinträchtigung des Eigentums jedoch mit den vom Gesetzgeber zu beachtenden Grundsätzen des Übermaßverbots unvereinbar, folgt daraus die Verfassungswidrigkeit der betreffenden Regelung.[527]

Die im jeweiligen Grundrecht enthaltene Wertentscheidung und Prinzipien der Verfassung müssen weiterhin Bestand haben; der sog. Wesensgehalt eines Grundrechts darf nach Art. 19 Abs. 2 GG in keinem Fall angetastet werden.[528] Der Wesensgehalt des Eigentums im Sinne eines absoluten, substantiellen Kerns umfasst die Privatnützigkeit des Eigentums und die grundsätzliche Verfügungsbefugnis über den Eigentumsgegenstand.[529] Eine gesetzliche Eigentumsbindung

---

523 Schulze-Osterloh, Entschädigungspflichtige Inhalts- und Schrankenbestimmung des Eigentums und Enteignung – Tendenzen der neueren Rechtsprechung des Bundesverfassungsgerichts, NJW 1981, 2537, 2542

524 Papier, Beeinträchtigung der Eigentums- und Berufsfreiheit durch Steuern v. Einkommen und Vermögen, Staat 1972, 483, 499

525 Depenheuer in: von Mangoldt/Klein/Starck, Art. 14 Rn. 236 ff.; Schulze-Osterloh, Entschädigungspflichtige Inhalts- und Schrankenbestimmung des Eigentums und Enteignung – Tendenzen der neueren Rechtsprechung des Bundesverfassungsgerichts, NJW 1981, 2537, 2543

526 BVerfGE 58, 137, 150 f.

527 Schulze-Osterloh, Entschädigungspflichtige Inhalts- und Schrankenbestimmung des Eigentums und Enteignung – Tendenzen der neueren Rechtsprechung des Bundesverfassungsgerichts, NJW 1981, 2537, 2543

528 So BVerfGE 7, 377, 411; Jarass in: Jarass/Pieroth, Art. 19 Rn. 9; Söllner, Zum Verfassungsrechtlichen Schutz des geistigen Eigentums in: FS Traub, S. 373; Häberle, Die Wesensgehaltsgarantie des Art. 19 Abs. Grundgesetz, S. 234 f., sieht in Art. 19 Abs. 2 GG lediglich eine deklaratorische bzw. leerlaufende Verfassungsnorm, da auch ohne ausdrückliche Wesensgehaltsgarantie der für jedes Grundrecht zu ermittelnde Wesensgehalt verfassungsrechtlich geschützt sei.

529 BVerfGE 101, 54, 75; Papier in: Maunz/Dürig, Art. 14 Rn. 334

darf nie so weit gehen, dass der Gebrauch des Eigentums ausschließlich allgemein-, staats- oder fremdnützig möglich ist, da nach Art. 14 Abs. 2 GG die Nutzung des betreffenden Gegenstandes und das Verfügen über ihn, nur „zugleich" und nicht ausschließlich dem Allgemeinwohl dienen soll.[530] Ein zusätzlicher Ausschluss des Vergütungsrechts kann daher durch Gemeinwohlerwägungen grundsätzlich nicht gerechtfertigt werden.[531]

Aus diesem Grunde folgert das BVerfG zu Recht, dass für den Fall des Verlustes des Verfügungsrechts, zumindest eine angemessene Vergütung des Rechteinhabers sichergestellt sein muss.[532] Der Inhalt der Eigentumsgarantie gewährt dem Grundrechtsinhaber, dass ihm der wirtschaftliche Nutzen zugeordnet wird, soweit nicht Gründe des Gemeinwohls Vorrang vor den Interessen des Berechtigten haben.[533] Anders als beim Ausschluss des Verbotsrechts ist für den Ausschluss des Vergütungsanspruches nicht jedes Gemeinwohlinteresse von Belang, sondern es muss wegen der Intensität des Eingriffs ein gesteigertes öffentliches Interesse vorliegen.[534] Mit dem Ausschluss des Verbotsrechts ist dem Interesse der Allgemeinheit, Zugang zu Kulturgütern zu gewähren, Genüge getan.[535] Ein zusätzlicher Ausschluss der Vergütung aus diesem Grund ist nicht möglich, da andernfalls eine Entwertung der Eigentumsgarantie drohe. Wann ein den Verlust des Verwertungsrechts rechtfertigendes, gesteigertes öffentliches Interesse vorliegt, lässt das BVerfG offen. Voraussetzung für den Eingriff in das Verwertungsrecht des Urhebers ist aber, dass das Allgemeininteresse gerade auch die Unentgeltlichkeit des Zugriffes erfordert, da ein Allgemeininteresse an Wissensinformation den Verlust des Verwertungsrechtes nicht legitimiert.[536]

Im Jahr 2012 beträgt die Staatsverschuldung in Deutschland ca. EUR 2,03 Billionen.[537] Die allgemeine Staatsverschuldung kann jedoch kein Argument dafür sein, dass die Allgemeinheit auf kostenlose Bereitstellung wissenschaftlicher Werke angewiesen ist. Nur in den engsten Grenzen ist der Steuerstaat aufgrund finanzieller Engpässe auf konkretes Eigentum seiner Bürger angewiesen, beispielsweise bei Bedürfnissen für die äußere Sicherheit.[538] Der Verlust des Ver-

530 BVerfGE 81, 208, 220; Papier, Beeinträchtigung der Eigentums- und Berufsfreiheit durch Steuern von Einkommen und Vermögen, Staat 1972, 483, 501

531 Fechner, Geistiges Eigentum und Verfassung, S. 243

532 BVerfGE 31, 229, 243; kritisch Wieland in: Dreier, Art. 14 Rn. 135, der einen finanziellen Ausgleich nur in wirklichen Sonderfällen gerechtfertigt und das Übermaßverbot auch durch Übergangsregelungen, Härteklauseln oder Dispensmöglichkeiten gewahrt sieht.

533 BVerfGE 31, 229, 243

534 stRspr BVerfGE 31, 229, 243

535 BVerfGE 31, 229, 243

536 Fechner, Geistiges Eigentum und Verfassung, S. 244

537 Abrufbar unter: http://www.steuerzahler.de/ (14.01.2012)

538 Leisner, Eigentum, Hdb. des Staatsrechts VI, 1989, § 149 Rn. 165

wertungsanspruches des Urhebers kann daher nicht mit der finanziellen Bedürftigkeit der Bundesrepublik Deutschland bzw. der Steuerzahler begründet werden.

Es stellt sich aber die Frage, ob Wissenschaftsurheber überhaupt ein berücksichtigungsfähiges Interesse an ihrem urheberrechtlichen Verwertungsrecht haben. In der Wissenschaftsbranche ist es nicht unüblich, dass wissenschaftliche Autoren gar keine Vergütung vom Verleger für die Überlassung eines ausschließlichen Nutzungsrechts erhalten, da der Wissenschaftler weniger am finanziellen Erfolg seines Werkes interessiert ist, sondern für ihn vielmehr die Resonanz auf die Veröffentlichung und das Renommee der Zeitschrift von Bedeutung ist.[539] Aufgrund dieser Branchenüblichkeit Rückschlüsse auf den Verlust des Verwertungsrechts zu ziehen, wäre allerdings falsch, da rechtlich gesehen die finanzielle Beteiligung des Urhebers an den Erträgen des Werkes die Regel ist. Im Urheberrecht gilt der Beteiligungsgrundsatz nach § 11 Satz 2 UrhG, der besagt, dass der Urheber an dem wirtschaftlichen Nutzen, der aus seinem Werk gezogen wird, zu beteiligen ist. Das Prinzip der angemessenen Vergütung des Urhebers hat Leitbildfunktion und ist wesentlicher Gedanke des Urheberrechts.[540] Nach § 32 Abs. 1 Satz 1 UrhG hat der Urheber für die Einräumung von Nutzungsrechten und die Erlaubnis zur Werknutzung grundsätzlich Anspruch auf eine (vertraglich vereinbarte) Vergütung. Ist die Höhe der Vergütung nicht bestimmt, gilt die angemessene Vergütung als vereinbart (Satz 2); soweit die vereinbarte Vergütung nicht angemessen ist, kann der Urheber die Einwilligung in die Änderung des Vertrages verlangen, durch die dem Urheber die angemessene Vergütung gewährt wird (Satz 3). Der Urheber ist aber nur an den Erträgen des Werkes zu beteiligen und nicht etwa für seine eingesetzte Zeit und Mühe zu entlohnen.[541] Wirft das Werk keine Erträge ab, erhält der Urheber keine finanzielle Beteiligung.[542] Ausnahmsweise können daher besondere Umstände auch eine Reduzierung der Beteiligung des Urhebers rechtfertigen, die jedoch vom Verleger darzulegen sind, z.B. durch Art und Umfang der Nutzung, Marktverhältnisse, Investitionen, Risikotragung, Kosten, Zahl der Werkstücke oder zu erzielende Einnahmen.[543] Eine Vergütungskürzung aufgrund besonderer Marktverhältnisse ist

---

539 Wegener in: Berger/Wündisch, § 18 Rn. 57

540 Beschlussempfehlung und Bericht des Rechtsausschusses zum Entwurf eines Gesetzes zur Stärkung der vertraglichen Stellung von Urhebern und ausübenden Künstlern, BTDrucks 14/8058, S. 18

541 Peifer, Zur angemessenen Vergütung im Urhebervertragsrecht, AfP 2008, 545, 547

542 Peifer, Zur angemessenen Vergütung im Urhebervertragsrecht, AfP 2008, 545, 547

543 Beschlussempfehlung und Bericht des Rechtsausschusses zum Entwurf eines Gesetzes zur Stärkung der vertraglichen Stellung von Urhebern und ausübenden Künstlern, BTDrucks 14/8058, S. 18

eine branchenspezifische Besonderheit des Wissenschaftsmarktes.[544] In diesem Fall sind neben Pauschalhonoraren und Quersubventionierungen innerhalb des Verlages sogar Honorarverzichte der Urheber bei negativer Ertragsprognose ausnahmsweise zulässig, soweit dies im konkreten Einzelfall angemessen ist.[545]

Eine pauschale Berufung auf die Branchenüblichkeit bzw. auf Gewohnheitsrecht insoweit, dass keine Vergütungsansprüche für Werknutzungen (insbesondere im Wissenschaftsbereich) bestehen, ist jedoch nicht ausreichend, um Urhebern generell den Vergütungsanspruch zu entziehen, da die Unentgeltlichkeit der Nutzung den Ausnahme- und nicht den Regelfall darstellen soll.[546] Im Ergebnis steht somit jedem Wissenschaftsurheber grundsätzlich ein Anspruch auf angemessene Vergütung zu, der nur unter besonderen Umständen, die der Verleger darlegen muss, reduziert werden darf. Dass dieser Anspruch in der Praxis möglicherweise nicht immer durchgesetzt wird, rechtfertigt nicht den Vergütungsanspruch der Wissenschaftler von Anfang an auszuschließen.

In seiner Entscheidung vom 11.10.1988 hat das BVerfG zu den Erfordernissen des Verlustes eines Vergütungsanspruches des Urhebers gemäß § 52 Abs. 1 Satz 3 UrhG bezüglich der Sendung von Musikwochen in Vollzugsanstalten Stellung genommen. Die vielfach kritisierte Entscheidung des BVerfG begründet den Verlust des Vergütungsanspruches des Urhebers mit einer „im Vergleich zum Leben in Freiheit ungewohnte[r] Konzentration von Arbeits-, Wohn- und Freizeitbereichen sowie verringerte[r] Kommunikation mit der Außenwelt durch reglementierten Besucherverkehr", das „die Gefahr der Isolation, des Verlernens autonomer Lebenstechniken und der geistigen Verarmung [der Inhaftierten] mit sich [bringt]".[547] Diese Rechtsprechung lässt jedoch keinen allgemeinen Rückschluss in Bezug auf Open Access zu, da § 52 Abs. 1 Satz 3 UrhG die Vergütungspflicht ausschließlich für Veranstaltungen der Jugendhilfe, der Sozialhilfe, der Alten- und Wohlfahrtspflege, der Gefangenenbetreuung sowie für Schulveranstaltungen, sofern sie nach ihrer sozialen oder erzieherischen Zweckbe-

544 Wegener in Berger/Wündisch, § 18 Rn. 58; Peifer, Zur angemessenen Vergütung im Urhebervertragsrecht, AfP 2008, 545, 548

545 Beschlussempfehlung und Bericht des Rechtsausschusses zum Entwurf eines Gesetzes zur Stärkung der vertraglichen Stellung von Urhebern und ausübenden Künstlern, BTDrucks 14/8058, S. 18

546 OLG München GRUR-RR 2007, 139, 141; der BGH GRUR 2010, 14, 14 ff. hob zwar das Berufungsurteil des OLG München auf, hat sich aber mit der Frage der Branchenüblichkeit nicht befasst.

547 BVerfGE 79, 29, 40; a.A. Harder, Digitale Universitätsbibliotheken aus urheberrechtlicher Sicht, S. 87; Kreile, Die Sozialbindung des geistigen Eigentums in: FS Lerche, S. 265; Fechner, Geistiges Eigentum und Verfassung, S. 244, da die unentgeltliche Überlassung vor allem den Steuerzahler begünstigt, was aber kein Legitimationsgrund für eine kostenlose Nutzung sein könne.

stimmung nur einem bestimmt abgegrenzten Kreis von Personen zugänglich sind, entfallen lässt. Urheberrechtliche Schrankenregelungen sind aufgrund ihres Ausnahmecharakters und unter Berücksichtigung der Eigentumsfreiheit des jeweils betroffenen Urhebers verfassungskonform grundsätzlich eng auszulegen.[548] Das Open-Access-Paradigma hingegen fordert freien Zugang für jedermann. Gründe des Gemeinwohls, die dem grundsätzlichen Vergütungsanspruch des Urhebers entgegenstehen, liegen somit nicht vor.

(a) Schrankenregelung/Zwangslizenz

Eine Zwangslizenz bzw. § 52c UrhG-E erfordern daher zwingend die Sicherstellung einer angemessenen Vergütung des Rechteinhabers. Die Verfassungsmäßigkeit wahrend beinhaltet § 52c Abs. 1 Satz UrhG-E, dass für den Zugriff auf wissenschaftliche Werke eine angemessene Vergütung zu zahlen ist. Auch die im Urheberrecht bekannten Zwangslizenzen enthalten Vergütungsklauseln (§§ 42a Abs. 1 Satz 1, 5 Abs. 3 Satz 2, 87 Abs. 5 Satz 1 UrhG), wonach der Rechteinhaber zur Einräumung von Nutzungsrechten nur zu angemessenen Bedingungen verpflichtet ist. Derartige Vergütungsregeln entsprechen jedoch nicht der Open-Access-Idee, die einen kostenfreien Zugang zu Wissenschaftsinformationen fordert. Ein Ausschluss jeglichen Vergütungsanspruches des Berechtigten würde aber einen verfassungswidrigen Eingriff in die Eigentumsfreiheit des jeweiligen Urhebers darstellen.

(b) Anbietungspflicht

Anders verhält es sich bei § 43 Abs. 2 UrhG-E, da in diesem Fall nicht die Allgemeinheit direkt Zugriff auf die wissenschaftlichen Werke der angestellten Wissenschaftler hätte, sondern nur der Arbeitgeber bzw. Dienstherr. Nach vorherrschender sog. Abgeltungslehre bzw. Einheitstheorie sind durch das Arbeitsentgelt eines Arbeitnehmers bzw. durch den Beamtensold nicht nur die arbeits- und dienstvertraglichen Leistungen abgegolten, sondern auch die dabei entstandenen urheberrechtlich geschützten Werkleistungen, wenn diese auf vertraglich bzw. beamtenrechtlich geschuldeter Arbeitsleistung beruhen.[549] Ein gesonderter

548 EuGH GRUR 2009, 1041, 1045 („Infopaq"); BGHZ 134, 250, 263 f („CB-Infobank I"); Nicolini in: Möhring/Nicolini, § 45 Rn. 2; Lüft in: Wandtke/Bullinger, § Vor §§ 44a Rn. 1

549 Dreier in: Schulze/Dreier, § 43 Rn. 30; Berger, Zum Anspruch auf angemessene Vergütung (§ 32 UrhG) und weitere Beteiligung (§ 32 a UrhG) bei Arbeitnehmer-Urhebern, ZUM 2003, 173, 174 f., Pflüger/Ertmann, E-Publishing und Open Access – Konsequenzen für das Urheberrecht im Hochschulbereich, ZUM 2004, 436, 442; anders Wandtke in: Wandtke/Bullinger, § 43

Vergütungsanspruch des angestellten bzw. beamteten Urhebers gibt es i.d.R. nicht. Nur bei tätigkeitsbezogenen quantitativen oder qualitativen Mehrleistungen, die über eine arbeitsvertraglichen Verpflichtung hinausgehen, hat der Betroffene einen Anspruch auf zusätzliche Alimentierung.[550] Insoweit verstieße § 43 Abs. 2 UrhG-E nicht gegen die Eigentumsgarantie des Urhebers.

Grundlage des § 43 Abs. 2 UrhG-E ist jedoch die gesetzliche Qualifikation wissenschaftlicher Werke angestellter Wissenschaftler als urheberrechtliche Pflichtwerke im Rahmen eines Arbeits- bzw. Dienstverhältnisses. Die Verfassungsmäßigkeit dieser Qualifikation ist nicht bei der Eigentumsgarantie des Urhebers, sondern im Rahmen seiner Wissenschaftsfreiheit relevant.

(3) Besondere Sozialbindung Geistigen Eigentums

In den Entscheidungen des BVerfG findet sich zwar keine Unterscheidung der Schutzwürdigkeit von Sacheigentum und Geistigem Eigentum. Gleichwohl ist eine Gleichstellung nicht unumstritten und mit Blick auf folgende Begründung[551] des Regierungsentwurfs zum Urheberrechtsgesetz von 1965 diskussionswürdig:

> *Zwischen dem Sacheigentum und dem Urheberrecht [bestehen] grundsätzliche Unterschiede. Sinn des Sacheigentums ist es, dem Eigentümer die alleinige Herrschaft über die ihm gehörende Sache zu geben, damit er andere von der Benutzung ausschließen kann. Urhebergut ist dagegen seinem Wesen nach Mitteilungsgut. Ein Geisteswerk soll gerade – jedenfalls von dem Augenblick an, in dem der Urheber es veröffentlicht hat – in seinem Gedanken- oder Gefühlsinhalt möglichst vielen anderen Menschen zugänglich gemacht werden. Im Gegensatz zum Sacheigentum ist das Urheberrecht also letztlich nicht dazu bestimmt, andere von der Benutzung des Werkes auszuschließen. Es soll vielmehr in erster Linie dem Urheber die rechtliche Grundlage dafür geben, Art und Umfang der Benutzung seines Werkes zu überwachen und aus dessen Verwertung Einnahmen zu erzielen. Die Folgerung, die aus der Gleichstellung des "geistigen Eigentums" mit dem Sacheigentum gezogen wird, dass nämlich jede sachliche Beschränkung des Urheberrechts – auch im Interesse der Allgemeinheit – mit der Rechtsnatur des Urheberrechts nicht vereinbar sei, ist hiernach nicht berechtigt.*

Insbesondere Roellecke vertritt die Meinung, dass das Urheberrecht nur einen Vermögenswert besäße, wenn das geistige Werk im Kommunikationsprozess Anerkennung finde.[552] Aufgrund dieser existenziellen Abhängigkeit des Werkes vom Kommunikationsprozess besitzt nach Roellecke das urheberrechtliche Werk

---

Rn. 137, der den arbeitsrechtlichen Lohnanspruch und die urheberrechtliche Vergütung unterscheiden will und beide gesonderten Rechtsgrundlagen zuordnet, sog. Trennungstheorie.

550 Zirkel, Der angestellte Urheber und § 31 Abs. 4 UrhG, ZUM 2004, 626, 630, sog. tätigkeitsbezogene Sonderleistungstheorie.

551 Amtl. Begr. Sechster Abschnitt, vor § 45, BTDrucks 4/270, S. 63

552 Roellecke, Das Kopieren zum eigenen wissenschaftlichen Gebrauch, UFITA Bd. 84 (1979), 79, 101

nicht die gleiche Freiheit wie das Sacheigentum, da es lediglich als Chance zu bewerten sei.[553] Folglich unterläge Geistiges Eigentum einer wesentlich stärkeren Sozialbindung als Sacheigentum.[554] Der Gesetzgeber soll daher größere Gestaltungsfreiheiten zu Lasten des Inhabers des Geistigen Eigentums besitzen. Gegen diese Auffassung argumentiert vor allem Krüger-Nieland, dass eine Geistesschöpfung, die von Zeitgenossen nicht als solche anerkannt werde, bis zu deren Erkenntnis „Freibeute für Ausplünderer" wäre, wenn sie nicht der Eigentumsfreiheit unterläge.[555] Die Eigentumsfreiheit gebiete daher einen Schutz unabhängig vom finanziellen Wert des Werkes für andere.[556]

Im Grundsatz schützt die Eigentumsfreiheit das Eigentum als Einheit und nicht nur einzelne Eigentumsrechte, wie Sacheigentum, Geistiges Eigentum oder Forderungen.[557] Zwar kommt dem Sacheigentum im Sinne des BGB Leitbildfunktion und Prägewirkung für den verfassungsrechtlichen Eigentumsbegriff zu, es ist jedoch nicht hierauf beschränkt. Zwischen der Ebene des Verfassungsrechts und der gesetzlichen Eigentumsordnung ist jedoch genau zu unterscheiden, da aufgrund der Eigenständigkeit des Verfassungsrechts und seiner Distanz zum einfachen Recht dem Verfassungsrecht Vorrang gebietet.[558] Um dem verfassungsrechtlichen Eigentumsbegriff zu unterfallen, müssen vermögenswerte Rechtspositionen dem Sacheigentum des BGB lediglich vergleichbar und insoweit strukturkompatibel sein.[559] Die vermögenswerten Rechte des Urheberrechts gewähren dem Inhaber vergleichbare Ausschluss- und Verfügungsrechte, so dass diese Elemente nach allgemeiner Meinung als Eigentum im Sinne der Verfassung angesehen werden.[560] Da die Legitimationsgrundlage des Eigentumsschutzes eine gleiche ist, muss der Schutzumfang der jeweiligen Eigentumselemente auch grundsätzlich gleichwertig sein.[561] Der Verfassungsschutz wird jedoch im konkreten Einzelfall an das Wesen des jeweiligen Eigentumsgutes angepasst, da

553 Roellecke, Das Kopieren zum eigenen wissenschaftlichen Gebrauch, UFITA Bd. 84 (1979), 79, 101 f.

554 Roellecke, Kopierabgabe?, UFITA Bd. 85 (1979), 147, 155

555 Krüger-Nieland, Kopierrecht, UFITA Bd. 85 (1979), 99, 105

556 Krüger-Nieland, Kopierrecht, UFITA Bd. 85 (1979), 99, 105

557 Das BVerfG spricht daher von „Eigentum im Sinne der Verfassung" oder „Eigentum im Sinne des Grundgesetzes".

558 Wahl, Vorrang der Verfassung, Staat Bd. 20 (1981), 485, 513

559 Depenheuer in: von Mangoldt/Klein/Stark, Art. 14 Rn. 33

560 Depenheuer in: von Mangoldt/Klein/Starck, Art. 14 Rn. 147; Papier in: Maunz/Dürig, Art, 14 Rn. 197; Wendt in: Sachs, Art. 14 Rn. 24; Kreile, Die Sozialbindung des geistigen Eigentums in: FS Lerche, S. 251

561 Harder, Digitale Universitätsbibliotheken aus urheberrechtlicher Sicht, S. 74 f.

die Nutzungsmöglichkeiten von Sacheigentum, Geistigem Eigentum oder Forderungen differieren.[562]

Die Besonderheit des Urheberrechts ist, dass es durch die Veröffentlichung des betreffenden Werkes eine allgemeine Verbreitung erfährt, wo hingegen das Sacheigentum primär auf dauernden Ausschluss der Benutzung anderer zielt. Das Geistige Eigentum ist im Gegensatz zum Sacheigentum reproduzierbar. Mit der Publikation verselbstständigt sich das urheberrechtlich geschützte Werk, da beabsichtigt ist, dass die Allgemeinheit das Werk aufnimmt, es sich zu Eigen macht und an Dritte weitergibt.[563] Es wird zu einem eigenständigen, das kulturelle und geistige Geschehen seiner Zeit mitbestimmenden Faktor.[564] Mit der Zeit löst sich das Geisteswerk aus der privatrechtlichen Verfügbarkeit und wird mit zunehmender Nutzung mehr und mehr geistiges und kulturelles Allgemeingut.[565] Wenn die Beweisführung eines Wissenschaftlers das allgemeine Denken prägt und das Publikum das Werk in Gemeingebrauch übernimmt, hat sich der Urheber seines Werkes letztendlich entäußert.[566] Aus dem Individualgut wird dann ein Kulturgut. Aus diesem Grund ist das Urheberrecht zeitlich befristet und endet gemäß § 64 UrhG mit Ablauf von 70 Jahren post mortem auctoris.[567] Bis dahin hat der Urheber und etwaige Angehörige ausreichend Gelegenheit gehabt, das Werk zu verwerten und Einkünfte aus der geistigen Schöpfung zu erzielen.[568] Die Rechtsnatur des Urheberrechts als Mitteilungsgut rechtfertigt dessen zeitliche Befristung im Gegensatz zu anderen Eigentumsgütern. Nur wenn sich das Geisteswerk vom Urheber gelöst hat und Gemeingut wurde, tritt der Verwertungsanspruch des Urhebers hinter die Bedeutung des Werkes für die Allgemeinheit.[569]

Für die konkrete Dauer der Schutzfrist lassen sich keine jahrgenauen verfassungsrechtlichen Vorgaben finden. Es ließe sich daher vor allem im öffentlich finanzierten Wissenschaftsbereich über die Dauer einer siebzigjährigen urheberrechtlichen Schutzfrist streiten und aufgrund deren sozialpolitischen Bedeutung eine Verkürzung auf beispielsweise 30 Jahre gut vertreten.[570] Aufgrund der Ei-

---

562 Leisner, Eigentum, Hdb. des Staatsrechts VI, 1989, § 149 Rn. 49

563 Kirchhof, Verfassungsrechtlicher Gehalt des geistigen Eigentums in: FS Zeidler II, S. 1660

564 BVerfGE 31, 229, 242

565 Kirchhof, Verfassungsrechtlicher Gehalt des geistigen Eigentums in: FS Zeidler II, S. 1655

566 Kirchhof, Verfassungsrechtlicher Gehalt des geistigen Eigentums in: FS Zeidler II, S. 1660 f.

567 Hier handelt es sich um eine einheitliche Schutzfristlänge in der gesamten Europäischen Union.

568 Gass in: Möhring/Nicolini, § 64 Rn. 6; Lüft in: Wandtke/Bullinger, § 64 Rn. 1

569 Harder, Digitale Universitätsbibliotheken aus urheberrechtlicher Sicht, S. 89

570 Anzumerken ist, dass die urheberrechtliche Schutzfrist im Laufe der letzten Jahrzehnte verschiedener Änderungen unterlag: Während das Gesetz von 1901 noch eine Schutzfrist von 30 Jahren post mortem auctoris festlegte, wurde die Frist im Gesetz von 1934 auf 50 Jahre und 1965 schließlich auf 70 Jahre ausgedehnt. Nach Schack, Zur Rechtfertigung des Urheberrechts

gentumsgarantie muss die Schutzfrist aber zumindest soweit bemessen sein, dass ein gewichtiger Teil der zu erzielenden Einnahmen dem Werkschöpfer zufließen können.[571] Eine weitere Einschränkung des Verwertungsrechts zu Gunsten des kostenlosen Informationsbedürfnisses der Allgemeinheit aufgrund einer besonderen Sozialbindung des Urheberrechts ist im Ergebnis aber nicht geboten und somit auch nicht zulässig.

## 2. Wissenschaftsfreiheit, Art. 5 Abs. 3 Satz 1 GG

Nach dem Wortlaut des Art. 5 Abs. 3 Satz 1 GG sind Kunst und Wissenschaft, Forschung und Lehre frei. Nach einhelliger Meinung verkörpert Art. 5 Abs. 3 Satz 1 GG zwei eigenständige voneinander zu trennende Grundrechte: Kunst und Wissenschaft.[572] Da Art. 5 Abs. 3 Satz 1 GG auch das Schaffen von wissenschaftlichen Autoren schützt, müssen die vorgeschlagenen Gesetzesreformen mit der Wissenschaftsfreiheit der Autoren im Einklang stehen.

### *a) Schutzbereich*

Nach vorherrschender Meinung im Schrifttum und Rechtsprechung bildet Wissenschaft den Oberbegriff, der durch die konkretisierenden Unterbegriffe Forschung und Lehre näher erläutert wird.[573] Für diese Interpretation der Normstruktur sprechen unabhängig des mehrdeutigen Wortlauts[574] des Art. 5 Abs. 3 Satz 1 GG ein Rückgriff auf die Zuständigkeitsbegriffe „wissenschaftliche Forschung" bei Art. 74 Abs. 1 Nr. 13 und Art. 91b Abs. 1 Nr. 2 GG. Darüber hinaus

---

als Ausschließlichkeitsrecht in: Geistiges Eigentum: Schutzrechte oder Ausbeutungstitel?, S. 139, ist eine Schutzfrist von 70 Jahren nach dem Tod des Urhebers absurd und zu lange. Seiner Meinung nach hätte man bei der alten Schutzfrist von 50 Jahren post mortem auctoris bleiben können, da eine angemessene Entlohnung des Urhebers von einem arbeitsfreien Einkommen der Erbeserben zu trennen sei.

571 Fechner, Geistiges Eigentum und Verfassung, S. 406

572 Starck in: von Mangoldt/Klein/Starck, Art. 5 III Rn. 289 f.; Nach Alexander Blankenagel, Wissenschaftsfreiheit aus der Sicht der Wissenschaftssoziologie, AöR Bd. 105 (2000), 35, 38 Fn. 15, könnte aufgrund der Strukturähnlichkeit von Kunst und Wissenschaft Art. 5 Abs. 3 GG aber auch als „Grundrecht der Kultur" interpretiert werden.

573 BVerfGE 35, 79, 113; Jarass in: Jarass/Pieroth, Art. 5 Rn. 121; Mager, Freiheit von Forschung und Lehre, Hdb. des Staatsrechts VII, 2009, § 166 Rn. 7; Pernice in: Dreier, Art. 5 III Rn. 24; Scholz in: Maunz/Dürig, Art. 5 III Rn. 85; a.A. Alexander Blankenagel, Wissenschaftsfreiheit aus der Sicht der Wissenschaftssoziologie, AöR Bd. 105 (2000), 35, 70; Trute, Die Forschung zwischen grundrechtlicher Freiheit und staatlicher Institutionalisierung, S. 110 ff.

574 Wendt in: von Münch/Kunig, Art. 5 Rn. 116 hält den Wortlaut für „ungut, weil leicht der fehlerhafte Eindruck entstehen könnte, es handle sich um drei selbstständig nebeneinander stehende Dinge."

knüpft Art. 5 Abs. 3 Satz 1 GG an Art. 142 WRV an, der die Wissenschaft und *ihre* Lehre verfassungsrechtlich garantierte. Der Schutz der Wissenschaftsfreiheit wird daher von zwei zu unterscheidenden sachlichen Schutzbereichen gewährleistet, den Betätigungsformen des Forschens und des Lehrens.[575]

aa) Sachlicher Schutzbereich

Gemeinsamer Bezugspunkt von Forschung und Lehre ist die übergeordnete Wissenschaft, so dass Art. 5 Abs. 3 Satz 1 GG zum einen die wissenschaftliche Forschung und zum anderen die wissenschaftliche Lehre für jedermann verfassungsrechtlich garantiert. D.h., dass Forschung und Lehre nur dann in den Schutzbereich des Art. 5 Abs. 3 Satz 1 GG fallen, wenn sie wissenschaftlich betrieben werden.[576]

(1) Wissenschaft

Wissenschaft selbst ist durch Offenheit und Unabgeschlossenheit charakterisiert.[577] Der Wissenschaftsbegriff ist aufgrund seiner Mannigfaltigkeit sehr weit und offen zu verstehen und unterliegt dem sozialen Wandel seiner Zeit. War früher die Wissenschaft auf den Hochschulsektor beschränkt, ist sie heute ein offener sozialer Prozess vielfältiger Kommunikation.[578] Eine allgemeine abschließende lexikalische Definition der Wissenschaftsfreiheit ist daher nicht möglich und wird in keiner Verfassungsurkunde versucht.[579] Aufgrund dieser Undefinierbarkeit des Wissenschaftsbegriffs wird zum Teil die Ansicht vertreten, die Rechtslehre stünde vor einem unlösbaren Dilemma.[580] Aus diesem Grund gibt es eine Vielzahl von Versuchen den Begriff Wissenschaft doch abschließend zu definieren, denen hier jedoch nicht näher nachgegangen werden muss.

Auch ohne eine allgemeingültige Interpretation und Anwendung des Wissenschaftsbegriffs können Rechtslehre und Rechtsprechung die jeweiligen Sachverhalte an Art. 5 Abs. 3 Satz 1 GG messen, da sie in der Lage sind, bestimmte kennzeichnende Kriterien richtig zu deuten und konkrete Schlussfolgerungen zu ziehen. Der Wissenschaftsbegriff ist schließlich nicht der einzige verfassungs-

575 Losch, Wissenschaftsfreiheit, Wissenschaftsschranken, Wissenschaftsverantwortung, S. 104
576 Dickert, Naturwissenschaften und Forschungsfreiheit, S. 167
577 Dähne, Forschung zwischen Wissenschaftsfreiheit und Wirtschaftsfreiheit, S. 402 f.
578 Schulze-Fielitz, Freiheit der Wissenschaft, Hdb. des Verfassungsrechts, § 27 Rn. 17
579 Häberle, Die Freiheit der Wissenschaften im Verfassungsstaat, AöR Bd. 110 (1985), 329, 336; zum „Definitionsdilemma“ bei Art. 5 Abs. 3 GG vgl. Dickert, Naturwissenschaften und Forschungsfreiheit, S. 118 ff.
580 Hailbronner, Die Freiheit der Forschung und Lehre als Funktionsgrundrecht, S. 150

rechtliche Ausdruck, der keinen abschließenden allgemeinen Konsens hervorruft. Selbiges gilt beispielsweise für die verfassungsrechtlichen Begriffe Kunst oder Demokratie. Eine uferlose Ausweitung des Wissenschaftsbegriffs findet dennoch nicht statt, da sich dieser mit bestimmten allgemeinen Ausdrucks- oder Tätigkeitsformen umschreiben lässt.[581] Nicht jeder, der von sich selbst behauptet wissenschaftlich tätig zu sein, ist ein Wissenschaftler im Sinne der Wissenschaftsfreiheit.

Im Rahmen der Open-Access-Diskussion erscheinen die vom BVerfG getroffenen Umschreibungen der wissenschaftlichen Forschung und wissenschaftlichen Lehre als ausreichend, um die Wissenschaftlichkeit der jeweiligen Autoren festzustellen, so dass die weitere Untersuchung anhand der nachfolgenden Bezeichnungen erfolgt. Zwar sind auch diese Begrifflichkeiten vage, sie lassen jedoch der Praxis den im Einzelfall unerlässlichen Entscheidungsspielraum, zu dessen Ausfüllung naturgemäß auf die traditionellen und gängigen Standards der Wissenschaftlichkeit in Forschung und Lehre zurückgegriffen werden kann.[582]

(2) Wissenschaftliche Forschung

Wissenschaftliche Forschung im Sinne des Art. 5 Abs. 3 Satz 1 GG ist die planmäßige, methodengesteuerte und eigenverantwortliche Suche, Bestätigung oder Falsifikation von Erkenntnissen.[583]

Diese geistige Erkenntnisgewinnung ist nicht auf einzelne Forschungsgebiete beschränkt. Innerhalb der wissenschaftlichen Forschung gibt es eine Vielfalt an unterschiedlichen Disziplinen, die alle unter den Schutzbereich des Art. 5 Abs. 3 Satz 1 GG fallen. Die Wissenschaftsfreiheit unterscheidet nicht zwischen der reinen oder grundlagentheoretischen und der technisch verwertenden bzw. angewandten Forschung, sowie nicht zwischen zweckorientierter, industrieller[584] und phänomenorientierter, zweckfreier und regelmäßig universitärer Grundlagenforschung.[585] Sogar die Drittmittel- und Auftragsforschung unterfällt der ver-

---

581 Knemeyer, Lehrfreiheit, S. 25

582 Dreier, Forschungsbegrenzung als verfassungsrechtliches Problem, DVBl 1980, 471, 472

583 Starck in: von Mangoldt/Klein/Starck, Art. 5 III Rn. 361; grundlegend jedoch z.T. veraltet hier BVerfGE 35, 79, 113 wonach wissenschaftliche Forschung die geistige Tätigkeit mit dem Ziel in methodischer, systematischer und nachprüfbarer Weise neue Erkenntnisse zu gewinnen, die nach Inhalt und Form als ernsthafter und planmäßiger Versuch zur Ermittlung der Wahrheit anzusehen sei.

584 A.A. Alexander Blankenagel, Vom Recht der Wissenschaft und der versteckten Ratlosigkeit der Rechtswissenschaftler bei der Betrachtung des- und derselben, AöR Bd. 125 (2000), 70, 97, der aufgrund der gesellschaftlichen Bedeutung die industrielle wissenschaftliche Tätigkeit dem Normbereich der Art. 12, 14 GG zuweist.

585 Schulze-Fielitz, Freiheit der Wissenschaft, Hdb. des Verfassungsrechts, § 27 Rn. 2

fassungsrechtlich garantierten Wissenschaftsfreiheit.[586] Die Richtigkeit der Methoden und die gewonnenen Erkenntnisse sind hierbei nur sekundär, da es möglich ist, dass deren Wert für die scientific community größer ist, als wissenschaftliche Ergebnisse, die zwar methodisch richtig und nachprüfbar formuliert, jedoch nicht mehr als die Folge wissenschaftlichen Handwerks sind.[587] Ferner kann über „gute" oder „schlechte" Wissenschaft sowie die Richtigkeit von Ergebnissen nur wissenschaftlich geurteilt werden.[588]

In Anlehnung an § 4 Abs. 2 Satz 1 HRG umfasst die wissenschaftliche Forschung insbesondere die Fragestellung, die Grundsätze der Methodik sowie die Bewertung des Forschungsergebnisses und seine Verbreitung.[589] Wissenschaftliche Betätigung findet aber dort ihre Grenze, wo sie der Werteordnung des Grundgesetzes diametral zuwiderläuft oder wissenschaftliche Standards grob verletzt.[590] Dies ist vor allem dann der Fall, wenn die in Betracht kommenden Handlungen tatsächlich nicht auf Wahrheitserkenntnis gerichtet sind, sondern schon vorgefassten Meinungen oder Ergebnissen nur den Anschein wissenschaftlicher Gewinnung verleihen (sollen).[591] Beispielsweise Parteigutachten, die einzig und alleine zur Unterstützung eines bestimmten Begehrens erstellt werden und zielorientiert die Erörterung anderer sachnaher Punkte ausschließen, um nicht von dem vorgefassten Ergebnis abzuweichen, entsprechen nicht dem Wissenschaftsbegriff.[592]

Daneben ist der gesamte nachwissenschaftliche Bereich aus dem Schutzbereich des Art. 5 Abs. 3 Satz 1 GG ausgeschlossen. Hierunter versteht man die Anwendung von Forschungsergebnissen in der Praxis, beispielsweise in Wirtschaft oder Medizin, die durch andere Grundrechte geschützt sind.[593] In diesen Bereichen findet Wissenschaft nur als Verwendungsmittel Anwendung.[594]

Keine Schwierigkeiten bereitet im Ergebnis die Charakterisierung der geistigen Betätigung von Wissenschaftlern als wissenschaftliche Forschung im Sinne

---

586 Starck in: von Mangoldt/Klein/Starck, Art. 5 III Rn. 325; Dähne, Forschung zwischen Wissenschaftsfreiheit und Wirtschaftsfreiheit, S. 43

587 Jarass in: Jarass/Pieroth, Art. 5 Rn. 121; Hübner, § 42 Nr. 1 ArbEG und die Freiheit der wissenschaftlichen Kommunikation, WissR 2005, 34, 40

588 BVerfGE 5, 85, 145

589 BVerfGE 35, 79, 113 (damals noch zu § 3 Abs. 2 HRG a.F.); Pernice in: Dreier, Art. 5 III Rn 28; d.h. aber keinesfalls, dass Bundes- oder Landesgesetzgeber dazu berufen sind Grundrechtstatbestände zu umschreiben.

590 BVerfGE 90, 1, 13

591 BVerfGE 90, 1, 13

592 Knemeyer, Lehrfreiheit, S. 27

593 Dickert, Naturwissenschaften und Forschungsfreiheit, S. 213 f.

594 Diemer, Was heißt Wissenschaft?, S. 43

des Art. 5 Abs. 3 Satz 1 GG, sofern der Urheber wissenschaftliche Erkenntnisse findet, entdeckt oder ermittelt.

(3) Wissenschaftliche Lehre

In Abgrenzung zur Forschungsfreiheit garantiert die Lehrfreiheit die ungehinderte und unbeeinflusste Übermittlung des durch Forschung Erkannten in das Wissenschaftssystem. Zeitlich folgt sie daher der wissenschaftlichen Forschung nach. Die Freiheit der Lehre umfasst die freie Wahl von Inhalt und Äußerung[595] bzw. von Gegenstand, Form, Methode[596], Zeit und ggf. auch Ort[597] der Aufbereitung und Darbietung wissenschaftlicher, nicht notwendigerweise neuer oder eigener[598] Erkenntnisse. Unabdingbare Voraussetzung der Lehrfreiheit ist deren wissenschaftliche Eigenverantwortlichkeit, d.h., sie muss selbstständig und frei von Weisungen erfolgen.[599] Als Kommunikationsmittel dient wissenschaftliche Lehre als Wissensspeicher und Kontinuitätssicherung der Forschungsergebnisse durch Nachwuchsausbildung im Rahmen ihrer Berufsausbildung.[600] Somit setzt wissenschaftliche Lehre eine Wissensvermittlung durch einen Lehrenden an einen Kreis von Lernenden voraus, wobei die Kommunikationsform und das -medium der Lehre gleichgültig sind.[601] Wissenschaftliche Lehre wird meist durch Lehrvorträge, Seminare, Lehrbücher, Skripten etc. vermittelt.

Die Verbreitung von Forschungsergebnissen durch Wissenschaftler unterfällt daher grundsätzlich der verfassungsrechtlich garantierten Lehrfreiheit des Art. 5 Abs. 3 Satz 1 GG.

(4) Verwertung wissenschaftlicher Ergebnisse

Die Parallelität von Kunst und Wissenschaft in Art. 5 Abs. 3 Satz 1 GG ist keine Zufälligkeit. Aufgrund ihrer Strukturähnlichkeit lässt sich im Rahmen der Wis-

---

595 BVerfGE 35, 79, 113 f.

596 BVerwG NVwZ 1992, 1082, 1082

597 Scholz in: Maunz/Dürig, Art. 5 III Rn. 111; a.A. Mager, Freiheit von Forschung und Lehre, Hdb. des Staatsrechts VII, 2009, § 166 Rn. 14, wonach Zeit und Ort nur in absoluten Ausnahmenfällen erfasst sein sollen.

598 a.A. Wendt in: von Münch/Kunig, Art. 5 Rn. 102, wonach nur die Kommunikation eigener Forschungsergebnisse von Art. 5 Abs. 3 GG; Dickert, Naturwissenschaften und Forschungsfreiheit, S. 290.

599 Wendt in: von Münch/Kunig, Art. 5 Rn. 102

600 Trute, Die Forschung zwischen grundrechtlicher Freiheit und staatlicher Institutionalisierung, S. 129

601 Trute, Die Forschung zwischen grundrechtlicher Freiheit und staatlicher Institutionalisierung, S. 130

senschaftsfreiheit vergleichbar der Kunstfreiheit zwischen einem Werk- und einem Wirkbereich unterscheiden.[602] Dem Werkbereich unterliegt der schöpferische Erkenntnis- und Lehrprozess des Wissenschaftlers, wo hingegen der Wirkbereich die Weitervermittlung dieser Ergebnisse betrifft.[603] Die Freiheit des Wissenschaftlers, sein Werk zu veröffentlichen, unterfällt somit dem Wirkbereich der Wissenschaftsfreiheit. Hieran ändern auch wirtschaftliche Erträge des Wissenschaftlers nichts, die er aufgrund einer Publikation erzielt, denn diese sind für seine wissenschaftliche Tätigkeit und seine wissenschaftliche Erkenntnisvermittlung nicht zweckbestimmend.[604] Der Wirkbereich der Wissenschaftsfreiheit endet aber, wenn nicht die wissenschaftliche Verbreitung, sondern die kommerzielle Verwertung der wissenschaftlichen Forschungsergebnisse im Vordergrund steht. Zwischen dem Prozess der Erkenntnissuche und der nachfolgenden Verwertung besteht kein innerer Zusammenhang, da die wirtschaftliche Verwertung keine Wissenschaft ist, sondern lediglich deren Folge.[605] Die Wissenschaftsgarantie tritt daher, insofern es um die Verwertung Geistigen Eigentums und den wirtschaftlichen Gewinn geht, hinter den ökonomisch-gewerblichen Grundrechtsgewährleistungen aus Art. 12 Abs. 1 GG und Art. 14 GG zurück.[606] Andernfalls würde das wissenschaftliche Wissen als Ware degradiert.[607] Auch das BVerfG sieht in der wirtschaftlichen Ausnutzung wissenschaftlicher Erkenntnisse den Schutzbereich anderer Grundrechte als Art. 5 Abs. 3 Satz 1 GG betroffen.[608] Soweit die unentgeltliche Zurverfügungstellung wissenschaftlichen Wissens im Rahmen der Open-Access-Diskussion das Verwertungsrecht des Urhebers betrifft, ist deshalb ausschließlich dessen Eigentumsgarantie gemäß Art. 14 GG von Bedeutung.[609]

---

602 Geis, Nebentätigkeitsrecht in: Hochschulrecht im Freistaat Bayern, III Rn. 373; Losch, Wissenschaftsfreiheit, Wissenschaftsschranken, Wissenschaftsverantwortung, S. 115

603 Losch, Wissenschaftsfreiheit, Wissenschaftsschranken, Wissenschaftsverantwortung, S. 115

604 Scholz in: Maunz/Dürig, Art. 5 III Rn. 84

605 Thieme, Die Wissenschaftsfreiheit der nichtuniversitären Forschungseinrichtungen, DÖV 1994, 150, 153

606 Bethge in: Sachs, Art. 5 Rn. 220a; Mager, Freiheit von Forschung und Lehre, Hdb. des Staatsrechts VII, 2009, § 166 Rn. 20; Scholz in: Maunz/Dürig, Art. 5 III Rn. 84; nach Kamp, Forschungsfreiheit und Kommerz, S. 244 f., sind Einschränkungen der Verwertungshandlungen aber als relevante mittelbare Beeinträchtigungen der Forschungsfreiheit zu qualifizieren.

607 Schmidt-Aßmann, Fehlverhalten in der Forschung – Reaktionen des Rechts, NVwZ 1998, 1225, 1227

608 BVerfGE 71, 162, 176

609 Vgl. S. 125 ff.

(5) Publikationsfreiheit

Untrennbarer Teil des sachlichen Schutzbereiches der Wissenschaftsfreiheit ist die Publikationsfreiheit des Wissenschaftlers, d.h. die Veröffentlichungsberechtigung von Autoren, die einem wissenschaftlichen Personenkreis zuzuordnen ist.[610] Dass die Publikation wissenschaftlicher Erkenntnisse unter den Schutzbereich des Art. 5 Abs. 3 Satz 1 GG fällt, ist heute nahezu allgemeine Meinung in Schrifttum[611] und Rechtsprechung[612]. Anders war dies noch zu Zeiten der Weimarer Republik, in der die Freiheit zur Veröffentlichung wissenschaftlicher Ergebnisse durch die Pressefreiheit nach Art. 118 WRV garantiert wurde.[613] Erst im Laufe der Zeit entwickelte die Grundrechtsdogmatik, dass Grundrechte nicht nur eine individualrechtliche Schutzdimension haben, sondern dass sie auch die zur Grundrechtsausübung geschaffenen Lebensbereiche schützen.[614]

Die Open-Access-Idee sieht eine obligatorische Online-Veröffentlichung wissenschaftlicher Beiträge, d.h. die Art und Weise der Publikation, vor. Teil des Art. 5 Abs. 3 Satz 1 GG ist aber die Freiheit eines jeden Wissenschaftlers über die Veröffentlichung seiner Forschungsergebnisse frei zu entscheiden (positive Publikationsfreiheit).[615] Wissenschafts- und Publikationsfreiheit sind untrennbar miteinander verbunden, da Wissenschaft ohne Mitteilung nicht vorstellbar ist.[616] Wissenschaft ist ein unbegrenzter und grenzenloser Dialog eines Wissenschaftlers mit Gleichgesinnten.[617] Die Publikationsfreiheit ist daher zwingender Bestandteil der Wissenschaftsfreiheit; sie gehören notwendig zusammen.[618]

Voraussetzung der Publikationsfreiheit ist aber, dass der Wissenschaftler beabsichtigt, seine gewonnenen Erkenntnisse zu veröffentlichen und somit der wissenschaftlichen Gemeinschaft zur Verfügung stellt, da Wissenschaft Kommunikation ist.[619] Erkenntnisse eines einzigen Menschen, die nur auf dessen Erfahrungsbericht beschränkt sind, können daher mangels Diskussionsmöglichkeit begrifflich keine Wissenschaft sein.[620]

---

610 Kimminich, Das Veröffentlichungsrecht des Wissenschaftlers, WissR 1985, 116, 117

611 Statt aller Pernice in: Dreier, Art. 5 III Rn. 28

612 BVerfGE 35, 79, 113; BVerfGE 47, 327, 367; BVerfGE 90, 1, 11f.

613 Vgl. zur historischen Entwicklung Steinfort, Die verfassungsrechtlichen Grundlagen der Veröffentlichungsfreiheit des Wissenschaftlers, S. 16 f.

614 Dreier in: Dreier, Vorbem. Rn. 68; Starck in: von Mangoldt/Klein/Starck, Art. 1 Rn. 174

615 Kimminich, Das Veröffentlichungsrecht des Wissenschaftlers, WissR 1985, 116, 117

616 Leuze, Kritische Anmerkungen zu § 42 ArbEG, GRUR 2005, 27, 28

617 Kimminich, Das Veröffentlichungsrecht des Wissenschaftlers, WissR 1985, 116, 116 f.

618 Kimminich, Das Veröffentlichungsrecht des Wissenschaftlers, WissR 1985, 116, 123

619 Pernice in: Dreier, Art. 5 III Rn. 28; Dähne, Forschung zwischen Wissenschaftsfreiheit und Wirtschaftsfreiheit, S. 403

620 Kimminich, Das Veröffentlichungsrecht des Wissenschaftlers, WissR 1985, 116, 119

(a) Veröffentlichungspflicht des Wissenschaftlers?

Neben dem Recht des Wissenschaftlers seine Forschungsergebnisse zu veröffentlichen, hat die Wissenschaftsfreiheit i.d.R. auch eine geschützte negative Seite.[621] Streitig ist hierbei jedoch, ob der Wissenschaftler in seiner Entscheidung über das „ob" der Publikation der Forschungsergebnisse frei ist, oder eine Veröffentlichungspflicht des Wissenschaftlers besteht. Ein Teil des rechtswissenschaftlichen Schrifttums ist der Ansicht, dass eine Veröffentlichungspflicht des Wissenschaftlers nicht mit der verfassungsrechtlich geschützten Wissenschaftsfreiheit vereinbar wäre.[622] Nach anderen Stimmen im Schrifttum hat ein Wissenschaftler neben dem Recht seine Ergebnisse zu veröffentlichen, auch eine objektiv grundsätzliche Pflicht zur Veröffentlichung dieser Ergebnisse.[623]

In Fällen der universitären Drittmittelforschung existiert eine einfach gesetzliche Regelung. Nach Art. 8 Abs. 2 Satz 2 BayHSchG bzw. § 25 Abs. 2 Halbs. 2 HRG sollen Forschungsergebnisse, die aus Mitteln Dritter finanziert werden i.d.R. in absehbarer Zeit veröffentlicht werden. Eine Drittmittelfinanzierung in diesem Sinne liegt vor, wenn ein Forschungsprojekt nicht (oder nicht vollständig) aus den der Hochschule zur Verfügung stehenden Haushaltsmitteln, sondern aus Mitteln Dritter finanziert ist.[624] Unter „sollen" in diesem Zusammenhang versteht die Rechtswissenschaft eine Veröffentlichungspflicht des Betroffenen unter

621 Hellermann, Die sogenannte negative Seite der Freiheitsrechte, S. 30 f.; Merten, Negative Grundrechte, Hdb. der Grundrechte, § 42 Rn. 135

622 wohl h.M.: Fechner in: Stern/Becker, Art. 5 Rn. 184; Merten, Negative Grundrechte, Hdb. der Grundrechte,§ 42 Rn. 138; Wendt in: von Münch/Kunig, Art. 5 Rn. 101; Classen, Wissenschaftsfreiheit außerhalb der Hochschule, S. 86 f.; Kupfer, Informationsverpflichtung für Wissenschaftler?, WissR 1971, 117, 133; Schmitt-Glaeser, Die Freiheit der Forschung, WissR 1974, 107, 114 (Fn. 26); Schmidt-Aßmann, Wissenschaft – Öffentlichkeit – Recht in: Rechts- und staatstheoretische Schlüsselbegriffe, S. 79 f.; Thieme, Hochschulrecht, Rn. 127 u. 474

623 Dickert, Naturwissenschaften und Forschungsfreiheit, S. 291; Reetz, Die Regelung des § 42 Nr. 1 ArbEG auf dem „verfassungsrechtlichen Prüfstand", WissR 2008, 206, 210; Schulze-Fielitz, Forschung in: Hochschulrecht im Freistaat Bayern, II Rn. 24; differenzierter Lux, Rechtsfragen der Kooperation zwischen Hochschulen und Wirtschaft, S. 20 ff.; Epping, Rechte und Pflichten von Professoren unter besonderer Berücksichtigung der Beamtenpflichten, ZBR 1997, 381, 385; nach Ansicht des VG Berlin, NJW 1978, 848, sähe der Gesetzgeber die Veröffentlichung von Forschungsergebnissen als selbstverständlichen Bestandteil der Forschungstätigkeit an, da nach BVerfGE 47, 327, 383 Forschung und Lehre auf Veröffentlichung angelegt seien, so dass die Veröffentlichung von Forschungsergebnissen zu den Dienstpflichten eines Universitätsprofessors gehöre.

624 Art. 8 Abs. 1 Satz 1 BayHSchG macht im Gegensatz zu § 25 Abs. 1 Halbs. 1 HRG mit dem Zusatz „nicht oder nicht vollständig" jedes Forschungsprojekt, das mit einem Teilbetrag aus dritter Hand finanziert wird, zu einem Drittmittelprojekt.

dem Vorbehalt entgegenstehender billigenswerter Gründe.[625] Gesetzgeberischer Sinn und Zweck für diese grundsätzliche Pflicht zur Publikation ist, dass derjenige Wissenschaftler, der mit Drittmitteln forscht, sich gegen ein aufgedrängtes Veröffentlichungsverbot des Drittmittelgebers zur Wehr setzen kann, es handelt sich somit um eine Schutzvorschrift für den Wissenschaftler.[626]

Für die Frage, ob der Wissenschaftler – unabhängig von der Drittmittelforschung – frei in seinem Entschluss ist, seine Ergebnisse zu veröffentlichen oder nicht, muss insbesondere auch der (wechselseitige) kommunikative Charakter der Wissenschaftsfreiheit berücksichtigt werden; manche sehen hierin sogar den eigentlichen Garantiegehalt der Wissenschaftsfreiheit.[627] Derjenige, der sich diesem Diskurs entzieht und seine Erkenntnisse der scientific community nicht zur Verfügung stellt, verlässt diese Gemeinschaft. Erst die Eingliederung in den wissenschaftlichen Kommunikationsprozess führt zu einer Qualifikation der Erkenntnisgewinnung als wissenschaftliche Handlung.[628] Ein Recht Ergebnisse zu verschweigen, kann sich somit grundsätzlich nicht aus der Wissenschaftsfreiheit ergeben, da sich Geheimhaltung und Wissenschaftlichkeit i.d.R. gegenüberstehen.[629] Will ein Autor seine Forschungsergebnisse nicht mitteilen, unterfällt seine Tätigkeit nicht Art. 5 Abs. 3 Satz 1 GG, sondern vielmehr Art. 12 Abs. 1 GG bzw. Art. 14 GG.[630] Für dieses Ergebnis spricht auch die Rechtsprechung des BVerfG, wonach unter Bezugnahme auf den Bundesbericht Forschung III[631], Forschung „die geistige Tätigkeit mit dem Ziele, in methodischer, systematischer und nachprüfbarer Weise neue Erkenntnisse zu gewinnen" sei.[632] Eine Nachprüfbarkeit dieser Erkenntnisse setzt jedoch zwingend eine vorherige Veröffentlichung mit der Möglichkeit des wissenschaftlichen Diskurses voraus.

Anders liegt der Fall hingegen, wenn der Wissenschaftler sein Werk nur noch nicht veröffentlichen will, da er aktuell nicht von der Veröffentlichungsreife

---

625 Löwer in: Hailbronner/Geis, § 25 Rn. 49

626 Denninger in: Denninger, § 25 Rn. 10; a.A. Löwer in: Hailbronner/Geis, § 25 Rn. 47, wonach eine Pflicht zur Publikation einen Eingriff in die Wissenschaftsfreiheit darstelle, jedoch wegen des kommunikativen Prozesses der Wissenschaft gerechtfertigt sei.

627 Hübner, § 42 Nr. 1 ArbEG und die Freiheit der wissenschaftlichen Kommunikation, WissR 2005, 34, 41, spricht sogar von einer Kommunikationsfreiheit.

628 Dähne, Forschung zwischen Wissenschaftsfreiheit und Wirtschaftsfreiheit, S. 403; Hübner, § 42 Nr. 1 ArbEG und die Freiheit der wissenschaftlichen Kommunikation, WissR 2005, 34, 40 f.

629 Ähnlich Schmidt-Aßmann, Wissenschaft – Öffentlichkeit – Recht in: Rechts- und staatstheoretische Schlüsselbegriffe, S. 81 f., der meint, dass eine Ausklammerung der negativen Veröffentlichungsfreiheit aus dem Schutzbereich der Wissenschaftsfreiheit einen gewissen „Charme" hätte.

630 Pernice in: Dreier, Art. 5 III Rn. 31

631 BTDrucks 4/4335, S. 4

632 BVerfGE 35, 79, 113

überzeugt ist, jedoch nach weiterer Überarbeitung künftig die Publikation seiner Ergebnisse beabsichtigt. Da die Suche nach der Wahrheit nie abgeschlossen werden kann, muss der Wissenschaftler selbst den Zeitpunkt der Veröffentlichung seiner Forschungsergebnisse bestimmen können.[633] Solange der Autor plant, seine Erkenntnisse irgendwann der scientific community mitzuteilen, beabsichtigt er den wissenschaftlichen Diskurs. Bis dahin ist ein Wissenschaftler auch nicht verpflichtet Zwischenergebnisse seiner Erkenntnisse zu veröffentlichen, da es ihm alleine obliegen muss, sein wissenschaftliches Ergebnis im Ganzen zur Diskussion zustellen und nicht als Stückwerk.[634] Eine Zwischenveröffentlichung birgt für Autoren die Gefahr, dass Adressaten mangels noch nicht sichtbarer Eingliederung des jeweiligen Abschnitts in den Gesamtkontext falsche Schlüsse ziehen. Zudem bedarf eine wissenschaftliche Erwiderung anderer Autoren einer vollständigen Diskussionsgrundlage, d.h. einer ganzheitlichen Veröffentlichung.

In engen Ausnahmefällen muss es ein Wissenschaftler jedoch unterlassen dürfen, bestimmte wissenschaftliche Ergebnisse zu veröffentlichen, ohne aus dem Schutzbereich der Wissenschaftsfreiheit auszuscheiden. Beispielhaft ist der Wissenschaftler zu nennen, der zu dem Ergebnis kommt, dass seine Arbeit zu keinem wissenschaftlichen Ergebnis von Wert gelangt[635] oder die Veröffentlichung zu unverantwortbaren Gefahren für das Gemeinwesen führen würde[636]. Ein Wis-

633 BVerfGE 47, 327, 383

634 Ähnlich Schmidt-Aßmann, Wissenschaft – Öffentlichkeit – Recht in: Rechts- und staatstheoretische Schlüsselbegriffe, S. 71; a.A. Dickert, Naturwissenschaften und Forschungsfreiheit, S. 294, der zwischen Erkenntnisgewinnung und deren Verbreitung einen engen zeitlichen Zusammenhang, insbesondere auch die Veröffentlichung von Zwischenergebnissen fordert.

635 Lux, Rechtsfragen der Kooperation zwischen Hochschulen und Wirtschaft, S. 21; Thieme, deutsches Hochschulrecht, Rn. 474; zustimmend Meusel, Veröffentlichungspflicht und Geheimhaltung in: In Sachen ausseruniversitäre Forschung, S. 276; a.A. Dickert, Naturwissenschaften und Forschungsfreiheit, S. 292; Mechthild Blankenagel, Wissenschaft zwischen Information und Geheimhaltung, S. 79 f., unterscheidet zwischen dem „schlichten Schweigen" als Bestandteil von Art. 5 Abs. 3 Satz 1 GG und dem „bewussten Verschweigen", das nicht von Art. 5 Abs. 3 Satz 1 geschützt sein soll.

636 Hauck/Lüthje, Wissenschaftsfreiheit durch Mitbestimmung, S. 47; Thieme, deutsches Hochschulrecht, Rn. 474; a.A. Dickert, Naturwissenschaften und Forschungsfreiheit, S. 292, wonach insbesondere gefahrenträchtige Forschung wie Gen- oder Atomtechnik einer allgemeinen wissenschaftlichen Diskussion bedürfe, um deren Richtigkeit bzw. Gefährlichkeit von Fachleuten überprüfen zu lassen, da ohne Veröffentlichung derartiger Forschungsergebnisse die Suche nach entsprechenden Gegen- bzw. Vorsichtsmaßnahmen aussichtslos wäre.
Aktuell appelliert die US-amerikanische Regierung an Forscher und Wissenschaftszeitschriften (Science u. Nature) Daten über ein im Labor entwickelten H5N1-Erreger (Vogelgrippe) unter Verschluss zu halten, da durch die Veröffentlichung der Studie Terroristen eine Biowaffe entwickeln könnten, abrufbar unter: http://www.nih.gov/news/health/dec2011/od-20.htm (14.01. 2012).

senschaftler darf nicht aus Gründen der Wissenschaft dazu gezwungen werden, sich selbst oder der Allgemeinheit der Gefahr eines Schadens auszusetzen. In diesen Fällen ist eine Interessenabwägung zu Gunsten des betroffenen Wissenschaftlers vorzunehmen.

Im Ergebnis beinhaltet Art. 5 Abs. 3 Satz 1 GG für den jeweiligen Wissenschaftler zwar eine grundsätzliche Veröffentlichungspflicht. Hat der betroffene Wissenschaftler jedoch gewichtige und überwiegende Gründe, die gegen eine Publikation seiner wissenschaftlichen Ergebnisse sprechen, verliert er die Grundrechtberechtigung aus Art. 5 Abs. 3 Satz 1 GG nicht.

(b) Art und Weise der Publikation

Allgemein schützt Art. 12 Abs. 1 Satz 1 GG die freie Berufsausübung des Einzelnen, zu der nicht nur die berufliche Praxis selbst gehört, sondern auch jede Tätigkeit, die mit der Berufsausübung zusammenhängt und dieser dient. In den Bereich berufsbezogener Tätigkeiten fällt daher auch die berufliche Außendarstellung des Grundrechtsträgers.[637] Wissenschaftliche Veröffentlichungen sind der Grundstein für das berufliche Ansehen des jeweiligen Wissenschaftlers und daher von elementarer Bedeutung für seine Berufsausübung. Jedoch ist die Besonderheit wissenschaftlicher Veröffentlichungen, dass diese nicht nur eine Berufsausübung im Sinne der Berufsfreiheit des jeweiligen Autoren darstellen, sondern dem grundrechtsspeziell qualifizierten Berufsbild des Wissenschaftlers gemäß Art. 5 Abs. 3 Satz 1 GG entsprechen. Gegenüber der Berufsfreiheit gilt die Wissenschaftsfreiheit entweder als lex specialis[638] oder steht zu ihr in Idealkonkurrenz.[639] Die Art und Weise einer wissenschaftlichen Veröffentlichung wird daher (zumindest auch) von Art. 5 Abs. 3 Satz 1 GG garantiert.[640]

Neben dem Zeitpunkt der Veröffentlichung umfasst die (negative) Publikationsfreiheit des Wissenschaftlers auch das Recht die Form, d.h. u.a. das Veröffentlichungsmedium zu wählen bzw. in bestimmten Medien nicht zu veröffentlichen. Publikation ist nicht gleich Publikation. Unterschiedliche Publikationsmedien haben einen unterschiedlichen Adressatenkreis. Nicht nur das Medium, sondern auch der Adressatenkreis bestimmt den Textinhalt. Die Erwartungshaltung der Empfänger hat daher Einfluss auf die sprachliche Gestaltung des Textes und ggf. sogar auf den Inhalt. Mit anderen Worten: „hängt das, was ich sagen

637 BVerfGE 85, 248, 256

638 Jarass in: Jarass/Pieroth, Art. 5 Rn. 120

639 Scholz in: Maunz/Dürig, Art. 12 Rn. 182

640 Nach BVerfGE 85, 360, 381 f., soll ausnahmsweise nur Art. 12 Abs. 1 GG Anwendung finden, wenn der Schwerpunkt ausschließlich im Bereich der Berufsfreiheit liegt, wobei aber die Wertungen der Wissenschaftsfreiheit zu berücksichtigen sind.

will, davon ab, wem und wie ich es sagen kann".[641] Das Medium und der Adressat der jeweiligen Veröffentlichung sind daher Bestandteil des Kommunikationsvorgangs und bestimmen den Informationsgehalt der wissenschaftlichen Ergebnisse.

Zwar sind die konkreten wissenschaftlichen Erkenntnisse von Autoren hauptursächlich für den jeweiligen beruflichen Erfolg, jedoch ist es insbesondere für (junge) Wissenschaftler von entscheidender beruflicher Relevanz, in bestimmten renommierten Fachzeitschriften oder Verlagen zu veröffentlichen. Nur eine Zeitschrift, die in den jeweiligen Bereichen als unabdingbare Voraussetzung wissenschaftlicher Forschung und Lehre gilt, verschafft den jeweiligen Autoren besonderes wissenschaftliches Ansehen, da dieses sich vor allem nach der Reputation des Verlages bzw. Zeitschrift bemisst.[642] Eine Veröffentlichung in einem Universitätsverlag oder ausschließlich im Internet hat in den meisten Wissenschaftsbereichen derzeit (noch) nicht das Gewicht wie in einem renommierten Printmedium.

Aufgrund dieses unterschiedlichen Gewichts muss der Wissenschaftler somit selbst die Wahl seiner Kommunikationswege haben. Er alleine hat das Recht über die Art und Weise, d.h. über das „wie", seiner Veröffentlichung zu entscheiden.

(c) Verortung der Publikationsfreiheit

Gesetzgeber[643], Rechtsprechung[644] und Teile der Literatur[645] verorten die Publikationsfreiheit im Rahmen der Freiheit der wissenschaftlichen Forschung nicht bei der Lehrfreiheit. Dem folgend sind die positive und negative Publikationsfreiheit unmittelbare Auswirkungen der Freiheit der Forschung.[646]

Die Gegenauffassung sieht die Publikationsfreiheit als Teil der wissenschaftlichen Lehre an.[647] Daneben bestehen auch Tendenzen, die Zuordnung der Publi-

---

641 Rieble, Autorenfreiheit und Publikationszwang in: Autorschaft als Werkherrschaft in digitaler Zeit, S. 58

642 Merten, Negative Grundrechte, Hdb. der Grundrechte, § 42 Rn. 138; vgl. zum JIF S. 77

643 Amtl. Begr. zu § 42 Nr. 1 ArbNErfG, BTDrucks 14/5975, S.6

644 BVerfGE 35, 79, 113

645 Krüger, Grundtypen der Hochschule in: Hdb. des Wissenschaftsrechts Bd. 1, S. 286; Leuze, Kritische Anmerkungen zu § 42 ArbEG, GRUR 2005, 27, 28; Merten, Negative Grundrechte, Hdb. der Grundrechte, § 42 Rn. 138; Meusel, Außeruniversitäre Forschung im Wissenschaftsrecht, § 45 Rn. 553; Reetz, Die Regelung des § 42 Nr. 1 ArbEG auf dem „verfassungsrechtlichen Prüfstand", WissR 2008, 206, 208

646 Krüger, Grundtypen der Hochschule in: Hdb. des Wissenschaftsrechts Bd. 1, S. 286

647 Denninger in: AK-GG, Art. 5 III Rn. 29; Wendt in: von Münch/Kunig, Art. 5 Rn. 102; Dickert, Naturwissenschaften und Forschungsfreiheit, S. 290

kationsfreiheit von ihrem akademischen Grad abhängig zu machen, da die Lehrfreiheit nur die akademische Lehre, d.h. die Wortlehre eines Hochschullehrers an Universitäten meine.[648] Anders hingegen seien Veröffentlichungen im nichtakademischen Bereich der wissenschaftlichen Forschung zuzurechnen.[649] Die unterschiedliche Verortung der Publikationsfreiheit hat nicht lediglich dogmatische Gründe, sondern ist auch für die Praxis relevant, schließlich unterliegt nur die Freiheit der Lehre dem Verfassungstreuevorbehalt des Art. 5 Abs. 3 Satz 2 GG.[650] Über die Verortung der Publikationsfreiheit kann jedoch keine einheitliche Aussage getroffen werden, vielmehr ist eine differenziertere Betrachtungsweise notwendig.

Eine Abgrenzung anhand eines akademischen und nicht-akademischen Bereiches der Wissenschaftsfreiheit ist abzulehnen, da eine derartige Unterscheidung in Art. 5 Abs. 3 GG keine Stütze findet. Wissenschaftsfreiheit schützt vielmehr unabhängig ihres akademischen Grades alle Bereiche wissenschaftlicher Tätigkeit.[651] Lehr- und Forschungsfreiheit sind Teile des Jedermann-Grundrechts der Wissenschaftsfreiheit, so dass eine Beschränkung der Lehrfreiheit auf den akademischen Bereich dem ausdrücklichen Wortlaut von Art. 5 Abs. 3 Satz 1 GG zuwiderliefe. Auch die Lehrfreiheit ist ein Jedermann-Grundrecht.[652] Die Publikationsfreiheit muss daher mittels anderer Kriterien im System der Wissenschaftsfreiheit eingeordnet werden.

Die erstmalige Publikation eines Ergebnisses durch den Autor ist besonders wichtig, da erst sie den Marktzutritt der gewonnenen Erkenntnisse ermöglicht. Sie ist Bestandteil der wissenschaftlichen Forschung. Nach dem üblichen Sprachgebrauch ist es nicht eindeutig, ob die Publikation wissenschaftlicher Erkenntnisse als Forschung zu qualifizieren ist, da nach diesem Verständnis Forschen auch nur die Untersuchung eines wissenschaftlichen Problems darstellen kann.[653] Jedoch muss der allgemeine Sprachgebrauch nicht zwingend mit der juristischen Begrifflichkeit übereinstimmen. Die erstmalige Veröffentlichung seiner Ergebnisse (gleich in welchem Medium) ist für den Wissenschaftler von existenzieller Bedeutung. Nur durch allgemeine Bereitstellung des Erforschten

---

648 Ossenbühl, Pädagogische Freiheit und Schulaufsicht, DVBl 1982, 1157, 1160

649 Kimminich, Das Veröffentlichungsrecht des Wissenschaftlers, WissR 1985, 116, 117 f.

650 A.A. Rieble, Autorenfreiheit und Publikationszwang in: Autorschaft als Werkherrschaft in digitaler Zeit, S. 53, da beides in gleicher Weise geschützt sei, sei eine konkrete Verortung nicht erforderlich.

651 Dickert, Naturwissenschaften und Forschungsfreiheit, S. 274

652 Dickert, Naturwissenschaften und Forschungsfreiheit, S. 288

653 Trute, Die Forschung zwischen grundrechtlicher Freiheit und staatlicher Institutionalisierung, S. 125; a.A. Mager, Freiheit von Forschung und Lehre in: Hdb. des Staatsrechts VII, 2009, § 166 Rn. 10, wonach der heutige Sprachgebrauch die Publikation von Forschungsergebnissen als Teil der Forschung verstehe.

ermöglicht der Wissenschaftler eine Validierung und Speicherung seiner Ergebnisse für die Nachwelt. Ohne Veröffentlichung stünden der scientific community die Ergebnisse des Einzelnen nicht zur Verfügung bzw. zur Diskussion. Eine kritische Auseinandersetzung mit den Thesen, Gegenargumenten und darauf aufbauenden weiteren Ergebnissen unterblieben. Die Veröffentlichung des Wissenschaftlers dient auch der Erzeugung neuen Wissens. Sie bildet darüber hinaus den Ansatzpunkt der Reputationszuteilung innerhalb des Wissenschaftssystems und ist für den beruflichen Erfolg des Wissenschaftlers ausschlaggebend. Die Publikation des Erforschten ist daher der notwendige Schlusspunkt der Forschungstätigkeit selbst und stellt für den Wissenschaftler einen wesentlichen Teil wissenschaftlicher Forschung dar.

Forschungsfreiheit schützt den Entstehungszusammenhang wissenschaftlicher Erkenntnisse einschließlich deren erstmaliger Publikation, wo hingegen die Lehrfreiheit eine ungehinderte und unbeeinflusste Vermittlung dieser Erkenntnisse an Lernende garantiert. Die Lehrfreiheit umfasst somit allgemein die Verbreitung wissenschaftlicher Information. Nachfolgende Publikationen des Wissenschaftlers, die einen bereits vorveröffentlichten Stoff beinhalten, unterliegen der Freiheit der Lehre.

#### bb) Persönlicher Schutzbereich

Die Wissenschaftsfreiheit steht grundsätzlich jedermann zu, der sich wissenschaftlich betätigt oder tätig werden will.[654] Die Grundrechtsberechtigung ist somit an den Tatbestand der wissenschaftlichen Betätigung qualifikationsmäßig gebunden.[655] Unproblematisch ist der persönliche Schutzbereich des Art. 5 Abs. 3 Satz 1 GG für Wissenschaftler in privatrechtlichen Anstellungsverhältnissen eröffnet, sofern diese sich wissenschaftlich betätigen. Es stellt sich aber die Frage, ob für den öffentlichen Dienst wegen Art. 33 Abs. 5 GG aus den hergebrachten Grundsätzen des Berufsbeamtentums Einschränkungen im Bereich des Schutzbereiches der Wissenschaftsfreiheit ergeben. Unter öffentlichem Dienst in diesem Sinne versteht man Beamte[656], unabhängig, ob diese auf Lebenszeit, Zeit oder auf Probe ernannt wurden, einschließlich Richter[657] und Notare im Landesdienst[658]. Der Beamte steht zu seinem Dienstherrn in einem Sonderrechtsverhältnis. Da viele Veröffentlichungen aus dem Hochschulbereich von verbeamteten Hochschulmitgliedern stammen, hätte eine Beschränkung der Veröffentlichungs-

654 BVerfGE 35, 79, 112
655 Scholz in: Maunz/Dürig, Art. 5 III Rn. 119
656 BVerfGE 9, 268, 284 f.
657 BVerfGE 38, 139, 151
658 BVerfG NJW 2008, 638, 640

freiheit eine enorme Auswirkung auf die Wissenschaft. Neben seinem Sonderrechtsverhältnis zum Staat ist der jeweilige Beamte aber auch Grundrechtsträger, der gegen staatliche Eingriffe seine Grundrechte in Stellung bringen kann, da die Grundrechte prinzipiell auch im Beamtenverhältnis gelten.[659] Die Konstruktion eines rechtsfreien Raumes zu Lasten Beamter wird nicht mehr vertreten. Auch die Rechtsfigur eines fiktiven Grundrechtsverzichts[660] wird zu Recht nicht mehr verfolgt, da die Grundrechte nicht zur Disposition der Beteiligten stehen.[661]

Zwischen den Grundrechten des Beamten und seinen beamtenrechtlichen Pflichten kommt es mitunter zu Interessengegensätzen, wenn die individuellen Grundrechtsansprüche mit den hergebrachten Grundsätzen des Berufsbeamtentums kollidieren. Ein Ausgleich beider Interessen wird jedoch nicht mit einer Beschränkung des persönlichen Schutzbereiches des jeweiligen Grundrechts erreicht. Andernfalls bestünde ein grundrechtsfreier Raum, der nicht mit Art. 1 Abs. 3 GG vereinbar wäre.[662] Vielmehr wird die Lehre der praktischen Konkordanz im Rahmen der Rechtfertigung eines Grundrechtseingriffes zugrunde gelegt, damit beide Interessen zu einer optimalen Entfaltung gelangen.[663] Grundrechtsbeschränkende Wirkung im Rahmen eines Beamtenverhältnisses beruht daher nicht auf einem besonderen Gewaltverhältnis zwischen Staat und Beamten, sondern auf entgegenstehendem Verfassungsrecht, namentlich Art. 33 Abs. 5 GG.[664]

Der Schutzbereich der Wissenschaftsfreiheit ist daher im Ergebnis für jedermann eröffnet, der sich wissenschaftlich betätigt oder betätigen will, unabhängig seines Anstellungsstatus.

#### *b) Eingriff*

Die Wissenschaftsfreiheit garantiert dem Einzelnen ein Recht auf Abwehr jeder staatlichen Einwirkung auf den Gewinnungsprozess und die Vermittlung wissenschaftlicher Erkenntnisse. Alle dem Staat zurechenbare Einschränkungen der

---

659 Pieper in: Schmidt-Bleibtreu/Hofmann/Hopfauf, Art. 33 Rn. 104; Rottmann, Der Beamte als Staatsbürger, S. 226

660 So noch Schick, Der Beamte als Grundrechtsträger, ZBR 1963, 67, 69

661 BVerwGE 14, 21, 25

662 BVerfGE 33, 1, 10 f.

663 Grundlegend hierzu Hesse, Grundzüge des Verfassungsrecht der Bundesrepublik Deutschland, Rn. 317 ff., wonach bei der Interpretation verfassungsmäßiger Begrenzungen oder der Begrenzung auf Grund eines Gesetzesvorbehaltes es darum gehe, beide zu optimaler Wirksamkeit gelangen zu lassen und die Verhältnisbestimmung nicht so vorgenommen werden dürfe, dass die Wirksamkeit einer grundrechtlichen Gewährleistung mehr als notwendig eingeschränkt werde.

664 Hübner, § 42 Nr. 1 ArbEG und die Freiheit der wissenschaftlichen Kommunikation, WissR 2005, 34, 48

Selbstbestimmung der einzelnen Wissenschaftler in Bezug auf deren Forschung und Lehre stellen daher zu rechtfertigende grundrechtsrelevante Eingriffe dar.[665]

aa) Schrankenregelung/Zwangslizenz

Eine Schrankenregelung gemäß § 52c UrhG-E bzw. eine Zwangslizenz gestatten den Zugriff der Allgemeinheit auf bereits veröffentlichte öffentlich finanzierte Wissenschaftsliteratur unter bestimmten Voraussetzungen. Hierbei ist primär der Verlust der Verfügungsbefugnis bzw. des Verwertungsrechts des jeweiligen Wissenschaftlers, d.h. die wirtschaftliche Verwertung wissenschaftlicher Erkenntnisse, tangiert. Weder der Gewinnungsprozess noch die Vermittlung wissenschaftlicher Erkenntnisse durch den Wissenschaftler ist das Ziel dieser Regelungen. Die Vorschriften sind daher nicht an Art. 5 Abs. 3 Satz 1 GG, sondern an Art. 14 Abs. 1 GG zu messen.[666]

bb) Anbietungspflicht

Nach § 43 Abs. 2 Satz 1 UrhG-E sind Wissenschaftsautoren, die in einem Beschäftigungsverhältnis zu einer Hochschule oder öffentlich geförderten Forschungseinrichtung stehen, verpflichtet, der Universität oder Forschungseinrichtung an Werken im Sinne des § 2 Abs. 1 Nr. 1 UrhG ein einfaches Nutzungsrecht einzuräumen.

Nach einer Ansicht im Schrifttum ist eine Anbietungspflicht beschäftigter Wissenschaftler an deren Eigentums- bzw. Berufsfreiheit und nicht an deren Wissenschaftsfreiheit zu messen, da es ausschließlich um die Verwertung von Ergebnissen gehe.[667] Die Entscheidung über das „ob" der Werkveröffentlichung, d.h. die negative Publikationsfreiheit, soll dabei nicht tangiert werden, da die positive Entscheidung des Wissenschaftlers über das „ob" der Veröffentlichung vorausgesetzt werde.[668] Diesen Ausführungen ist jedoch nicht zu folgen. Zum einen fällt das „ob" einer Veröffentlichung nur in wenigen Ausnahmefällen in den Schutzbereich der Wissenschaftsfreiheit, da dem Wissenschaftler grundsätzlich kein von Art. 5 Abs. 3 Satz 1 GG garantiertes Schweigerecht zusteht. Zum ande-

665 Mager, Freiheit von Forschung und Lehre in: Hdb. des Staatsrechts VII, 2009, § 166 Rn. 23

666 BVerwGE, 13, 112, 114; Bethge in: Sachs, Art. 5 Rn. 220a; Mager, Freiheit von Forschung und Lehre in: Hdb. des Staatsrechts VII, 2009, § 166 Rn. 20; Scholz in: Maunz/Dürig, Art. 5 III Rn. 84

667 Pflüger/Ertmann, E-Publishing und Open Access – Konsequenzen für das Urheberrecht im Hochschulbereich, ZUM 2004, 436, 441

668 Pflüger/Ertmann, E-Publishing und Open Access – Konsequenzen für das Urheberrecht im Hochschulbereich, ZUM 2004, 436, 441

ren betrifft § 43 Abs. 2 UrhG-E vor allem die Art und Weise einer Veröffentlichung, d.h. das „wie“, da im Ergebnis nicht mehr der Autor über die Veröffentlichungsart und das Publikationsmedium entscheidet, sondern der Arbeitgeber bzw. Dienstherr. Hierdurch wird der Grundrechtsträger in seiner verfassungsrechtlich garantierten Publikationsfreiheit beschränkt.

cc) Anzeigepflicht

Eine Anbietungspflicht beschäftigter Wissenschaftler setzt voraus, dass dieser der Universität oder Forschungseinrichtung seine Absicht zur Veröffentlichung gemäß § 43 Abs. 2 Satz 2 UrhG-E vorab anzeigt. Erst danach entscheidet die Universität oder Forschungseinrichtung, ob sie an dem wissenschaftlichen Werk ein einfaches Nutzungsrecht erwerben möchte. Art. 5 Abs. 3 Satz 1 GG garantiert dem Wissenschaftler Zeitpunkt sowie Art und Weise der Veröffentlichung seiner wissenschaftlichen Erkenntnisse frei zu wählen. Fraglich ist, ob eine vorherige Anzeigepflicht des Wissenschaftlers dessen Publikationsfreiheit beeinträchtigt, da er vor eigener Veröffentlichung diese den zuständigen Stellen anzuzeigen verpflichtet ist.

Zwar hindert eine derartige Anzeigeverpflichtung grundsätzlich den Wissenschaftler nicht, sein Werk zu veröffentlichen, so dass allenfalls eine kaum spürbare faktische Beeinträchtigung des Wissenschaftlers vorläge. Jedoch gewährt die Wissenschaftsfreiheit i.d.R. einen durchgreifenden Schutz auch vor verhältnismäßig geringfügigen Beeinträchtigungen.[669] Die Anzeigeverpflichtung folgt aber aus der geplanten Veröffentlichung des Werkes und ist notwendige Voraussetzung einer durchführbaren Anbietungspflicht, da andernfalls die Universität oder Forschungseinrichtung keinen Überblick über die anstehenden Veröffentlichungen und damit über die Angebote zur Nutzungsrechtseinräumung ihrer Angehörigen hätte. Sie ist daher lediglich eine unselbstständige Rechtsfolge der Anbietungspflicht, die keinen Anlass für eine eigene Grundrechtsprüfung bietet.[670]

dd) Bereitstellung in elektronischer Form

Neben der Pflicht eine Veröffentlichung unverzüglich anzuzeigen, ist der Wissenschaftler nach § 43 Abs. 2 Satz 2 UrhG-E verpflichtet, jede geplante Veröf-

---

669 BVerfGE 47, 327, 378

670 Reetz, Die Regelung des § 42 Nr. 1 ArbEG auf dem „verfassungsrechtlichen Prüfstand“, WissR 2008, 206, 213 f, für die Mitteilungspflicht aus § 5 ArbNErfG im Rahmen der Anbietungspflicht aus § 42 Nr. 1 ArbNErfG.

fentlichung in digitaler Form den berechtigten Stellen zur Verfügung zu stellen. Oberflächlich betrachtet stellt die Bereitstellung der Veröffentlichung in digitaler Form keine wesentliche Beeinträchtigung des Wissenschaftlers dar, verfasst er doch seine Publikationen in aller Regel selbst in digitaler Form, so dass eine digitale Kopie ohne weiteres erstellt und weitergeleitet werden kann. Der Aufwand des jeweiligen Wissenschaftlers wäre gering. Jedoch ist die elektronische Werkschaffung nicht die einzige. Es erscheint durchaus möglich, dass Wissenschaftler sogar im digitalen Zeitalter ihre Veröffentlichungen in anderer Form den Verlagen zur Veröffentlichung übermitteln. In Betracht kommen beispielsweise handschriftliche, maschinengeschriebene oder diktierte Manuskripte, die der Verlag selbst digitalisiert und publiziert. In der Praxis wird nur eine verschwindend geringe Zahl von Wissenschaftlern ihre wissenschaftlichen Ergebnisse in einer derartigen Form zur Verfügung stellen, da bereits die Wissenschaftsverlage darauf drängen, die Manuskripte in elektronischer Form zu bekommen. Jedoch garantiert die Wissenschaftsfreiheit jedem Grundrechtsberechtigten die Wahl seiner jeweiligen Darstellungsform.[671] Die tatsächliche Anzahl der Wissenschaftler, die ihre wissenschaftlichen Ergebnisse in nicht-digitalisierter Form erstellen, ist daher grundsätzlich irrelevant. Grundrechte stellen nämlich vor allem Abwehrrechte einer Minderheit gegen den Staat dar. Dem Wissenschaftler steht daher allgemein die ganze Bandbreite der Wort- und Schriftlehre einschließlich digitaler Datenübermittlung als Publikationsmedium zur Verfügung.[672]

Die Bereitstellung der Veröffentlichung in digitaler Form ändert aber an der freien Auswahl des Wissenschaftlers an der Darstellungsform seiner Erkenntnisse nichts. Die Art der Veröffentlichung obliegt weiterhin dem Wissenschaftler. Er ist nicht verpflichtet, von Anfang an seine Veröffentlichung in digitaler Form zu erstellen. Erstellt der Wissenschaftler nicht selbst seine wissenschaftlichen Ergebnisse in digitaler Form, ist eine elektronische Verarbeitung der Erkenntnisse im Ergebnis trotzdem erforderlich, da diese für eine Veröffentlichung in Print- oder Online-Medien heutzutage für Verleger zwingend ist. Eine Kopie dieser Digitalisierung kann der Wissenschaftler den berechtigten Stellen ohne weiteres zur Verfügung stellen.

Anders verhält es sich aber, wenn der Wissenschaftler gar nicht plant sein Werk schriftlich niederzulegen, sondern ausschließlich mündlich vorträgt. Auch nur mündlich vorgetragene Werke wie Reden, Reportagen oder Interviews können Sprachwerke im Sinne des § 2 Abs. 1 Nr. 1 UrhG darstellen.[673] § 43 Abs. 2 UrhG-E umfasst dem Wortlaut nach alle wissenschaftlichen Werke, die von an-

---

671 Starck in: von Mangoldt/Klein/Starck, Art. 5 III Rn. 340

672 Dickert, Naturwissenschaften und Forschungsfreiheit, S. 293

673 Schulze in: Dreier/Schulze, § 2 Rn. 82

gestellten Wissenschaftlern im Rahmen ihrer Lehr- und Forschungstätigkeit geschaffen wurden, d.h. auch mündliche Sprachwerke. Die Verpflichtung mündlich vorgetragene Werke in digitalisierter Form bereitzustellen, würde jedoch einen erheblichen Mehraufwand für den jeweiligen Wissenschaftler bedeuten, die einen zu rechtfertigenden Eingriff in Art. 5 Abs. 3 Satz 1 GG darstellten.

Eine teleologische Auslegung des § 43 Abs. 2 UrhG-E gebietet jedoch eine Beschränkung auf Schriftwerke im Sinne § 2 Abs. 1 Nr. 1 UrhG.[674] Ausgangspunkt für den Gesetzesvorschlag des § 43 Abs. 2 UrhG-E ist die Zeitschriftenkrise und die Verteuerung wissenschaftlicher Literatur, vor allem bei Büchern und Zeitschriften bzw. Schriftwerken.[675] Die Anbietungspflicht der Wissenschaftler hinsichtlich ihrer wissenschaftlichen Ergebnisse sollen u.a. einen drohenden Infarkt des Bibliothekswesens verhindern, die Vormachtstellung der Wissenschaftsverlage beschränken und einen möglichst ungehinderten Zugang zu Büchern und Zeitschriften gewähren.[676] Mündlich vorgetragene wissenschaftliche Werke, deren schriftliche Fixierung nicht erfolgt, werden von Bibliotheken oder Verlagen i.d.R. gar nicht zur Verfügung gestellt. Eine digitale Bereitstellung mündlicher Wissenschaftswerke führt daher zu keiner Kostenentlastung der Bibliotheken oder schränkt die Machtfülle der Verlage ein. Eine Erstreckung der Vorschrift auf wissenschaftliche Sprachwerke (im engeren Sinne) entspricht daher nicht der Intention des Gesetzesvorschlages und war nicht geplant.

§ 43 Abs. 2 UrhG-E verpflichtet somit ausschließlich Urheber wissenschaftlicher Schriftwerke unter gewissen Voraussetzungen eine digitale Kopie bereitzustellen. Eine derartige Verpflichtung stellt mangels Intensität keinen Eingriff in die von Art. 5 Abs. 3 Satz 1 GG garantierte Wissenschaftsfreiheit dar.

#### ee) Verlust des Verfügungs- und Verwertungsrechts

In § 43 Abs. 2 UrhG-E wird Universitäten und Forschungseinrichtungen ein unentgeltliches Optionsrecht zur Nutzungsrechteinräumung an wissenschaftlichen Werken unter bestimmten Voraussetzungen gewährt. Der Urheber verliert teilweise sein diesbezügliches Verfügungs- und Verwertungsrecht. Art. 5 Abs. 3

674 Pflüger/Ertmann, E-Publishing und Open Access – Konsequenzen für das Urheberrecht im Hochschulbereich, ZUM 2004, 436, 441, schlagen vor das Optionsrecht zur Nutzung auf Schriftwerke zu begrenzen.

675 Stellungnahme des Kultusministerkonferenz v. 11. November 2004 zum Gesetzentwurf zur Regelung des Urheberrechts in der Informationsgesellschaft, S. 9 ff.; Pflüger/Ertmann, E-Publishing und Open Access – Konsequenzen für das Urheberrecht im Hochschulbereich, ZUM 2004, 436, 437

676 Stellungnahme des Kultusministerkonferenz v. 11. November 2004 zum Gesetzentwurf zur Regelung des Urheberrechts in der Informationsgesellschaft, S. 10

Satz 1 GG schützt aber nicht die wirtschaftliche Verwertung wissenschaftlicher Werke, sondern tritt in diesem Fall hinter Art. 14 Abs. 1 GG zurück.

ff) Verzögerung der Publikation

§ 43 Abs. 2 UrhG-E beabsichtigt eine obligatorische Zweitveröffentlichung von Wissenschaftsartikeln in einem Universitätsverlag oder -repositorium entsprechend den Open-Access-Maßstäben.[677] Hochschulen und Forschungsinstituten steht das Optionsrecht zu, Nutzungsrechte an bestimmten wissenschaftlichen Werken zu erwerben. Eine zeitliche Befristung des Optionsrechts wird zwar diskutiert, fand jedoch (noch) keine Berücksichtigung in § 43 Abs. 2 UrhG-E. Erst nach Verzicht auf das Optionsrecht bzw. nach Ablauf einer noch zu bestimmenden Optionsfrist sollen dem Urheber die Verwertungsrechte wieder uneingeschränkt zur Verfügung stehen. Dieses Optionsrecht verhindert bzw. verzögert aber eine (Parallel-)Publikation des Beitrages durch einen vom Autor selbst gewählten (renommierten) Fachverlag. Einer anderslautenden Argumentation, wonach § 43 Abs. 2 UrhG-E zu keiner Verzögerung führen soll, da der Autor in der Lage sei, sein Werk gleichzeitig bei einem anderen Verleger zur Veröffentlichung einzureichen, ist nicht überzeugend.[678] Eine Parallelveröffentlichung in einem (renommierten) Verlag ist nämlich nur theoretischer Natur, da kein Verleger Kosten für die Publikation eines Werkes aufwendet, wenn noch in der Schwebe ist, ob das gleiche Werk nach Open-Access-Bedingungen von einem Hochschulverlag oder Repositorium unentgeltlich für jedermann zum Download angeboten wird.[679] Eine kommerzielle Verwertung des Werkes bedarf i.d.R. eines ausschließlichen Nutzungsrechtes des Verlegers. Für den Wissenschaftler folgt daraus, dass bis zu einer endgültigen Klärung der Nutzungsrechte an seinem Werk eine traditionelle Veröffentlichung realitätsfern ist.

Nimmt die Hochschule bzw. Forschungseinrichtung das Angebot des Wissenschaftlers zur Nutzungsrechteinräumung nicht wahr, stehen diesem die Verwertungsrechte wieder uneingeschränkt zur Verfügung. Erst mit zeitlicher Verzögerung kann er schließlich aussichtsreich die Veröffentlichung seines Beitrages einem Verlag anbieten. § 43 Abs. 2 UrhG-E führt demzufolge zu einer Verzögerung der Publikationsmöglichkeit des Wissenschaftlers und stellt daher eine Verkürzung grundrechtlich gewährter Freiheiten dar. Zwar beeinträchtigt die Vor-

---

677 Stellungnahme des Kultusministerkonferenz v. 11. November 2004 zum Gesetzentwurf zur Regelung des Urheberrechts in der Informationsgesellschaft, S. 10

678 So aber Pflüger/Ertmann, E-Publishing und Open Access – Konsequenzen für das Urheberrecht im Hochschulbereich, ZUM 2004, 436, 442

679 Hansen, Zugang zu wissenschaftlichen Informationen – alternative urheberrechtliche Ansätze, GRUR Int 2005, 378, 381

schrift die Publikationsfreiheit des Wissenschaftlers nicht unmittelbar und gezielt durch ein von einem Grundrechtsadressaten verfügtes Verbot, da § 43 Abs. 2 UrhG-E theoretisch einer Parallelveröffentlichung nicht entgegensteht. Jedoch schützen Grundrechte auch gegen sonstige belastende Einwirkungen des Staates, da der Abwehrgehalt von Grundrechten auch bei faktischen und mittelbaren Beeinträchtigungen betroffen sein kann, wenn diese in Zielsetzung und Wirkungen unmittelbaren Eingriffen gleichkommen.[680] An einer eingriffsgleichen Wirkung einer staatlichen Maßnahme fehlt es hingegen, wenn die mittelbare Beeinträchtigung ein bloßer Reflex einer nicht entsprechend ausgerichteten gesetzlichen Regelung ist.[681]

§ 43 Abs. 2 UrhG-E hätte aber nicht nur reflexartige Folgen für angestellte wissenschaftliche Urheber, sondern zielt vielmehr aus wirtschafts- und sozialpolitischen Gründen darauf ab, Wissenschaftler im Rahmen ihrer Tätigkeit zu einem bestimmten Verhalten zu veranlassen. Die Einflussnahme auf die Veröffentlichungsbedingungen ist damit von der Zweckrichtung des § 43 Abs. 2 UrhG-E umfasst. Daneben ist die Intensität des Eingriffes von erheblicher Bedeutung, da das Verbreiten der gewonnenen Erkenntnisse für die wissenschaftliche Tätigkeit des Wissenschaftsurhebers zwingend erforderlich ist. Aufgrund der Schnelllebigkeit vieler Wissenschaftsdisziplinen ist der Zeitpunkt der Publikation für den beruflichen Erfolg entscheidend. Das Ausmaß der konkreten Beeinträchtigung eines Grundrechtsberechtigten ist ein wichtiges Indiz für einen grundrechtsrelevanten Eingriff in garantierte Freiheitsrechte.[682] Aufgrund der Verzögerung der Veröffentlichungsmöglichkeit ist daher ein relevanter Eingriff in Art. 5 Abs. 3 Satz 1 GG zu bejahen.

Entscheidet sich die Hochschule bzw. die Forschungseinrichtung sogar das Angebot zur Nutzungsrechteinräumung anzunehmen, ist die Eingriffsqualität von § 43 Abs. 2 UrhG-E noch offensichtlicher. In diesem Fall kommt es aus Sicht des Wissenschaftlers bestenfalls nur zu einer Verzögerung der Publikation in einem von ihm gewünschten Verlag. Meist ist sogar mangels Interesse der Verlagsbranche eine Parallelveröffentlichung unmöglich, da aufgrund allgemeiner Zugänglichkeit eine wirtschaftliche Verwertung der Veröffentlichung nicht realisierbar scheint. Der Beitrag eines betroffenen Wissenschaftlers ist dann faktisch ausschließlich in einem Universitätsverlag veröffentlicht oder in einem Repositorium online abrufbar. Hierbei handelt es sich (noch) nicht um renommierte und wissenschaftsadäquate Veröffentlichungsmedien, so dass Auswirkungen auf das berufliche Ansehen des Wissenschaftlers nicht auszuschließen sind.

680 BVerfGE 110, 177, 191; BVerfGE 116, 202, 222
681 BVerfGE 106, 275, 299; BVerfGE 116, 202, 222
682 Jarass in: Jarass/Pieroth, Vorbem. vor Art. 1 Rn. 29

§ 43 Abs. 2 UrhG-E stellt daher einen zu rechtfertigenden Eingriff in die von Art. 5 Abs. 3 Satz 1 GG garantierte Wissenschaftsfreiheit dar.

gg) Zweitverwertungsrecht

Nach § 38 Abs. 1 Satz 3 UrhG-E unterliegt der Ausschließlichkeitscharakter bei Einräumung eines ausschließlichen Nutzungsrechtes einer nicht abdingbaren zeitlichen Befristung von sechs Monaten. Nach Ablauf der Frist kann der Urheber sein wissenschaftliches Werk noch einmal (nach Open-Access-Bedingungen) veröffentlichen.[683] Eine unmittelbare, gezielte Beeinträchtigung grundrechtsgeschützten Verhaltens beinhaltet § 38 Abs. 1 Satz 3 UrhG-E nicht, vielmehr gewährt er den Autoren zusätzliche Rechte.

Dem Wissenschaftler ist wegen § 38 Abs. 1 Satz 3 UrhG-E jedoch nicht möglich, einem bestimmten Verlag ein unbefristetes ausschließliches Nutzungsrecht zu gewähren, da das Zweitveröffentlichungsrecht nicht zur Disposition der Parteien steht. Die Verlagsbranche muss daher befürchten, dass ein durch sie veröffentlichtes Werk sechs Monate später für jedermann gemäß den Open-Access-Maßstäben zugänglich ist, so dass eine Amortisation der aufgewendeten Kosten binnen eines halben Jahres erfolgen müsste. Dieser Amortisationsdruck der Verlagsbranche kann dazu führen, dass Autoren im Vergleich zu internationalen Kollegen Schwierigkeiten bekommen einen Verlagspartner zu finden, da es international üblich ist, dem Verlag unbegrenzte ausschließliche Nutzungsrechte einzuräumen.[684]

Eine grundrechtsrelevante mittelbare Beeinträchtigung der Wissenschaftsfreiheit ist in § 38 Abs. 1 Satz 3 UrhG-E dennoch nicht zu sehen. Autoren sind nämlich nicht verpflichtet, ihr Wissenschaftswerk nach sechs Monaten erneut zu veröffentlichen, schon gar nicht entsprechend der Open-Access-Idee. Es steht ihnen lediglich frei, so dass es jedem einzelnen Wissenschaftler selbst ohne Fremdbestimmung möglich ist, sein Werk nochmals zu veröffentlichen. Sollte sich der Wissenschaftler individualvertraglich dazu verpflichtet haben, sein Werk nach den Open-Access-Regelungen zu veröffentlichen, so beruht dies ausschließlich auf seiner eigenen Entscheidung und entzieht sich einer verfassungsrechtlichen Beurteilung.

Zwar darf ein Wissenschaftler nicht auf sein Zweitveröffentlichungsrecht verzichten, jedoch kann er es schlicht nicht ausüben. Die Verlagsbranche würde zeitnah einen Überblick über diejenigen Wissenschaftsautoren haben, welche ihr

683 So zumindest die Intention des Gesetzesvorschlags.

684 Hansen, Zugang zu wissenschaftlicher Information – alternative urheberrechtliche Ansätze, GRUR Int 2005, 378, 387

Zweitveröffentlichungsrecht ausüben (müssen) und welche nicht. In diesem Zusammenhang spielt das Vertrauensverhältnis eines Verlegers zu seinen Autoren eine entscheidende Rolle. § 38 Abs.1 Satz 3 UrhG-E wird daher in der Praxis einen nur unerheblichen Einfluss auf die Veröffentlichungsmöglichkeiten des jeweiligen Wissenschaftlers haben, so dass deshalb nicht von einem grundrechtsrelevanten Ausmaß auszugehen ist.

Mangels Intensität ist deshalb ein Grundrechtseingriff durch § 38 Abs.1 Satz 3 UrhG-E im Ergebnis zu verneinen. Darüber hinaus ist anzumerken, dass teils renommierte internationale Fachverlage ihre Autoren zum Self-Archiving ihrer Werke sechs Monate nach Erstveröffentlichung ermuntern[685] oder gestatten, die Endversion des Beitrages auf der eigenen oder institutionellen Homepage zu veröffentlichen, soweit eine korrekte Zitation und eine Querverweisung mittels DOI vorliegt.[686]

*c) Rechtfertigung*

§ 43 Abs. 2 UrhG-E stellt einen grundrechtsrelevanten Eingriff in Art. 5 Abs. 3 Satz 1 GG dar, der einer verfassungsrechtlichen Rechtfertigung bedarf. Abgesehen vom Verfassungstreuevorbehalt des Art. 5 Abs. 3 Satz 2 GG unterliegt die Wissenschaftsfreiheit keinem ausdrücklichen Schrankenvorbehalt. Der Verfassungstreuevorbehalt kommt jedoch nicht zum Tragen, da § 43 Abs. 2 UrhG-E nicht die wissenschaftliche Lehre beeinträchtigt. Die Verpflichtung des angestellten Wissenschaftlers der Hochschule oder Forschungseinrichtung ein einfaches Nutzungsrecht an seinen wissenschaftlichen Werken einzuräumen, behindert die Erstveröffentlichung seines Beitrages. Die Erstveröffentlichung wissenschaftlicher Ergebnisse unterfällt der wissenschaftlichen Forschung, die von Art. 5 Abs. 3 Satz 1 GG vorbehaltlos garantiert wird.

Nach einhelliger Meinung in Rechtswissenschaft[687] und Rechtsprechung[688] können aufgrund der Spezialität der Wissenschaftsfreiheit weder der Gesetzesvorbehalt nach Art. 5 Abs. 2 GG herangezogen werden noch ist ein Rückgriff auf

---

685 Presseerklärung der Nature Publishing Group v. 10.01.2005, abrufbar unter: http://npg.nature.com/pdf/archiving.doc (14.01.2012)

686 Elsevier: What rights do I retain as a journal author, abrufbar unter: http://elsevier.com/wps/find/authorsview.authors/copyright#whatrights (14.01.2012)

687 Bethge in: Sachs, Art. 5 Rn. 223; Jarass in: Jarass/Pieroth, Art. 5 Rn. 131; Kannengießer in: Schmidt-Bleibtreu/Hofmann/Hopfauf, Art. 5 Rn. 32; Pernice in: Dreier, Art. 5 III Rn. 39; Scholz in: Maunz/Dürig, Art. 5 III Rn. 184; Schulze-Fielitz, Freiheit der Wissenschaft, Hdb. des Verfassungsrechts, § 27 Rn. 10; Kimminich, Das Veröffentlichungsrecht des Wissenschaftlers, WissR 1985, 116, 125

688 BVerfGE 30, 173, 191; BVerfGE 47, 327, 368

die Schrankentrias des Art. 2 Abs. 1 GG zulässig. Darüber hinaus spricht Art. 5 Abs. 2 GG ausdrücklich von „diese[n] Grundrechte[n]“ und bezieht sich daher ausschließlich auf die in Art. 5 Abs. 1 GG genannten Rechte. Keine entsprechende Anwendung auf die Wissenschaftsfreiheit findet selbstverständlich auch die Sozialpflichtigkeit des Eigentums nach Art. 14 Abs. 2 GG.[689]

Grundrechten ohne Schrankenvorbehalt ist die verfassungsgesetzgeberische Wertung immanent, dass gerade hier ein Eingriff nur in sehr eingeschränktem Umfang gerechtfertigt werden kann.[690] Die verfassungsrechtliche Eingriffsmöglichkeit in Grundrechte unterliegt einem Stufenverhältnis.[691] Am schwächsten geschützt ist die allgemeine Handlungsfreiheit nach Art. 2 Abs. 1 GG, da eine Begrenzung durch die Schrankentrias möglich ist. Auf den folgenden Stufen befinden sich Grundrechte mit einfachem Gesetzesvorbehalt, gefolgt von Grundrechten mit qualifiziertem Gesetzesvorbehalt, der zusätzliche Anforderungen an eine Grundrechtsbeschränkung stellt. Auf der letzten Stufe stehen vorbehaltlos gewährleistete Grundrechte, deren Beschränkungsmöglichkeit den höchsten Anforderungen unterliegt und an strengere Voraussetzungen als bei einem (qualifizierten) Gesetzesvorbehalt geknüpft ist.[692] Eine Übertragung der Schrankentrias, eines einfachen oder qualifizierten Gesetzesvorbehalts auf – dem Wortlaut nach – schrankenlose Grundrechte würde dieses gesetzgeberische Stufenverhältnis obsolet erscheinen lassen.

Die Wissenschaftsfreiheit des Einzelnen gilt jedoch nicht grenzenlos, sondern unterliegt – wie jedes Freiheitsrecht ohne ausdrücklichen Schrankenvorbehalt – einem ungeschriebenen verfassungsimmanenten Vorbehalt. Art. 5 Abs. 3 Satz 1 GG findet dort Grenzen, wo grundgesetzliche Rechte, namentlich nicht nur Grundrechte anderer, sondern auch sonstige verfassungsrechtlich geschützte Verfassungswerte aller Art, entgegenstehen.[693] Mit Rücksicht auf die Einheit der Verfassung und die von ihr geschützte gesamte Werteordnung müssen deshalb auftretende Konflikte im Wege einer praktischen Konkordanz gelöst werden.[694] Es muss ermittelt werden, welche Verfassungsbestimmung für die konkret zu entscheidende Frage das höhere Gewicht hat, wobei die schwächere Norm nur so

689 Hübner, § 42 Nr. 1 ArbEG und die Freiheit der wissenschaftlichen Kommunikation, WissR 2005, 34, 43

690 Di Fabio in: Maunz/Dürig, Art. 2 Rn. 47

691 Waechter, Forschungsfreiheit und Forschungsvertrauen, Staat Bd. 30 (1991), 19, 21 f.

692 Waechter, Forschungsfreiheit und Forschungsvertrauen, Staat Bd. 30 (1991), 19, 22

693 BVerfGE 47, 327, 369 f.; Bethge in: Sachs, Art. 5 Rn. 223; Jarass in: Jarass/Pieroth, Art. 5 Rn. 131; Kannengießer in: Schmidt-Bleibtreu/Hofmann/Hopfauf, Art. 5 Rn. 32; Mager, Freiheit von Forschung und Lehre, Hdb. des Staatsrechts VII, 2009, § 166 Rn. 30; Pernice in: Dreier, Art. 5 III Rn. 39; Scholz in: Maunz/Dürig, Art. 5 III Rn. 185; Schulze-Fielitz, Freiheit der Wissenschaft, Hdb. des Verfassungsrechts, § 27 Rn. 9; Wendt in: von Münch/Kunig, Art. 5 Rn. 113

694 Hesse, Grundzüge des Verfassungsrecht der Bundesrepublik Deutschland, Rn. 317 ff.

weit zurückgedrängt werden darf, als dies logisch und systematisch zwingend erscheint.[695] Die Wesensgehaltgarantie des jeweiligen Grundrechts muss gemäß Art. 19 Abs. 2 GG in jedem Fall beachtet werden. Nur auf diese Weise kommen die entgegenstehenden Verfassungsrechte zu optimaler Wirkung.[696]

Im Rahmen der Open-Access-Bewegung wird eine Vielzahl von Verfassungsrechten bzw. -pflichten diskutiert, zu deren Gunsten die Wissenschaftsfreiheit des Einzelnen nachrangig sein soll.

#### aa) Hergebrachte Grundsätze des Berufsbeamtentums, Art. 33 Abs. 5 GG

Zu den im Konfliktfall mit der Wissenschaftsfreiheit abzuwägenden Rechtswerten mit Verfassungsrang gehört das Gebot gemäß Art. 33 Abs. 5 GG die hergebrachten Grundsätze des Berufsbeamtentums zu berücksichtigen.[697] Dem Wortlaut nach ist lediglich die Berücksichtigung der Strukturmerkmale des Berufsbeamtentums geboten, wobei bei grundlegenden und strukturprägenden Grundsätzen diese nicht nur zu berücksichtigen, sondern sogar zu beachten sind.[698]

Jedoch ist die Anwendbarkeit des Art. 33 Abs. 5 GG auf Angehörige des öffentlichen Dienstes, soweit sie in einem öffentlich-rechtlichen Dienst- und Treueverhältnis stehen, also auf Beamte des Bundes und der Länder sowie Richter beschränkt.[699] Das Beamtenverhältnis ist ein Sonderstatusverhältnis kraft Verfassung, das im Verhältnis zu einem Arbeitsverhältnis strukturelle Besonderheiten und bestimmte Rechte und Pflichten zwischen Dienstherr und Beamten innehat.[700] Art. 33 Abs. 5 GG kann daher allenfalls als verfassungsimmanente Schranke der Publikationsfreiheit für Wissenschaftler, die gleichzeitig Beamte sind, d.h. Professoren[701] oder wissenschaftliche Mitarbeiter[702] diskutiert werden. § 43 Abs. 2 UrhG-E verpflichtet aber über den Anwendungsbereich des Art. 33 Abs. 5 GG hinaus alle Beschäftigten an Hochschulen und Forschungseinrichtungen im Rahmen ihrer Lehr- und Forschungstätigkeit entstandenen und zur Veröffentlichung vorgesehenen wissenschaftlichen Werke der Hochschule bzw. Forschungseinrichtung ein einfaches Nutzungsrecht anzubieten.

---

695 BVerfGE 28, 243, 261

696 Leuze, Urheberrechte der Beschäftigten im öffentlichen Dienst, S. 65

697 BVerwGE 37, 265, 268

698 BVerfGE 117, 372, 382 f.

699 Badura in: Maunz/Dürig, Art. 33 Rn. 1

700 Lecheler, Der öffentliche Dienst, Hdb. des Staatsrechts V, 2007, § 110 Rn. 61 ff.

701 Professoren werden in Bayern gemäß Art. 8 Abs. 1 Satz 1 BayHSchPG i.d.R. zu Beamten oder Beamtinnen auf Lebenszeit ernannt.

702 Wissenschaftliche Mitarbeiter an Universitäten werden gemäß Art. 20 Satz 1 BayHSchPG i.d.R. zu Beamten der Laufbahn des Akademischen Rats in einem Beamtenverhältnis auf Probe oder auf Lebenszeit ernannt.

Mangels Kongruenz begründet Art. 33 Abs. 5 GG daher keine allgemeine Begrenzungsregelung des § 43 Abs. 2 UrhG-E, da Beschäftigte in Forschungseinrichtungen regelmäßig keine Berufsbeamten sind.

Darüber hinaus erscheint zweifelhaft, ob die hergebrachten Grundsätze des Berufsbeamtentums überhaupt die Publikationsfreiheit von Beamten zu Gunsten Open Access beschränken können. Die Auslegung der hergebrachten Grundsätze des Berufsbeamtentums erfolgt nicht starr.[703] Die zu Art. 33 Abs. 5 GG ergangene Rechtsprechung ist sehr kasuistisch und verliert sich teilweise in Einzelheiten und Details. Zum einen muss es sich um Regelungen handeln, die Grundsatzcharakter haben, d.h. sie müssen das Bild des Berufsbeamtentums derart prägen, dass man im Fall ihrer Änderung nicht mehr vom Fortbestehen des Berufsbeamtentums in seiner herkömmlichen Gestalt sprechen kann.[704] Zum anderen müssen die hergebrachten Grundsätze eine gewisse geschichtlich gewachsene Struktur des deutschen Berufsbeamtentums aufweisen. Anknüpfungspunkt des Hergebrachten ist die Institution des Berufsbeamtentums, wie es sich bis zum Untergang der Weimarer Republik (1918 bis 1933) entwickelt hat.[705]

Ein unbestrittener hergebrachter Grundsatz des Berufsbeamtentums stellt die Dienstleistungspflicht des Beamten unter Einsatz der ganzen Persönlichkeit für den Dienstherrn dar.[706] Nach § 3 Abs. 1 BeamtStG besteht zwischen dem Beamten und seinem Dienstherrn ein öffentlich-rechtliches Dienst- und Treueverhältnis. Die daraus resultierende Treuepflicht des Beamten rechtfertigt Einschränkungen, soweit diese im Rahmen der Erfordernisse seines Dienstes bleiben.[707] Eine Inpflichtnahme des Beamten aufgrund hergebrachter Grundsätze ist allerdings nur insoweit gerechtfertigt, als die Besonderheiten des Beamtenstatus eine stabile und sachgerechte Verwaltung im Interesse des Bürgers aufrecht zu erhalten verlangen. Tatbestandsvoraussetzung einer entsprechenden Inpflichtnahme aufgrund verfassungsunmittelbarer Treuepflicht des Beamten ist, dass die Institution oder das Ansehen des Berufsbeamtentums, die Erfordernisse des Amtes oder eines geregelten Dienstbetriebes eine Verpflichtung des Beamten notwendig machen.[708]

Es ist ein beamtenrechtlicher Grundsatz, dass Beamte verpflichtet sind, dem Dienstherrn an urheberrechtlichen Werken, die im Rahmen ihrer Verpflichtungen aus dem Dienstverhältnis geschaffen wurden, erforderliche Nutzungsrechte

703 Kenntner, Sinn und Zweck des hergebrachten Berufsbeamtentums, DVBl 2007, 1321, 1321 f.

704 Lecheler, Der öffentliche Dienst, Hdb. des Staatsrechts V, 2007, § 110 Rn. 52

705 BVerfGE 8, 332, 343; Kenntner, Sinn und Zweck des hergebrachten Berufsbeamtentums, DVBl 2007, 1321, 1321

706 BVerfGE 76, 256, 316

707 Lecheler, Der öffentliche Dienst, Hdb. des Staatsrechts V, 2007, § 110 Rn. 42

708 Lecheler, Der öffentliche Dienst, Hdb. des Staatsrechts V, 2007, § 110 Rn. 70

einzuräumen. Einfach gesetzlich ist dieser Grundsatz in § 43 UrhG festgeschrieben, der seine Wurzeln in § 3 LUG (1901) bzw. § 5 KUG (1907) hat. Die Funktionsfähigkeit des Staates erfordert nämlich insoweit einen Zugriff auf Werke der Beamten, die diese im Zusammenhang mit ihrem Beamtenstatus geschaffen haben, als diese zur Erfüllung staatlicher Aufgaben dienen.

Es ist jedoch nicht ersichtlich, inwiefern eine stabile Verwaltung die Einräumung von Nutzungsrechten an wissenschaftlichen Werken, die nicht aus einer beamtenrechtlichen Verpflichtung heraus geschaffen wurden (freie Werke), zu Gunsten der Hochschule erfordert. Die Treuepflicht des jeweiligen Beamten verlangt primär eine uneigennützige, gemeinwohlorientierte und unparteiliche Amtsführung.[709] Eigene wissenschaftliche Werke zu Gunsten der Allgemeinheit nach Open-Access-Regeln unter dem Deckmantel der hergebrachten Grundsätze des Berufsbeamtentums zur Verfügung zu stellen, ließe eine Inpflichtnahme der Beamten ins Uferlose ausweiten. Daneben dürfen die hergebrachten Grundsätze nicht für alle Berufsgruppen des Berufsbeamtentums einheitlich festgestellt werden, da vor allem Hochschullehrern wegen Art. 5 Abs. 3 Satz 1 GG eine herausragende Stellung zukommt, da hauptsächlich ihnen Forschung und Lehre anvertraut sind.[710] Die beamtenrechtlichen Pflichten werden daher in diesem Fall teilweise zurückgedrängt.[711] Eine (ausschließliche) Verpflichtung des verbeamteten Hochschulpersonals aus § 43 Abs. 2 UrhG-E im Vergleich zu dem übrigen Beamtentum widerspräche evident diesem wissenschaftlichen Sonderstatus innerhalb des Berufsbeamtentums.

Die aus Art. 33 Abs. 5 GG abgeleitete Treuepflicht des Beamten rechtfertigt daher in keinem Fall einen Eingriff in die Publikationsfreiheit eines Wissenschaftlers zu Gunsten der Open-Access-Idee.

#### bb) Informationsfreiheit, Art. 5 Abs. 1 Satz 1 Halbs. 2 GG

Die Open-Access-Idee beruht insbesondere auf dem Informationsbedürfnis der Allgemeinheit hinsichtlich wissenschaftlicher Werke. Nach Art. 5 Abs. 1 Satz 1 Halbs. 2 GG ist das Recht, sich aus allgemein zugänglichen Quellen selbst zu informieren, verfassungsrechtlich geschützt. Dieses Grundrecht auf Informationsfreiheit steht in enger Beziehung zur Menschenwürde des Art. 1 Abs. 1 GG und zum Demokratiegebot des Art. 20 Abs. 1 GG, da die Befriedigung des Wissensdrangs ein Bedürfnis der menschlichen Natur ist.[712]

709 BVerfGE 9, 268, 286; BVerfGE 39, 334, 346 ff.

710 BVerfGE 35, 79, 125; Epping, Rechte und Pflichten von Professoren unter besonderer Berücksichtigung der Beamtenpflichte, ZBR 1997, 383, 386

711 Grzeszick, Hochschulpersonal in: Hochschulrecht im Freistaat Bayern, III Rn. 125

712 Löffler/Ricker, Hdb. des Presserechts, S. 46

Grundrechtsberechtigt sind neben jeder natürlichen Person auch juristische Personen sowie Personengemeinschaften, da gemäß Art. 19 Abs. 3 GG die Informationsfreiheit ihrem Wesen nach hierauf anwendbar ist.[713] Der informationsinteressierte Staat ist demgegenüber kein Grundrechtsberechtigter der Informationsfreiheit, da Grundrechte ihrem Wesen nach Abwehransprüche gegen den Staat begründen. Als Grundrechtsträger kommen somit neben einzelnen Bürgern andere Wissenschaftler sowie auch die jeweiligen Hochschule bzw. Forschungseinrichtung in Betracht. § 43 Abs. 2 UrhG-E hat zum Ziel, die Allgemeinheit mit wissenschaftlicher Information entsprechend den Open-Access-Grundsätzen zu versorgen.

Eine Rechtfertigung des Eingriffes in die Publikationsfreiheit des jeweiligen Wissenschaftlers müsste zumindest ein verfassungsrechtlicher Anspruch der Allgemeinheit, anderer Wissenschaftler, Hochschulen oder Forschungseinrichtungen gegenüberstehen, dessen geschaffenes Wissen nach Open-Access-Regeln zur Verfügung gestellt zu bekommen.[714]

Seinem Wesen nach ist Art. 5 Abs. 1 Satz 1 Halbs. 2 GG ein Abwehrrecht des Einzelnen gegen Eingriffe des Staates und vermittelt keinen Leistungsanspruch eines Grundrechtsträgers.[715] Zwar hat das BVerfG dem Grundgesetz teilweise ungeschriebene Leistungsansprüche Einzelner entnommen, jedoch nur um den jeweiligen Grundrechten zum Erfolg zu verhelfen, die anderenfalls nicht mehr hätten verwirklicht werden können.[716] Dem ist hier aber nicht so. Die Garantie der Informationsfreiheit verliert nicht an verfassungsrechtlichem Wert, wenn das Interesse der Allgemeinheit an Open-Access-Veröffentlichungen nicht eingeschlossen wird. Art. 5 Abs. 1 Satz 1 Halbs. 2 GG gewährt keinen Rechtsanspruch auf nicht öffentlich zugängliche Informationen – weder dem Staat noch gegenüber Privatpersonen.[717]

Darüber hinaus erfordert die Informationsfreiheit keine Unentgeltlichkeit der Informationsübermittlung, da die Abhängigkeit des Erhalts der Information von Leistungsentgelten ohne Belang für den Charakter der allgemeinen Zugänglichkeit einer Quelle ist.[718] Eine allgemeine Zugänglichkeit liegt nämlich bereits dann vor, wenn eine Informationsquelle technisch geeignet und bestimmt ist, einem individuell nicht bestimmbaren Personenkreis Informationen zu verschaf-

713 Jarass in: Jarass/Pieroth, Art. 5 Rn. 18

714 Weishaupt, Open Access dient Gemeinwohl!, duzMAGAZIN 10/2009, S. 43, wonach Open Access die Informationsfreiheit sicherstelle.

715 Bethge in: Sachs, Art. 5 Rn. 59a

716 BVerwGE 70, 310, 315

717 Schulze-Fielitz in: Dreier, Art. 5 I, II Rn. 85; Dorschel, Open Access und Urheberrecht: Open Source in neuem Gewand? in: Internetökonomie der Medienbranche, S. 243

718 Schulze-Fielitz in: Dreier, Art. 5 I, II Rn. 80

fen.[719] Die verfassungsrechtlich garantierte Informationsfreiheit ist somit nur in Ausnahmefällen betroffen, wenn beispielsweise unter Ausnutzung einer Monopolstellung die Bereitstellung von Informationen von einer absolut unverhältnismäßigen Entgeltzahlung abhängig gemacht wird.[720] Die aktuellen Subskriptionsgebühren sind je nach Zeitschrift unterschiedlich hoch, bewegen sich jedoch wohl (noch) nicht in einem Rahmen, der als absolut unverhältnismäßig bezeichnet werden kann.[721] Die Informationsfreiheit beinhaltet demnach kein Recht auf kostenlose Publikationsversorgung eines Grundrechtsträgers. Berger formuliert dieses Ergebnis sehr plastisch: „Free flow of information bedeutet nicht: Flow of free information!".[722]

Das Bedürfnis der Allgemeinheit, anderer Wissenschaftler, Hochschulen oder Forschungseinrichtungen an kostenloser Wissensinformation stellt daher keine verfassungsimmanente Schranke der Wissenschaftsfreiheit des einzelnen Wissenschaftlers dar.

cc) Wissenschaftsfreiheit von Universität und Forschungseinrichtung

Schranken der Wissenschaftsfreiheit können sich grundsätzlich auch aus der Freiheitsgarantie der Wissenschaft anderer ergeben. Art. 5 Abs. 3 Satz 1 GG ist kein höchstpersönliches Grundrecht einer natürlichen Person. Die Wissenschaftsfreiheit des Einzelnen konkurriert daher mitunter mit der Wissenschaftsfreiheit von Hochschulen oder Forschungseinrichtungen, da sowohl Universitäten als auch Forschungseinrichtungen, die ausschließlich dem wissenschaftlichen Schaffensprozess dienen, unmittelbaren Grundrechtsschutz aus Art. 5 Abs. 3 Satz 1 GG genießen.[723] Wesentliches Element dieser Grundrechtsberechtigung ist das Selbstverwaltungsrecht der Wissenschaftseinrichtungen in allen wissenschaftsrelevanten Fragen. Es stellt sich somit die Frage, ob Art. 5 Abs. 3 Satz 1 GG Dritten einen Rechtsanspruch derart gewährt, dass ihnen wissenschaftliche

---

719 BVerfGE 27, 71, 83

720 Fechner, Geistiges Eigentum und Verfassung, S. 349

721 Vgl. S. 21 f.

722 Berger, Die Neuregelung der Privatkopie in § 53 Abs. 1 UrhG im Spannungsverhältnis von geistigem Eigentum, technischen Schutzmaßnahmen und Informationsfreiheit, ZUM 2004, 257, 264

723 Scholz in: Maunz/Dürig, Art. 5 III Rn. 13, 124; Krausnick, Grundlage und Reichweite der akademischen Selbstverwaltung in: Hochschulrecht im Freistaat Bayern, I Rn. 153; Meusel, Außeruniversitäre Forschung im Verfassungsrecht, § 10 Rn. 163; Rüfner, Zur Bedeutung und Tragweite des Artikels 19 Abs. 3 des Grundgesetzes (Anwendbarkeit der Grundrechte auf juristische Personen), AöR Bd. 80 (1964), 261, 301; a.A. Roellecke, Wissenschaftsfreiheit als institutionelle Garantie?, JZ 1969, 726, 729

Informationen eines anderen gemäß den Open-Access-Maßstäben zur Verfügung gestellt werden.

Bei der Wissenschaftsfreiheit handelt es sich grundsätzlich um ein Abwehrrecht, da die wissenschaftliche Forschung und Lehre fern von jeder staatlichen Fremdbestimmung garantiert wird. Ein individuelles Recht darauf, dass der Staat zu Zwecken der Forschung Hilfestellungen leistet, auf die ansonsten kein Rechtsanspruch besteht, ist dem Freiheitsrecht des Art. 5 Abs. 3 Satz 1 GG nicht zu entnehmen.[724] Gleiches gilt für einen Anspruch auf Information gegenüber Privaten.[725] Vorrangige Aufgabe von Wissenschaftsbetrieben ist der Schutz der Wissenschaftsfreiheit des einzelnen beschäftigten Grundrechtsträgers, um eine größtmögliche Entfaltung seiner Forschungs- oder Lehrtätigkeit zu gewähren, nicht hingegen die Verwirklichung eines optimalen Wissenstransfers zu Gunsten der Einrichtung selbst. Das Grundrecht der Hochschulen und Forschungseinrichtungen aus Art. 5 Abs. 3 Satz 1 GG dient der Absicherung des Individualrechts der Wissenschaftsfreiheit des Einzelnen als sog. Sekundärgarantie.[726] Das eigene Grundrecht der Wissenschaftsbetriebe aus Art. 5 Abs. 3 Satz 1 GG steht daher der Wissenschaftsfreiheit des Beschäftigten nicht dergestalt gegenüber, dass im Wege einer praktischen Konkordanz die Interessen der Beteiligten gegeneinander abzuwägen sind.[727] Die Freiheit des Einzelnen im Rahmen der Grundrechtsausübung genießt hier den Vorrang.[728] Für den Vorrang des individualrechtlichen Schutzes der Wissenschaftsfreiheit spricht zudem der Umstand, dass die Universität als Körperschaft des öffentlichen Rechts – neben ihrer allgemeinen Grundrechtsberechtigung – Adressat des Grundrechtsschutzes ist.[729] Die Grundrechtsverpflichtung der Universität besteht vor allem ihren Hochschullehrern gegenüber, soweit diese in ihrer Stellung als wissenschaftlich Tätige betroffen sind.[730]

Art. 5 Abs. 3 Satz 1 GG garantiert daher kein Recht auf die Zurverfügungstellung von wissenschaftlichen Informationen anderer Wissenschaftler, so dass

---

724 BVerwG NJW 1986, 1277, 1278; Wendt in: von Münch/Kunig, Art. 5 Rn. 105

725 Starck in: von Mangoldt/Klein/Starck, Art. 5 III Rn. 332

726 Schmidt-Aßmann, Verwaltungslegitimation als Rechtsbegriff, AöR Bd. 116 (1991), 329, 381 f.

727 Wendt in: von Münch/Kunig, Art. 5 Rn. 104a im Verhältnis von Universität zu Hochschullehrer; Geis, Universitäten im Wettbewerb, VVDStRL Bd. 69 (2010), 366, 396

728 Häberle, Die Freiheit der Wissenschaften im Verfassungsstaat, AöR Bd. 110 (1985), 329, 361; Schmidt-Aßmann, Verwaltungslegitimation als Rechtsbegriff, AöR Bd. 116 (1991), 329, 382; Schmidt-Aßmann, Die Wissenschaftsfreiheit nach Art. 5 Abs. 3 GG als Organisationsgrundrecht in: FS Thieme, S. 704; grundlegend zum Vorrang der Individualfreiheiten BVerfGE 7, 198, 204 f.

729 Scholz in: Maunz/Dürig, Art. 5 III Rn. 118, 128

730 Scholz in: Maunz/Dürig, Art. 5 III Rn. 128; Fink, Der Hochschulverfassungsstreit, WissR 1994, 126, 134

die Wissenschaftsfreiheit Dritter keine verfassungsimmanente Schranke der Wissenschaftsfreiheit des jeweiligen Wissenschaftlers ist.

dd) Funktionsfähigkeit von Wissenschaftsbetrieben

Von der Wissenschaftsfreiheit der Forschungseinrichtungen ist der verfassungsrechtliche Schutz der Funktionsfähigkeit von Wissenschaftsbetrieben zu unterscheiden. Formulierte das BVerfG anfangs noch, dass als mögliche Schranke der Wissenschaftsfreiheit auch die Funktionsfähigkeit einer Hochschule[731] in Betracht komme, erweiterte es später den Schutz auf die Funktionsfähigkeit des ganzen Bereichs des Wissenschaftsbetriebes[732], wobei dem Gesetzgeber ein weiter Gestaltungsspielraum[733] bei der Finanzierung der Funktionsfähigkeit zugestanden wurde.

Teilweise wird der Schutz der Funktionsfähigkeit von Wissenschaftsbetrieben als Schranke der Wissenschaftsfreiheit problematisiert, da seine verfassungsrechtliche Verortung fraglich sei und nur Werte von Verfassungsrang ein Grundrecht begrenzen könnten.[734] Gewährte nach Art. 142 Satz 2 WRV der Staat Kunst, Wissenschaft und ihrer Lehre noch Schutz und nahm an ihrer Pflege teil, vermied es das Grundgesetz, den Staat ausdrücklich zu Schutz und Förderung der Wissenschaft zu verpflichten. Die bereits aufgehobene[735] Kompetenzklausel des Art. 74 Abs. 1 Nr. 5 GG a.F. beinhaltete zwar den Schutz deutschen Kulturgutes gegen Abwanderung ins Ausland, war jedoch für den Kulturauftrag des Staates aus dogmatischer Sicht damals schon unergiebig.[736] Das Grundgesetz hat bewusst darauf verzichtet mittels gesetzlicher Normierung eine verbindliche Leitkultur vorzugeben.[737]

Trotz des Fehlens einer geschriebenen verfassungsrechtlichen Förderungspflicht der Wissenschaft durch den Staat wird heute aufgrund des Wortlauts und Sinngehalts des Art. 5 Abs. 3 Satz 1 GG neben dem Individualschutz auch eine objektiv-rechtliche Wertentscheidung des Staates zu Gunsten von Wissenschaft,

731 BVerfGK 3, 93

732 BVerfGE 111, 333, 353

733 BVerfGE 81, 108, 116

734 Hübner, § 42 Nr. 1 ArbEG und die Freiheit der wissenschaftlichen Kommunikation, WissR 2005, 34, 51

735 Art. 1 Nr. 6 a) aa) des Gesetzes zur Änderung des GG v. 27.10.1994 hob die Nr. 5 des Art. 74 Abs. 1 GG auf.

736 Geis, Ergänzung des Grundgesetzes um eine „Kulturklausel"?, ZG 1992, 38, 38

737 Geis, Ergänzung des Grundgesetzes um eine „Kulturklausel"?, ZG 1992, 38, 38

Forschung und Lehre gesehen.[738] Die Bundesrepublik Deutschland versteht sich im Sinne einer ungeschriebenen Staatszielbestimmung als Kulturstaat.[739] Kultur im engeren Sinne stellt den Sammelbegriff für bestimmte geistige-schöpferische Betätigungsfelder wie Bildung, Wissenschaft, Kunst und Religion dar.[740] Diese Wertentscheidung verpflichtet den Staat zur Förderung wissenschaftlicher Entwicklung und garantiert verfassungsrechtlich die Institution von Wissenschaftseinrichtungen. In diesem Rahmen ist es Aufgabe des Staates, freie Wissenschaft zu pflegen und deren Übermittlung an die nachfolgenden Generationen sicherzustellen.[741] Kulturstaat kann sich ein Staat nämlich nur nennen, wenn er Kultur schützt, pflegt, vermittelt und fördert, da die Gesellschaft alleine i.d.R. nicht ausreichend Kraft besitzt, Kultur zur Entfaltung zu bringen.[742] Der Kultur- bzw. Wissenschaftsstaat ist daher ein Prinzip mit Verfassungsrang, so dass dessen staatliche Förderung die Wissenschaftsfreiheit des Einzelnen begrenzen kann.

Die Funktionsfähigkeit eines Wissenschaftsbetriebes erfordert die Bereitstellung von personellen, finanziellen und organisatorischen Mitteln, da ohne eine geeignete Organisation und finanzielle Mittel, über die im wesentlichen nur noch der Staat verfügt, heute in weiten Bereichen der Wissenschaften, insbesondere der Naturwissenschaften, keine unabhängige Forschung und wissenschaftliche Lehre mehr möglich ist.[743] Ein Anspruch auf einen Optimalzustand wissenschaftsfördernder und wissenschaftstreibender Einrichtungen wird dadurch jedoch nicht garantiert.[744] Die Funktionsfähigkeit eines Wissenschaftsbetriebes erfordert lediglich eine Mindest- oder Grundausstattung, um deren allgemeinen Bestand zu sichern.[745]

§ 43 Abs. 2 UrhG-E wird diesen Voraussetzungen nicht gerecht. Alleine der finanzielle Aspekt von Open Access findet in der Garantie der Funktionsfähig-

---

738 BVerfGE 35, 79, 112; Pernice in: Dreier, Art. 5 III Rn. 52; Scholz in: Maunz/Dürig, Art. 5 III Rn. 5; Wendt in: von Münch/Kunig, Art. 5 Rn. 104; a.A. Roellecke, Wissenschaftsfreiheit als institutionelle Garantie?, JZ 1969, 726, 729

739 BVerfGE 36, 321, 331; ausführlich zu Kultur als Staatsziel Enquete-Kommission „Kultur in Deutschland", BTDrucks 15/5560.

740 Steiner, Kulturauftrag im staatlichen Gemeinwesen, VVDStRL Bd. 42 (1984), 8, 42, der jedoch keine ungeschriebene Staatszielbestimmung „Kulturstaat" in Art. 5 Abs. 3 GG erblickt.

741 BVerfGE 88, 129, 136 f.

742 Huber, Zur Problematik des Kulturstaats, S. 11 f.

743 BVerfGE 35, 79, 114; Epping, Rechte und Pflichten von Professoren unter besonderer Berücksichtigung der Beamtenpflichte, ZBR 1997, 383, 384

744 BVerwGE 52, 339, 345 ff., wonach ein verfassungsrechtlichen Leistungsanspruch nur in außergewöhnlichen Fällen gerechtfertigt sein soll; Meusel, Außeruniversitäre Forschung im Verfassungsrecht, § 10 Rn. 157

745 BVerwG NVwZ 1983, 546, 547 f.; BayVGH DÖV 1997, 79, 80; Kirchhof, Rechtliche Grundsätze der Universitätsfinanzierung, JZ 1998, 275, 277 f.

keit eines Wissenschaftsbetriebes eine gewisse Berücksichtigung, nicht hingegen der Wunsch nach allgemeiner Zugänglichkeit von wissenschaftlichem Wissen. Ein Wissenstransfer zu Gunsten der Allgemeinheit wäre zwar wünschenswert, hat aber keinen Verfassungsrang.[746] Es ist nicht offensichtlich, ob § 43 Abs. 2 UrhG-E überhaupt zu einer finanziellen Entlastung der Forschungseinrichtungen und Hochschulen führt, da mit der Gründung und Unterhaltung von Hochschulverlagen und Repositorien sowie zusätzlichem Verwaltungsaufwand weitere Kosten auf Wissenschaftsbetriebe zukommen werden. Auch verkehrt § 43 Abs. 2 UrhG-E die Verpflichtung des Staates, funktionsfähige Institutionen für einen freien Wissenschaftsbetrieb zur Verfügung zu stellen, in ihr Gegenteil. Anstatt die betreffenden Institutionen mit ausreichenden finanziellen Mitteln auszustatten, wird versucht, den Staatshaushalt anderweitig zu entlasten. Der Kultur- und Wissenschaftsstaat selbst ist jedoch in der Pflicht, ausreichendes Kapital aufzubringen, um Wissenschaft zur Entfaltung gelangen zu lassen. Eine Gesetzesänderung, die den Staat insoweit aus der Verantwortung nähme, bestimmte wissenschaftliche Literatur anzuschaffen und den Hochschulen und Forschungseinrichtungen ein unentgeltliches Nutzungsrecht hieran einräumt, entspricht nicht dem Sinn der objektiv-rechtlichen Wertentscheidung des Staates zu Gunsten von Wissenschaft, Forschung und Lehre. Der personale Kern der Wissenschaftsfreiheit stellt darüber hinaus die Basis des Art. 5 Abs. 3 Satz 1 GG dar und genießt daher grundsätzlichen Vorrang, soweit die Garantie der Funktionsfähigkeit von Wissenschaftsbetrieben nicht in Gefahr ist. Die objektive Wertentscheidung der Wissenschaftsfreiheit darf nicht gegen die individuelle Freiheitsgarantie ausgespielt werden, um eine Inpflichtnahme des einzelnen Wissenschaftlers zu rechtfertigen.[747] Andernfalls besteht die Gefahr, dass sich das Anliegen kulturelle Freiheit zu sichern und zu stärken in ihr Gegenteil verkehrt, indem individuelle Freiheiten zu Gunsten „staatlicher“ bzw. „herrschender“ Kulturvorstellungen beschränkt werden könnten.[748] Nur wenn die finanzielle Bedürftigkeit der Institutionen so gravierend ist, dass deren Funktionsfähigkeit als solche bedroht ist, und der Staat wegen vollständiger Erschöpfung des volkswirtschaftlichen Leistungsvermögens keine monetäre Unterstützung leisten kann, ist die Beschränkung der Wissenschaftsfreiheit des Einzelnen denkbar. Eine derartig prekäre Finanzlage der öffentlichen Haushalte ist aktuell nicht gegeben.

---

746 Rieble, Autorenfreiheit und Publikationszwang in: Autorschaft in digitaler Zeit, S. 36; Reetz, Die Regelung des § 42 Nr. 1 ArbEG auf dem „verfassungsrechtlichen Prüfstand“, WissR 2008, 206, 229

747 Schmidt-Aßmann, Die Wissenschaftsfreiheit nach Art. 5 Abs. 3 GG als Organisationsgrundrecht in: FS Thieme, S. 704

748 Geis, Ergänzung des Grundgesetzes um eine „Kulturklausel“?, ZG 1992, 38, 46

§ 43 Abs. 2 UrhG-E führt im Ergebnis zu einer Umgehung der staatlichen Verpflichtung zur Förderung der Wissenschaft zu Lasten der jeweiligen Beschäftigten.

ee) Gemeinwohlgemäße Grundrechtsausübung

Neben ihrer klassischen Abwehrseite und wertentscheidenden objektiven Grundsatznorm wirkt die Wissenschaftsfreiheit auch dritt- und gesellschaftsnützig. Insbesondere im medizinischen Bereich haben wissenschaftliche Forschungsergebnisse das vorrangige Ziel, die Gesundheit der Allgemeinheit zu fördern. Aber auch nicht-medizinische Forschung versteht sich zu einem großen Teil als uneigennütziges Hilfsmittel, um die Entwicklung der Gesellschaft voranzutreiben. Es ist daher grundsätzlich im Interesse der Allgemeinheit, einen möglichst ungehinderten Zugang zu urheberrechtlich geschützten Werken zu haben und hierfür keine bzw. eine möglichst geringe Gegenleistung zu erbringen.[749] Open Access erfüllt dieses Anliegen wissenschaftliche Informationen unverzüglich und entgeltfrei zur Verfügung gestellt zu bekommen.

Bereits nach §§ 74, 75 EinlPrALR mussten Rechte und Vorteile Einzelner zu Gunsten des gemeinschaftlichen Wohls (verbunden mit einer Entschädigungspflicht des Staates) nachstehen, wenn diese miteinander kollidierten. Was man genau unter Gemeinwohl versteht, entzieht sich zwar einer abschließenden Definition, lässt sich jedoch mit der Gesamtheit der öffentlichen Interessen zumindest grob eingrenzen.[750] Entscheidende Kriterien sind die über alle privaten Interessen des Einzelnen hinausreichende Gesamtheit der für das Gemeinwesen für bedeutsam erklärten Interessen. Die Begründung bestimmter subjektiver Rechte in der Verfassung zeigt aber gerade, dass die Anerkennung dieser Interessen der Gemeinschaft besonders wichtig und der Schutz der Grundrechte ein wichtiges Gemeinschaftsanliegen ist.[751]

Grundrechte garantieren die jeweilige Ausübung ohne Vormundschaft und Zwang entsprechend eigener Motive und Maßstäbe. Ihnen ist ein egoistisch-eigennütziger Wesenszug eigentümlich.[752] Eine vorrangige Durchsetzung des Allgemeininteresses durch Beschränkung einzelner Freiheitsrechte ist mit der Rechtsstaatlichkeit der Bundesrepublik Deutschland grundsätzlich nicht vereinbar, da die Geltung der Grundrechte das Gerüst des Rechtsstaates darstellt.[753] Die Durchsetzung des Gemeinwohls über die Grundrechte des Einzelnen erfordert

749 Fechner, Geistiges Eigentum und Verfassung, S. 242
750 Isensee, Gemeinwohl im Verfassungsstaat, Hdb. des Staatsrechts IV, 2006, § 71 Rn. 3 u. 36
751 Stern, Das Staatsrecht der Bundesrepublik Deutschland Bd. III/2, S. 359
752 Burmeister, Dienende Freiheitsgewährleistungen in: FS Stern, S. 845
753 Burmeister, Dienende Freiheitsgewährleistungen in: FS Stern, S. 845

einen totalitären sozialistischen Staat, in dem Freiheitsrechte keine Rechte gegen staatliche Eingriffe, sondern hauptsächlich auf die sozialistische Gesellschaft und den Staat bezogene Mitwirkungsrechte sind.[754] Bedürfnisse des Gemeinwohls erfahren daher i.d.R. keinen Vorrang gegenüber einzelnen Grundrechten. Das Grundrecht der Wissenschaftsfreiheit entwickelt zudem den größten Nutzen für die Gesellschaft, wenn es von jeglicher Fremdbestimmung geschützt wird.

Besäße das Wohl der Allgemeinheit hingegen Verfassungsrang, wäre es mit der Wissenschaftsfreiheit des Einzelnen abzuwägen und in einen angemessenen Ausgleich zu bringen. Innerhalb der Verfassung wird in Art. 14 Abs. 2 Satz 2, Abs. 3 Satz 1 und Art. 56 sowie in Art. 64 Abs. 2 GG ausdrücklich auf das Wohl der Allgemeinheit verwiesen. Die Bedeutung des Gemeinwohls als Grundrechtsbegrenzung ist aber nicht nur auf die ausdrücklich geregelten Fälle in der Verfassung beschränkt, sondern findet darüber hinaus übergreifend Anerkennung.[755] Mangels konkreten Inhalts stellt das Gemeinwohl aber keine eigene verfassungsrechtliche Staatszielbestimmung dar, sondern ist vielmehr das Ziel aller Staatszielbestimmungen.[756] Gemeinwohl ist ein Bündel von Interessen der Allgemeinheit die Verfassungsrang genießen; es repräsentiert die Idee vom „guten Zustand" des Gemeinwesens.[757] Es bedarf aber eines konkreten Aspekts des Gemeinwohls mit Verfassungsrang, um ein Grundrecht einzuschränken. Das Gemeinwohl selbst hat diesen jedoch nicht.[758] Der Gemeinwohlgebrauch der Grundrechte beruht vielmehr auf freiwilliger Basis und wird von den Grundrechtsträgern verfassungsrechtlich erwartet. Der ehemalige Bundeskanzler Schmidt sprach in diesem Zusammenhang sogar von einer Bringschuld der Wissenschaftler gegenüber den Bürgern.[759] Eine bloße Verfassungserwartung löst jedoch keinen Rechtfertigungszwang für eine Grundrechtsausübung aus. Sie ist keine Grundrechtsschranke.[760]

---

754 Murswiek, Grundrechte als teilhaberechte, soziale Grundrechte, Hdb. des Staatsrechts V, 1992, § 112 Rn. 34

755 Stern, Das Staatsrecht der Bundesrepublik Deutschland Bd. III/2, S. 347

756 Isensee, Gemeinwohl im Verfassungsstaat, Hdb. des Staatsrechts IV, 2006, § 71 Rn. 2

757 Stern, Das Staatsrecht der Bundesrepublik Deutschland Bd. III/2, S. 341

758 BVerfGE 32, 98, 108; Hübner, § 42 Nr. 1 ArbEG und die Freiheit der wissenschaftlichen Kommunikation, WissR 2005, 34, 44; Isensee, Gemeinwohl im Verfassungsstaat, Hdb. des Staatsrechts IV, 2006, § 71 Rn. 62

759 Schmidt, Der Kurs heisst Frieden, S. 184

760 Isensee, Gemeinwohl im Verfassungsstaat, Hdb. des Staatsrechts V, 1992, § 115 Rn. 184

## 3. Zwischenergebnis

§ 38 Abs. 1 Satz 3 UrhG-E beeinträchtigt weder die Eigentumsfreiheit nach Art. 14 Abs. 1 GG noch die Wissenschaftsfreiheit gemäß Art. 5 Abs. 3 Satz 1 GG der betroffenen Autoren.

Demgegenüber greift § 43 Abs. 2 UrhG-E zwar in den Gehalt des Art. 14 Abs. 1 GG ein, der Eingriff ist jedoch verfassungsrechtlich gerechtfertigt. Der zusätzliche Eingriff der Vorschrift in Art. 5 Abs. 3 Satz 1 GG kann hingegen nicht verfassungsrechtlich gerechtfertigt werden.

Die Reglungen einer Zwangslizenz und einer Schrankenregelung gemäß § 52c UrhG-E bedingen zwingend eine Sicherstellung einer angemessenen Vergütung des Wissenschaftlers, um mit Art. 14 Abs. 1 GG im Einklang zu sein. Eine weitere Beeinträchtigung von Art. 5 Abs. 3 Satz 1 GG stellen die Vorschriften jedoch nicht dar.

# II. Wissenschaftsverlage

Ziel der vorgenannten Gesetzesentwürfe ist die aktive Förderung des Open-Access-Paradigmas. Jedermann soll freien Zugang zu öffentlich finanziertem Wissen haben. Aktuell liegt Vertrieb und Distribution wissenschaftlicher Literatur in den Händen von Wissenschaftsverlagen. Der Umsatz des englisch-sprachigen Wissenschaftsmarkts im STM-Bereich wird auf eine Größenordnung von fünf Milliarden USD mit weltweit ca. 90.000 Beschäftigten, davon ca. 40.000 in der EU, geschätzt.[761] Wenn wissenschaftliche Artikel aufgrund von Gesetzesänderungen für jedermann frei zu beziehen sind, stellt sich die Frage, welche Aufgaben Wissenschaftsverlagen verbleibt und vor allem, wer noch bereit ist, für aufbereitetes Wissen zu bezahlen. Als Folge könnte die Eigentumsfreiheit (Art. 14 GG), die Berufsfreiheit (Art. 12 GG), die Wissenschaftsfreiheit (Art. 5 Abs. 3 Satz 1 GG), die Pressefreiheit (Art. 5 Abs. 1 Satz 2 Alt. 1 GG) sowie die Vertragsfreiheit der Verlage betroffen sein.

## 1. Eigentumsfreiheit, Art. 14 GG

Wenn aufgrund gesetzlicher Regelungen jedermann freie Wissensvermittlung erlangen kann und nicht mehr auf die Aufbereitung wissenschaftlicher Information durch Verlage angewiesen ist, könnten zumindest kleine und mittelgroße

761 Mark Ware Consulting, Scientific publishing in transition: an overview of current developments, S. 6

Verlage in ihrer Existenz bedroht sein, so dass ein Eingriff in deren Eigentumsgarantie denkbar ist. Daneben steht Verlagen meist ein ausschließliches Nutzungsrecht an wissenschaftlichen Werken zu, die durch die geplanten Gesetzesänderungen beeinträchtigt würden.

### *a) Schutzbereich*

Grundrechtsträger der Eigentumsgarantie können neben natürlichen Personen wegen Art. 19 Abs. 3 GG auch inländische juristische Personen, Handelsgesellschaften, nicht-rechtsfähige Personengesellschaften und Vereine sein.[762] Art. 14 GG gehört zu den Bestimmungen, weshalb Art. 19 Abs. 3 GG überhaupt geschaffen wurde.[763] Die Rechtsform eines Verlages spielt für die Grundrechtsfähigkeit demgemäß keine Rolle.

Art. 14 Abs. 1 GG schützt aber nur das Erworbene, d.h. die Ergebnisse geleisteter Arbeit und dessen freie Verfügbarkeit, hingegen nicht den Erwerb, d.h. die Betätigung.[764] Die Reformvorschläge begründen zwar die Gefahr, dass sich der Wissenschaftsmarkt derart verändert, dass mangels künftiger Nachfrage eine kommerzielle Verlagstätigkeit im Wissenschaftssektor erschwert bzw. teilweise verhindert wird. Hiervon sind jedoch im Wesentlichen zukünftige Gewinnerwartungen und letztlich der Bestand der Verlagsbranche betroffen. Erwartungen, dass ein Unternehmen auch in Zukunft rentabel betrieben werden kann, unterfallen allerdings nicht dem sachlichen Schutzbereich des Art. 14 Abs. 1 GG.[765] Keine Ergebnisse geleisteter Arbeit im Sinne der Eigentumsfreiheit stellen bloße Gewinnchancen und Verdienstmöglichkeiten des Grundrechtsträgers in der Zukunft dar.[766] Von der Eigentumsgarantie sind somit nicht allgemeine Gegebenheiten umfasst, auch wenn sie für ein Unternehmen und dessen Rentabilität von erheblicher Bedeutung sind oder Folge einer bestimmten Rechtslage darstellen.[767]

---

762 BVerfGE 35, 348, 360; Tettinger, Juristische Personen des Privatrechts als Grundrechtsträger, Hdb. der Grundrechte, § 51 Rn. 63

763 Rüfner, Zur Bedeutung und Tragweite des Artikels 19 Abs. 3 des Grundgesetzes (Anwendbarkeit der Grundrechte auf juristische Personen), AöR Bd. 80 (1964), 261, 314 f.

764 BVerfGE 85, 360, 383; BVerfGE 88, 366, 377; BGHZ 111, 349, 357; Gubelt in: von Münch/Kunig, Art. 12 Rn. 98; Mann in: Sachs, Art. 12 Rn. 196

765 BVerfGE 74, 129, 148; BVerfGE 110, 274, 290; Jarass in: Jarass/Pieroth, Art. 14 Rn. 22; Wendt in: Sachs, Art. 14 Rn. 44

766 BVerfGE 30, 292, 335; BVerfGE 45, 272, 296

767 Wendt in: Sachs, Art. 14 Rn. 47

aa) Recht am eingerichteten und ausgeübten Gewerbebetrieb

Zwar hat das BVerfG die Frage des Eigentumsschutzes des eingerichteten und ausgeübten Gewerbebetriebes in seinen bisherigen Entscheidungen nicht direkt bestätigt, sondern offen gelassen.[768] Jedoch wird überwiegend die Anwendbarkeit der Eigentumsgarantie hierauf bejaht, so dass auch der eingerichtete und ausgeübte Gewerbebetrieb vom Eigentumsschutz des Art. 14 Abs. 1 GG umfasst wird.[769]

Unter einem Gewerbebetrieb in diesem Sinne versteht man alles das, was in seiner Gesamtheit den wirtschaftlichen Wert des konkreten Betriebes ausmacht.[770] Das meint die Gesamtheit der sachlichen, persönlichen und sonstigen Mittel in allen ihren Erscheinungsformen und Ausstrahlungen, die in der Hand des Betriebsinhabers zu einem einheitlichen Organismus zusammengefasst sind.[771] Der verfassungsrechtliche Gewerbebegriff ist nicht auf einen Gewerbebetrieb im Sinne der Gewerbeordnung beschränkt.[772] Der Eigentumsschutz des Art. 14 Abs. 1 GG ist aber auf solche wirtschaftlichen Erwerbspositionen beschränkt, die sich in einer sachlichen Organisation bereits niedergeschlagen haben. Allein unter dieser Beschränkung kann es einen eigentumsgrundrechtlichen Schutz am eingerichteten und ausgeübten Gewerbebetrieb geben.[773] Im Raum stehen aber keine Beeinträchtigungen von bereits erworbenen Rechtspositionen der Verlage aufgrund einer beabsichtigten Rechtsänderung, sondern eine Existenzbedrohung in der Zukunft, mithin grundsätzlich keine von Art. 14 Abs. 1 GG garantierte Schutzposition. Ausnahmsweise gewährt die Eigentumsgarantie aber auch in diesen Fällen Schutz, wenn der Unternehmer darauf vertrauen durfte, dass die aktuellen Gegebenheiten auf Dauer erhalten bleiben.[774] Nur wenn dieser besondere Umstand eines Vertrauenstatbestandes geschaffen wurde, kommt die Anwendbarkeit der Eigentumsgarantie in Betracht, da dann insoweit eine schutzfähige Konkretisierung der wirtschaftlichen Betätigung des Unternehmens ent-

768 BVerfGE 96, 375, 397; BVerfGE 84, 212, 232; BVerfGE 66, 116, 145; BVerfGE 51, 193, 221 f.

769 Hofmann in: Schmidt-Bleibtreu/Hofmann/Hopfauf, Art. 14 Rn. 14; Papier in: Maunz/Dürig, Art. 14 Rn. 95; Wendt in: Sachs, Art. 14 Rn. 26; Leisner, Verfassungsschranken der Unternehmensbelastung, NJW 1996, 1511, 1515; Papier, Durchleitung und Eigentum, BB 1997, 1213, 1218; a.A. Wieland in: Dreier, Art. 14 Rn. 52

770 BVerfGE 13, 225, 229 f.

771 Papier in: Maunz/Dürig, Art. 14 Rn. 95

772 Engel, Eigentumsschutz für Unternehmen, AöR Bd. 118 (1993), 169, 208

773 BVerfGE 77, 84, 118; Papier in: Maunz/Dürig, Art. 14 Rn. 100

774 Badura, Der Eigentumsschutz des eingerichteten und ausgeübten Gewerbebetriebs, AöR Bd. 98 (1973), 153, 168

standen ist.[775] Das Vertrauen in eine bestehende Gesetzeslage ist jedoch nicht schutzwürdig, wenn – wie diskutiert – lediglich auf Rechtsbeziehungen für die Zukunft eingewirkt wird.[776]

Es besteht somit keine besondere schützenswerte Vertrauenslage der Verlagsbranche in die aktuelle Gesetzeslage, so dass die diskutierten „de lege ferenda"-Vorschläge das Recht am eingerichteten und ausgeübten Gewerbebetrieb der Verleger nicht verfassungsrelevant berühren.

bb) Zwangslizenz

Neben Auswirkungen einer gesetzlichen Open-Access-Regelung auf (nicht schutzfähige) bloße Gewinnerwartungen und Erwerbschancen der Verlagsbranche ist des Weiteren zu berücksichtigen, dass Verleger im Fall einer gesetzlichen Zwangslizenz auch in bereits erworbenen Vermögensgütern beeinträchtigt werden können. Rechtsfolge einer angedachten Zwangslizenz im Bereich von öffentlich finanzierter Wissensinformation ist, dass der jeweilige ausschließliche Rechteinhaber verpflichtet ist, nach Ablauf einer noch zu bestimmenden Frist, jedermann ein unbeschränktes einfaches Nutzungsrecht an Werken im Sinne des § 2 Abs. 1 Nr. 1 UrhG einzuräumen.

Nach § 15 UrhG steht zwar grundsätzlich dem Urheber das ausschließliche Recht zu, das urheberrechtlich geschützte Werk in körperlicher Form zu verwerten und in unkörperlicher Form öffentlich wiederzugeben. Der Urheber kann jedoch gemäß § 31 Abs. 1 UrhG einem Dritten (i.d.R. einem Verlag) das exklusive Recht einräumen, das Werk auf einzelne oder alle Nutzungsarten zu nutzen (ausschließliches Nutzungsrecht). Nach § 31 Abs. 3 Satz 1 UrhG berechtigt das ausschließliche Nutzungsrecht den Rechteinhaber, das Werk unter Ausschluss aller anderen Personen auf die ihm erlaubte Art zu nutzen und Nutzungsrechte einzuräumen. Nach ständiger Rechtsprechung des BVerfG stellen daher nicht nur das Urheberrecht, sondern auch die mit ihm verbundenen Nutzungsrechte Eigentum im Sinne von Art. 14 Abs. 1 GG dar.[777]

Somit unterfallen auch an Verlage übertragene ausschließliche Nutzungsrechte, aufgrund ihrer vermögensrechtlichen Wirkungen und wirtschaftlichen

775 Badura, Der Eigentumsschutz des eingerichteten und ausgeübten Gewerbebetriebs, AöR Bd. 98 (1973), 153, 169; Söllner, Zum verfassungsrechtlichen Schutz geistigen Eigentums in: FS Traub, S. 374

776 Grzeszick in: Maunz/Dürig, Art. 20 Rn. 76; Wendt in: Sachs, Art. 14 Rn. 47; Papier, Durchleitung und Eigentum, BB 1997, 1213, 1218

777 BVerfGE 31, 229, 239; Wendt in: Sachs, Art. 14 Rn. 63; Wolff, Zwangslizenzen im Immaterialgüterrecht, S. 19

Verwertungsmöglichkeiten, dem sachlichen Schutzbereich des Art. 14 Abs. 1 GG.[778]

cc) Schrankenregelung

Gleiches gilt im Rahmen einer angedachten neuen urheberrechtlichen Schrankenreglung gemäß § 52c UrhG-E zu Gunsten der Nutzer von überwiegend öffentlich finanzierter Wissensproduktion. Auch hier ist die wirtschaftliche Verwertung von Nutzungsrechten betroffen, mithin eine grundrechtlich geschützte Eigentumsposition des jeweiligen Rechteinhabers im Sinne des Art. 14 Abs. 1 GG. Schrankenregelungen im Urheberrecht erlauben zu Gunsten einzelner Nutzer oder im Interesse der Allgemeinheit die Verwertung von bestimmten urheberrechtlich geschützten Werken unter besonderen Bedingungen.[779] Da kein Rechteinhaber gehalten ist, ein Werk im Allgemeininteresse zur Nutzung zur Verfügung zu stellen, soweit nicht das Urheberrechtsgesetz im Interesse der Allgemeinheit ausdrücklich die Befreiung von einem Erlaubniszwang unter gewissen Voraussetzungen vorsieht, sind hierfür gesetzliche Schrankenregelungen erforderlich. Urheberrechtliche Schrankenregelungen haben somit ebenso Auswirkungen auf die Vermögenswertigkeit eines urheberrechtlich geschützten Werkes.

dd) Anbietungspflicht/Zweitveröffentlichungsrecht

Im Rahmen des § 43 Abs. 2 und § 38 Abs. 1 Satz 3 UrhG-E ist zu berücksichtigen, dass dem jeweiligen Verlag die Nutzungsrechte vom Urheber von Anfang an nie uneingeschränkt eingeräumt werden. Ein Eingriff in bestehende Rechte des Wissenschaftsverlages liegt somit nicht vor. Diese „de lege ferenda"-Vorschläge sind vielmehr im Rahmen des Art. 12 GG näher zu untersuchen.

*b) Eingriff/Rechtfertigung*

Aufgrund des Verlagsvertrages überträgt der Urheber dem Verleger das Recht, sein Werk zu vervielfältigen und zu verarbeiten. Nach § 9 Abs. 2 VerlG kann der Urheber nicht mehr als die Rechte, die ihm selbst zustehen auf den Verleger übertragen. Daraus folgt, dass der verfassungsrechtliche Schutz des Urheberrechts für den Verleger nicht weiter gehen kann als für den Urheber, so dass die

778 Heckmann/Weber, Open Access in der Informationsgesellschaft – § 38 UrhG de lege ferenda, GRUR Int 2006, 995, 997; Maunz, Das geistige Eigentum in verfassungsrechtlicher Sicht, GRUR 1973, 107, 108; Nielen, Interessenausgleich in der Informationsgesellschaft, S. 178

779 Lüft in: Wandtke/Bullinger, Vorbem. Vor §§ 44a ff. Rn. 3

Angaben zum Urheberrechtsschutz durch die Eigentumsgarantie des Wissenschaftlers auch für den Verleger gelten.[780] Zur Vermeidung unnötiger Wiederholungen wird daher in diesem Rahmen zu Eingriff und dessen Rechtfertigung auf die Ausführungen zum einzelnen Wissenschaftler verwiesen.[781] Im Ergebnis lässt sich somit feststellen, dass § 43 Abs. 2 und § 38 Abs. 1 Satz 3 UrhG-E in die Eigentumsfreiheit der Wissenschaftsverlage nicht eingreifen. § 52c UrhG-E bzw. eine Zwangslizenz muss eine angemessene Vergütung sicherstellen, um verfassungskonform zu sein.

## 2. Berufsfreiheit, Art. 12 GG

Im Gegensatz zur Eigentumsgarantie, die den vorhandenen Bestand an vermögenswerten Gütern, nicht aber Erwerbschancen und Verdienstmöglichkeiten schützt, umschließt die Berufsfreiheit des Art. 12 GG die Erwerbs- und Leistungstätigkeit des Grundrechtsträgers, die zum Erwerb selbst führt.[782] Nach Art. 12 GG wird das grundrechtlich geschützte einheitliche Recht der Berufsfreiheit gewährt, wobei sich zwei Teilbereiche unterscheiden lassen, die Berufswahl und die Berufsausübung.[783] Die freie Berufswahl und die freie Berufsausübung sind nicht vollständig voneinander trennbare Elemente der insgesamt als einheitliche Freiheitsgewährleistung (nur unterschiedliche Stufung oder Phasengebung) zu begreifenden Berufsfreiheit zu verstehen.[784] Ziel der Berufsfreiheit gemäß Art. 12 GG ist eine möglichst unreglementierte berufliche Betätigung des Einzelnen.[785]

### *a) Schutzbereich*

Gemäß Art. 19 Abs. 3 GG kommt die Berufsfreiheit auch inländischen juristischen Personen sowie Personenvereinigungen des Privatrechts zugute, soweit die zu Erwerbszwecken dienende Tätigkeit betroffen ist und die Tätigkeit nach Wesen und Art in gleicher Weise von einer juristischen oder einer natürlichen Per-

780 Roellecke, Das Kopieren zum eigenen wissenschaftlichen Gebrauch, UFITA Bd. 84 (1979), 79, 107

781 Vgl. S. 127 ff.

782 BVerfGE 30, 292, 334 f.

783 BVerfGE 7, 377, 402; BVerfGE 95, 193, 214; Mann in: Sachs, Art. 12, Rn. 14; Jarass in: Jarass/Pieroth, Art. 12 Rn. 1

784 Scholz in: Maunz/Dürig, Art. 12 Rn. 312

785 BVerfGE 81, 79, 85

son ausgeübt werden kann.[786] Eine Verlagstätigkeit kann von natürlichen und juristischen Personen, unabhängig in welcher Rechtsform, in gleicher Art und Weise durchgeführt werden, so dass Verleger sich auf die Berufsfreiheit des Art. 12 GG berufen können.

Die Verlagstätigkeit selbst stellt eine Berufsausübung im Sinne des Art. 12 Abs. 1 GG dar, da als Beruf jede Tätigkeit gilt, die in ideeller wie in materieller Hinsicht der Schaffung und Erhaltung einer Lebensgrundlage dient bzw. zumindest dazu beiträgt und sich nicht in einem einmaligen Erwerbsakt erschöpft, sondern auf Dauer angelegt ist.[787] Geschützt ist die gesamte Ausübung des Berufes, insbesondere Form, Mittel und Umfang der Betätigung. Die Tätigkeiten der Verlagsbranche unterfallen daher dem Schutzbereich der Berufsfreiheit gemäß Art. 12, 19 Abs. 3 GG.

*b) Eingriff*

Nicht jede belastende staatliche Maßnahme stellt eine relevante Beeinträchtigung eines grundrechtlich geschützten Verhaltens dar. Der wichtigsten Unterfall einer bedeutsamen Grundrechtsbeeinträchtigung ist der sog. Eingriff.[788] Unter dem klassischen Eingriffsbegriff versteht man einen rechtsförmigen Vorgang, der unmittelbar und gezielt (final) durch ein vom Staat verfügtes, erforderlichenfalls zwangsweise durchzusetzendes Ge- oder Verbot – also imperativ – zu einer Verkürzung grundrechtlicher Freiheiten führt.[789] Im Rahmen der Berufsfreiheit sind damit vor allem Vorgaben für das „Ob" und „Wie" einer bestimmte Berufsbetätigung gemeint.[790] Der besondere Freiheitsraum, den Art. 12 GG sichern will, kann auch durch Vorschriften berührt werden, die infolge ihrer tatsächlichen Auswirkungen geeignet sind, die Berufsfreiheit lediglich mittelbar zu beeinträchtigen, obwohl sie keinen unmittelbar berufsregelnden Charakter tragen.[791] Art. 12 GG schützt daher nicht nur gegenüber solchen Normen oder Akten, die sich unmittelbar auf die Berufstätigkeit beziehen, sondern grundsätzlich auch

786 Umstr., aber stRspr BVerfGE 50, 290, 363; zustimmend Tettinger, Juristische Personen des Privatrechts als Grundrechtsträgers, Hdb. der Grundrechte, § 51 Rn. 63; a.A. Rüfner, Zur Bedeutung und Tragweite des Artikels 19 Abs. 3 des Grundgesetzes (Anwendbarkeit der Grundrechte auf juristische Personen), AöR Bd. 80 (1964), 261, 306 ff., da Art. 12 GG einen individualrechtlich-personale Ansatz habe.

787 Jarass in: Jarass/Pieroth, Art. 12 Rn. 5

788 Jarass in: Jarass/Pieroth, Vorbem. vor Art. 1 Rn. 24

789 BVerfGE 105, 279, 299 f.

790 Jarass in: Jarass/Pieroth, Art. 12 Rn. 10

791 Scholz in: Maunz/Dürig, Art. 12 Rn. 301

wenn diese nur mittelbar Auswirkungen auf die verfassungsrechtlich geschützte Tätigkeit haben.[792]

Eine Zwangslizenz, § 52c UrhG-E, § 43 Abs. 2 UrhG-E sowie § 38 Abs. 1 Satz 3 UrhG-E müssen daher zumindest relevante mittelbare Folgen für die Berufsfreiheit aufweisen, um einen verfassungsrechtlich zu rechtfertigenden Eingriff darzustellen.

aa) Schrankenregelung/Zwangslizenz

Intention einer Zwangslizenz und der Schrankenregelung des § 52c UrhG-E ist, dass der Rechteinhaber einer Verwendung des wissenschaftlichen Werkes durch Dritte nicht widersprechen kann. Dieser Verlust des Verbotsrechts bedeutet eine verbindliche Regelung der Informationsverschaffung von Nutzern ohne Verhinderungsmöglichkeit des Berechtigten. Beide Vorschriften geben somit unmittelbar und gezielt die Art und Weise der Berufsausübung im Hinblick auf öffentlich finanzierte Wissenschaftsliteratur vor und greifen daher in die von Art. 12 GG geschützte Verlagstätigkeit ein.

bb) Anbietungspflicht/Zweitveröffentlichungsrecht

Die Gesetzesvorschläge betreffend einer Implementierung des Open-Access-Gedankens im Urheberrechtsgesetz im Wege einer Anbietungspflicht gemäß § 43 Abs. 2 UrhG-E oder durch ein Zweitveröffentlichungsrecht gemäß § 38 Abs. 1 Satz 3 UrhG-E beziehen sich nicht unmittelbar und gezielt auf die Berufsgruppe der Verleger. Diese „de lege ferenda"-Vorschriften berühren vielmehr die Rechtsstellung des Urhebers. Es ist jedoch davon auszugehen, dass diese Normen im Fall ihres Wirksamwerdens eine tatsächliche Auswirkung auf die Berufstätigkeit der Verleger haben werden. Allerdings richtet sich der Schutz des Art. 12 GG nicht gegen jedwede auch nur mittelbar wirkende Beeinträchtigung des Berufs, da das Grundrecht ansonsten angesichts des Umstandes, dass nahezu jede Norm oder deren Anwendung unter bestimmten Voraussetzungen Rückwirkungen auf die Berufstätigkeit haben kann, konturlos würde.[793] Rechtsakte mit berufsneutraler Zielsetzung, die sich nicht final und unmittelbar auf die betreffende berufliche Tätigkeit beziehen, stellen nach der nicht unumstrittenen aber ständigen Rechtsprechung des BVerfG nur dann einen Grundrechtseingriff dar,

792 BVerfGE 22, 380, 384; BVerfGE 41, 251, 262; BVerfGE 97, 228, 254; BVerfGE 110, 226, 254
793 BVerfGE 97, 228, 253 f.

wenn sie eine objektiv berufsregelnde Tendenz aufweisen.[794] Eine berufsregelnde Tendenz liegt vor, wenn die Regelungen nach ihrer Entstehungsgeschichte und ihrem Inhalt im Schwerpunkt Tätigkeiten betreffen, die typischerweise beruflich ausgeübt werden.[795] Darüber hinaus muss die Vorschrift eine erhebliche Auswirkung auf die berufliche Tätigkeit des Grundrechtsträgers haben. Sie muss diese unterbinden oder zumindest nennenswert behindern.[796] Weitere Voraussetzung einer berufsregelnden Tendenz ist, dass sich konkret feststellen lassen muss, wer von den Auswirkungen der Regelung selbst oder aufgrund ihrer Anwendung in seiner Berufsfreiheit betroffen wird. Nicht ausreichend ist es, wenn bloß eine allgemeine Möglichkeit der Beeinträchtigung der Berufsfreiheit eines nicht näher bestimmbaren Personenkreises gegeben ist.[797]

§ 43 Abs. 2 UrhG-E und § 38 Abs. 1 Satz 3 UrhG-E besitzen eine berufsregelnde Tendenz. Zwar richten sich beide Vorschriften primär an Urheber wissenschaftlicher Werke, werden im Fall ihres Inkrafttretens jedoch erhebliche Auswirkungen auf die Verlagsbranche entfalten. Intention beider Regelungen ist es, die ausschließliche Zugriffsbefugnis der Verleger auf wissenschaftliche Literatur zu beschränken. Diese Ausschließlichkeitsbefugnis und die Freiheit der Nutzungsrechtübertragung sind aber entscheidende Bausteine der kommerziellen Verlagstätigkeit, so dass deren Verlust wohl eine Neukonzeption und -organisation des ganzen Verlagswesens erfordert.

Darüber hinaus sollten dem Erfordernis einer berufsregelnden Tendenz keine allzu großen Anforderungen unterliegen, da eine möglicherweise geringere Eingriffsintensität auf der Rechtfertigungsebene berücksichtigt werden kann. Die Verhältnismäßigkeitsprüfung im Rahmen der Rechtfertigung lässt genügend Spielraum, um eine Gerechtigkeit im Einzelfall zu gewähren.

### *c) Rechtfertigung*

Nach Art. 12 Abs. 1 Satz 2 GG kann die Berufsausübung durch Gesetz oder aufgrund eines Gesetzes geregelt werden. Entgegen des Wortlauts gilt der Gesetzesvorbehalt nach ständiger Rechtsprechung und herrschender Meinung in der rechtswissenschaftlichen Literatur nicht nur für die Berufsausübung, sondern für

794 BVerfGE 95, 267, 302; BVerfGE 113, 29, 48; a.A. Manssen in: von Mangoldt/Klein/Starck, Art. 12 Rn. 70 ff., wonach die Rechtsprechung des BVerfG hinsichtlich des Erfordernisses eines berufsregelnden Tendenz keine Stütze im Gesetz finde und kein Grund ersichtlich sei, sich bei Art. 12 Abs. 1 GG von den Erkenntnissen der allgemeinen Grundrechtsdogmatik abzugrenzen, wo Schutz vor jeder hoheitlichen Einwirkung gewährt werde.

795 BVerfGE 97, 228, 254; BVerfGE 113, 29, 48

796 BVerfGE 81, 108, 122

797 BVerfGE 47, 1, 21; BVerfGE 113, 29, 48

die gesamte Berufsfreiheit, da Art. 12 GG das einheitliche Grundrecht der Berufsfreiheit gewährt.[798] Die Open Access „de lege ferenda"-Vorschläge stellen Berufsausübungsregelungen dar, da sie Bedingungen und Modalitäten der beruflichen Tätigkeit vorgeben. Der Gesetzesvorbehalt des Art. 12 Abs. 1 Satz 2 GG findet somit schon auf Grundlage des Wortlauts Anwendung.

Ein Eingriff in die Berufsfreiheit bedarf einer gesetzlichen Grundlage und muss den Grundsatz der Verhältnismäßigkeit wahren. Die diskutierten Reformen im Urheberrechtsgesetz stellen formal gesehen eine ausreichende Gesetzesgrundlage dar. Die Anforderungen der Verhältnismäßigkeit werden im Rahmen der Berufsfreiheit seit dem Apothekenurteil[799] des BVerfG durch die sog. Drei-Stufentheorie näher konkretisiert. Danach ergibt sich für das Eingreifen des Gesetzgebers in die Berufsfreiheit immer ein Gebot der Differenzierung zwischen Berufsausübungsregeln, subjektiver oder objektiver Zulassungsvoraussetzungen der Berufswahl. Der Gesetzgeber ist am freiesten, wenn er eine reine Ausübungsregelung trifft, die auf die Freiheit der Berufswahl nicht zurückwirkt, sondern nur bestimmt, in welcher Art und Weise die Berufsangehörigen ihre Berufstätigkeit im einzelnen zu gestalten haben.[800] Berufsausübungsregelungen darf der Gesetzgeber treffen, wenn sie durch sachgerechte und vernünftige Gründe des Gemeinwohls gerechtfertigt sind, das gewählte Mittel zur Erreichung des verfolgten Zwecks geeignet und erforderlich und die bewirkte Beeinträchtigung des Grundrechtsinhabers zumutbar ist.[801]

Die verfolgten Ziele der Open-Access-Regelungen stellen vernünftige Gründe des Gemeinwohls in diesem Sinne dar und sind verhältnismäßig. Grundintention der Gesetzesvorschläge ist die Forschung mittels allgemein zugänglicher wissenschaftlicher Information voranzutreiben und die Monopolisierung von Forschungsergebnissen zu verhindern. Zudem ist anders als bei Art. 14 Abs. 1 GG ein gesteigertes öffentliches Interesse der Allgemeinheit bei Ausübungsregelungen nicht erforderlich. Vielmehr sind hier vernünftige Erwägungen ausreichend, so dass das Informationsbedürfnis der Allgemeinheit einen abwägungsrelevanten Belang darstellt. Die Praxis zeigt, dass die Verlagsbranche die Idee des Open Access nicht gänzlich ablehnt, sondern teilweise in ihr bestehendes Repertoire integriert, insbesondere ermöglicht es neue Finanzierungsmodelle der Verlage. Die Intensität der Berufsausübungsregeln ist nicht unerträglich.

---

798 BVerfGE 92, 140, 151; BVerfGE 115, 276, 300; Mann in: Sachs, Art. 12 Rn. 14 u. 197; Scholz in: Maunz/Dürig, Art. 12 Rn. 25 u. 312

799 BVerfGE 7, 377, 397 ff.

800 BVerfGE 7, 377, 405

801 BVerfGE 7, 377, 405 f.; BVerfGE 111, 10, 32; BVerfGE 114, 196, 251 f.; Manssen in: von Mangoldt/Klein/Starck, Art. 12 Rn. 140

Dem Gesetzgeber steht bei der Festlegung der zu verfolgenden berufs-, wirtschafts- und sozialpolitischen Ziele im Rahmen der Berufsausübung eine weite Gestaltungsfreiheit zu.[802] Ob die zu deren Verfolgung ergriffenen Maßnahmen geeignet und erforderlich sind, obliegt ebenso dem weiten Beurteilungs- und Handlungsspielraumes des Gesetzgebers.[803] Darüber hinaus gehen die Grenzen bei Regelungen, die die Berufsfreiheit nicht unmittelbar und gezielt beeinträchtigen, sondern lediglich eine berufsregelnde Tendenz aufweisen, wie im Fall der § 43 Abs. 2 UrhG-E und § 38 Abs. 1 Satz 3 UrhG-E, noch weiter.[804] Dies berücksichtigt den Umstand, dass an das Erfordernis einer berufsregelnden Tendenz im Bereich der Eingriffsqualifikation keine allzu großen Anforderungen gelegt werden. Sollte sich der Gesetzgeber entschließen, Open-Access-Regelungen im Urheberrechtsgesetz zu verankern, wären die Eingriffe in die Berufsfreiheit der Verlage aufgrund dieses sehr weiten Beurteilungs- und Handlungsspielraums hinsichtlich des Ziels der Ausübungsregelung, deren Geeignetheit und Erforderlichkeit gerechtfertigt.

Im Ergebnis ist festzuhalten, dass die de lege ferenda Open-Access-Vorschläge zumindest gerechtfertigte Eingriffe in die Berufsfreiheit der Verlage darstellen, da hinter dem Open-Access-Gedanken vernünftige Erwägungen des Gemeinwohls stehen.[805]

### 3. Wissenschaftsfreiheit, Art. 5 Abs. 3 Satz 1 GG

Ob eine Verlagstätigkeit vom Schutz der Wissenschaftsfreiheit des Art. 5 Abs. 3 Satz 1 GG umfasst wird, wird von der Rechtsprechung und der rechtswissenschaftlichen Literatur uneinheitlich beurteilt. Das Recht aus Art. 5 Abs. 3 Satz 1 GG steht grundsätzlich jedem zu, der wissenschaftlich tätig ist oder tätig werden will.[806] Der Verleger ist zwar nicht Urheber des Werkes. Art. 5 Abs. 3 Satz 1 GG ist jedoch nach der Rechtsprechung und Teilen des Schrifttums auch dann anwendbar, wenn ein wissenschaftliches Werk über die Medien vertrieben wird.[807] Demnach schütze die Wissenschaftsfreiheit auch Personen, die eine vermittelnde

802 BVerfGE 109, 64, 85; BVerfGE 110, 141, 157; BVerfGE 111, 10, 38; Hofmann in: Schmidt-Bleibtreu/Hofmann/Hopfauf, Art. 12 Rn. 58

803 BVerfGE 77, 84, 106; Jarass in: Jarass/Pieroth, Art. 12 Rn. 50

804 BVerfG DVBl 1991, 205, 206; Hofmann in: Schmidt-Bleibtreu/Hofmann/Hopfauf, Art. 12 Rn. 58; Jarass in: Jarass/Pieroth, Art. 12 Rn. 50

805 So auch im Ergebnis, Heckmann/Weber, Open Access in der Informationsgesellschaft – § 38 UrhG de lege ferenda, GRUR Int 2006, 995, 997

806 BVerfGE 35, 79, 112

807 OLG Köln NJW 1984, 1119, 1120; ähnlich BVerfGE 30, 173, 191 zur Geltung der durch Art. 5 Abs. 3 Satz 1 GG geschützten Kunstfreiheit für einen Verleger. Ohne Begründung Bethge in: Sachs, Art. 5 Rn. 209 u. Starck in: von Mangoldt/Klein/Starck, Art. 5 III Rn. 367

Tätigkeit zwischen Verfasser und Öffentlichkeit wahrnehmen, da sich die Wissenschaft nur durch ihre Vervielfältigung, Verbreitung und Veröffentlichung Wirkung in der Öffentlichkeit entfalte.[808] Der Verleger nehme demzufolge eine unentbehrliche Mittlerfunktion ein, die den Schutz des Art. 5 Abs. 3 Satz 1 GG rechtfertige.[809] Nach dieser Ansicht sind daher staatliche Eingriffe in die Tätigkeit wissenschaftlicher Verlage angesichts der engen Verzahnung mit dem Wissenschaftsprozess als Eingriffe in die Wissenschaftsfreiheit zu werten.[810] Andernfalls soll eine nicht hinnehmbare Aufspaltung der Rechtslage die Folge sein, da sich der betroffene Wissenschaftler bezüglich seines Werkes auf die Wissenschaftsfreiheit berufen könne.[811]

Nach anderer Ansicht übersehe diese Rechtsauffassung, dass die Verbreitung eines wissenschaftlichen Werks nur dann bzw. nur insoweit unter den Schutz des Art. 5 Abs. 3 Satz 1 GG fallen könne, als es um den publikationsmäßigen (kommunikationsrechtlichen) Schutz des Wissenschaftlers selbst gehe.[812] Zwar sei Art. 5 Abs. 3 Satz 1 GG generell die gegenüber Art. 5 Abs. 1 GG speziellere Grundrechtsnorm,[813] soweit vom Grundrechtsträger her jedoch der Schutz des Mediums im Vordergrund stehe, gehe auch der medienrechtliche Grundrechtsschutz aus Art. 5 Abs. 1 GG dem grundrechtlichen Schutz des medienmäßig zu publizierenden wissenschaftliches Werkes aus Art. 5 Abs. 3 Satz 1 GG vor.[814]

Die letztgenannte Meinung im Schrifttum ist vorzugswürdig. Die bloße Mittlerfunktion der Verlage unterfällt im Ergebnis nicht dem Schutz der Wissenschaftsfreiheit, soweit es um den Schutz des Mediums geht. Zwar ist richtig, dass die Verlagsbranche durch ihre Veröffentlichung das wissenschaftliche Werk der interessierten Öffentlichkeit leichter zugänglich macht, dieses Zugänglichmachen alleine ist aber von Art. 5 Abs. 1 Satz 2 Alt. 1 GG ausreichend geschützt. Nicht zuzustimmen ist der Argumentation, dass die Verlagstätigkeit unentbehrlich und somit eine Anwendbarkeit von Art. 5 Abs. 3 Satz 1 GG gerechtfertigt sei. Gerade im Zeitalter des Internets zeigt das Beispiel Open Access, dass wissenschaftliche Publikation nicht notwendig eine traditionelle Verlagstätigkeit erfordert. Auch im Rahmen des Self- bzw. Institutional-Archiving kann der Zugriff der Öffentlichkeit bezüglich wissenschaftlicher Literatur sichergestellt werden.

808 OLG Köln NJW 1984, 1119, 1120; BVerfGE 30, 173, 191
809 OLG Köln NJW 1984, 1119, 1120; BVerfGE 30, 173, 191
810 Frank, Zur Medienfreiheit der wissenschaftlichen Fachzeitschriften, NJW 1983, 1172, 1173 f.
811 Frank, Zur Medienfreiheit der wissenschaftlichen Fachzeitschriften, NJW 1983, 1172, 1174
812 Scholz in: Maunz/Dürig, Art. 5 III Rn. 13
813 Kannengießer in: Schmidt-Bleibtreu/Hofmann/Hopfauf, Art. 5 Rn. 32
814 Scholz in: Maunz/Dürig, Art. 5 III Rn. 13

Darüber hinaus erfordert die Wissenschaftsfreiheit des Art. 5 Abs. 3 Satz 1 GG das Tätigwerden in Form wissenschaftlicher Forschung oder Lehre.[815] Ein Verleger erfüllt i.d.R. keine dieser Voraussetzungen. Wissenschaftliche Forschung im Sinne des Art. 5 Abs. 3 Satz 1 GG ist die planmäßige, methodengesteuerte und eigenverantwortliche Suche, Bestätigung oder Falsifikation von Erkenntnissen.[816] Wissenschaftsverlage bereiten einen Rohstoff – das wissenschaftliche Werk – auf und geben einer geistigen Leistung des Urhebers Form und Gestalt. Hierbei handelt es sich aber nicht selbst um eine überwiegend geistige Tätigkeit der Verlage, sondern um die Verfeinerung, Überarbeitung und Vervielfältigung von geistiger Autorenleistung. Die Erarbeitung wissenschaftlicher Publikationen selbst unterfällt hingegen natürlich der wissenschaftlichen Forschung.

Die Freiheit der Lehre umfasst freie Wahl von Inhalt, Ansatz und Äußerung[817] bzw. von Gegenstand, Form, Methode[818], Zeit und ggf. auch Ort[819] der Aufbereitung und Darbietung wissenschaftlicher (nicht notwendigerweise neuer) Erkenntnisse. Zwar ist demnach auch die Mitteilung fremder Erkenntnisse und Fachwissens grundsätzlich von der Lehrfreiheit umfasst, jedoch muss diese mit der Anleitung zum kritischen wissenschaftlichen Urteil, Denken und Arbeiten verbunden sein.[820] Eine bloße Übernahme fremden Gedankenguts und zusätzlicher Aufbereitung (Lektorat, Redaktion, Herstellung, Marketing und Vertrieb) für die Allgemeinheit erfüllt diese Kriterien nicht. Bei der Verlagstätigkeit handelt es sich somit um keine eigenständige Lehre.

Inhaltliches Merkmal der von Art. 5 Abs. 3 Satz 1 GG geschützten Forschung und Lehre ist, dass sie wissenschaftlich ist.[821] Der Wissenschaftsbegriff ist Oberbegriff gegenüber Forschung und Lehre.[822] Wissenschaft kommt von Wissen.[823] Die Verbreitung fremden Wissens ohne inhaltliche Auseinandersetzung ist aber

815 Scholz in: Maunz/Dürig, Art. 5 III Rn. 86

816 Starck in: von Mangoldt/Klein/Starck, Art. 5 III Rn. 361; grundlegend jedoch z.T. veraltet hier BVerfGE 35, 79, 113 wonach wissenschaftliche Forschung die geistige Tätigkeit mit dem Ziel in methodischer, systematischer und nachprüfbarer Weise neue Erkenntnisse zu gewinnen, die nach Inhalt und Form als ernsthafter und planmäßiger Versuch zur Ermittlung der Wahrheit anzusehen sei.

817 BVerfGE 35, 79, 113 f.

818 BVerwG NVwZ 1992, 1082, 1082

819 Scholz in: Maunz/Dürig, Art. 5 III Rn. 111; a.A. Mager, Freiheit von Forschung und Lehre, Hdb. des Staatsrechts VII, 2009, § 166 Rn. 14, wonach Zeit und Ort nur in absoluten Ausnahmenfällen erfasst sein soll.

820 Pernice in: Dreier, Art. 5 III Rn. 32

821 Starck in: von Mangoldt/Klein/Starck, Art. 5 III Rn. 339

822 Mager, Freiheit von Forschung und Lehre, Hdb. des Staatsrechts VII, 2009, § 166 Rn. 7

823 Starck in: von Mangoldt/Klein/Starck, Art. 5 III Rn. 323

kein eigenes Wissen. Erforderlich wäre die Bereitschaft bereits gewonnene Ergebnisse in Frage zu stellen, d.h. eine stetige Selbst- bzw. Fremdüberprüfung.[824] Derjenige, der Wissenschaft nur organisiert, nimmt von außen Einfluss auf den Wissenschaftsprozess, so dass dessen Tätigkeit trotz vielfacher Abhängigkeit der Wissenschaft nicht dem Schutzbereich der Wissenschaftsfreiheit unterfällt.[825]

Konsequenz dieser Auslegung ist, dass ein publiziertes wissenschaftliches Werk zu unterschiedlichen Schutzwirkungen führt, da der Wissenschaftler dem Schutzbereich des Art. 5 Abs. 3 Satz 1 GG unterfällt, der Verleger hingegen sich nur auf die Pressefreiheit nach Art. 5 Abs. 1 Satz 2 Alt. 1 GG berufen kann. Dieses Ergebnis ist aber auch sachgerecht. Der Wissenschaftler selbst verdient einen höheren Schutz als der Verleger, da er es ist, der durch Wissen und Leistung das wissenschaftliche Werk schafft, wo hingegen der Verlag auf den Inhalt i.d.R. keinen wesentlichen Einfluss nimmt.[826] Der Schutzbereich der Wissenschaftsfreiheit ist für Verlage daher nicht eröffnet.

### 4. Pressefreiheit, Art. 5 Abs. 1 Satz 2 Alt. 1 GG

Da die Verfassungsmäßigkeit von Open-Access-Regelungen im Hinblick auf die Verleger untersucht wird, muss die Pressefreiheit des Art. 5 Abs. 1 Satz 2 Alt. 1 GG angesprochen werden, weil eine freie, nicht von der öffentlichen Gewalt gelenkte, keiner Zensur unterworfene Presse Wesenselement des freiheitlichen Staates und für die moderne Demokratie unentbehrlich ist.[827] Die originäre Verlagstätigkeit unterliegt nicht – wie aufgezeigt – der spezielleren Wissenschaftsfreiheit, sondern der Pressefreiheit.

#### *a) Schutzbereich*

Auch juristische Personen und sonstige Vereinigungen können sich auf die Pressefreiheit berufen, da diese nicht zu denjenigen Grundrechten gehört, die ihrem Wesen nach nur natürlichen Personen zustehen können.[828] Der Begriff Presse ist weit und formal auszulegen.[829] Schutzobjekt sind alle zur Verbreitung geeigneten und bestimmten Druckerzeugnisse und Informationsträger, die nicht unter den

---

824 Mager, Freiheit von Forschung und Lehre, Hdb. des Staatsrechts VII, 2009, § 166 Rn. 8
825 Pernice in: Dreier, Art. 5 III Rn. 34
826 Scholz in: Maunz/Dürig, Art. 5 III Rn. 13
827 BVerfGE 20, 162, 174
828 BVerfGE 21, 271, 277 f.; Tettinger, Juristische Personen des Privatrechts, Hdb. der Grundrechte, § 51 Rn. 63
829 BVerfGE 34, 269, 283

Film- und Rundfunkbegriff fallen.[830] Art. 5 Abs. 1 Satz 2 Alt. 1 GG schützt über periodische Druckwerke hinaus alle mittels eines Massenvervielfältigungsverfahrens hergestellten und zur Verbreitung bestimmten Schriften.[831] Gedruckte wissenschaftliche Literatur fällt somit unter den Begriff der Presse im Sinne des Art. 5 Abs. 1 Satz 2 Alt. 1 GG. Die Preisefreiheit umfasst das komplette Leben und die gesamte Arbeit des Presseunternehmens und alle der typischen Pressearbeit zuzurechnenden Verhaltensweisen.[832] Auch die Verbreitung reiner Nachrichten ohne eigene Meinungsäußerung unterliegt dem Schutzbereich der Pressefreiheit.[833]

Die Verlagstätigkeit selbst unterfällt somit nicht nur der Berufsfreiheit des Art. 12 GG, sondern stellt grundsätzlich auch ein geschütztes Verhalten im Sinne der Pressefreiheit dar.[834] Zwischen Berufs- und Pressefreiheit besteht Idealkonkurrenz, die die kumulative Anwendung beider Vorschriften zulässt, da die Grundrechte sich überschneidende Anwendungsbereiche haben und der Wortlaut des Art. 12 GG auch nicht derart ausgelegt werden kann, dass die Vorschrift sich von vornherein nicht auf Presseberufe bezieht.[835] Selbiges gilt auch für die Eigentumsgarantie des Art. 14 Abs. 1 GG, da die Pressefreiheit die Dimension nicht vollständig auszuschöpfen vermag.[836]

*b) Eingriff*

Jede staatliche Maßnahme, die zu einer Unterbindung oder Behinderung der geschützten Pressetätigkeit führt, greift in die Pressefreiheit ein.[837] Die in der Diskussion stehenden Open-Access-Vorschriften haben jedoch keinen Einfluss auf die Pressefreiheit selbst, da sie die Veröffentlichung wissenschaftlichen Wissens gerade nicht behindern. Es ist nicht auszuschließen, dass sich kommerzielle Verlage aufgrund neuer gesetzlicher Open-Access-Vorschriften mangels Amortisationsmöglichkeit mittelbar gehindert sehen, bestimmte wissenschaftliche Literatur zu publizieren. Relevante mittelbare Eingriffe in die Pressefreiheit liegen

830 Kannengießer in: Schmidt-Bleibtreu/Hofmann/Hopfauf, Art. 5 Rn. 12
831 von Becker, Vertrieb von Verlagserzeugnissen, ZUM 2002, 171, 179
832 Herzog in: Maunz/Dürig, Art. 5 I Rn. 135
833 Kannengießer in: Schmidt-Bleibtreu/Hofmann/Hopfauf, Art. 5 Rn. 12
834 BVerfGE 52, 283, 296 f.; Herzog in: Maunz/Dürig, Art. 5 I Rn. 144; von Becker, Vertrieb von Verlagserzeugnissen, ZUM 2002, 171, 179
835 Herzog in: Maunz/Dürig, Art. 5 I Rn. 142 unter Aufgabe der früheren Auffassung, dass Art. 5 Abs. 1 GG lex specialis sei.
836 Wendt in: von Münch/Kunig, Art. 5 Rn. 115
837 Jarass in: Jarass/Pieroth, Art. 5 Rn. 29

jedoch nur vor, wenn deren Zielsetzung und Wirkung klassischen Eingriffen gleichkommt.[838]

Dies ist jedoch nicht der Fall, da das Open-Access-Prinzip im Ergebnis genau gegenteiliges bewirkt und zu einer maximalen Distribution von Wissensinformationen für jedermann führt. Ein Eingriff in die Pressefreiheit liegt daher nicht vor. Die Pressefreiheit der Verleger bleibt unangetastet.

## 5. Vertragsfreiheit

Indem eine Zwangslizenz zu Lasten der Verleger im Bereich öffentlich finanzierter Wissenschaftsliteratur diskutiert wird, stellt sich die Frage, inwiefern sich ein derartiger Kontrahierungszwang mit dem Verfassungsgrundsatz der Vertragsfreiheit vereinbaren lässt.[839]

Anders als zu Zeiten der Weimarer Reichsverfassung, nach der die Vertragsfreiheit in Art. 152 WRV ausdrücklich unter verfassungsrechtlichen Schutz gestellt wurde, wird die Vertragsfreiheit im Grundgesetz nicht explizit erwähnt.[840] Die Vertragsfreiheit genießt dennoch nach absolut herrschender Meinung grundrechtlichen Schutz.[841] Unter Vertragsfreiheit versteht man, die Freiheit sich vertraglich mit einem Kontrahenten seiner Wahl entsprechend einer gemeinsamen Vereinbarung beliebigen Inhalts vertraglich zu binden oder eine Vereinbarung aufzulösen.[842] Die Vertragsfreiheit ist Bestandteil der umfassenden Privatautonomie und schützt die Freiheit des Abschlusses oder Nichtabschlusses sowie die Gestaltung privatrechtlicher Verträge.[843] Jedem Einzelnen soll als homo oeconomicus ein möglichst hohes Maß an freier, verantwortlicher Selbstbestimmung und individueller Grundrechtsbetätigung ermöglicht werden, so dass er seine Rechtsverhältnisse nach seinem Willen selbst und eigenverantwortlich gestalten

838 Jarass in: Jarass/Pieroth, Art. 5 Rn. 29

839 Natürlich betrifft die Zwangslizenz auch den einzelnen Wissenschaftler, so dass die nachfolgenden Ausführungen entsprechend für diesen gelten. Da in der Praxis jedoch meist Verlage Nutzungsverträge mit weiteren potentiellen Werknutzern abschließen, wird die Thematik im Rahmen der Wissenschaftsverlage erörtert.

840 Anders in Art. 151 Abs. 2 Satz 1 Bayerische Verfassung, Art. 44 Satz 1 Saarländische Verfassung und Art. 52 Abs. 1 Verfassung Rheinland-Pfalz

841 stRspr BVerfGE 95, 267, 302 f.; Papier in: Maunz/Dürig, Art. 14 Rn. 229; Hofmann in: Schmidt-Bleibtreu/Hofmann/Hopfauf, Art. 2 Rn. 33 f., Jarass in: Jarass/Pieroth, Art. 2 Rn. 4; Busche, Privatautonomie und Kontrahierungszwang, S. 53 ff.; Knobel, Wandlungen im Verständnis der Vertragsfreiheit, S. 110; Cornils, Vertragsfreiheit und kartellrechtlicher Kontrahierungszwang, NJW 2001, 3578, 3578; Ossenbühl, Die Freiheiten des Unternehmers nach dem Grundgesetz, AöR Bd. 115 (1990), 1, 25;

842 Ossenbühl, Die Freiheiten des Unternehmers nach Grundgesetz, AöR Bd. 115 (1990), 1, 25

843 Di Fabio in: Maunz/Dürig, Art. 2 Rn. 101

kann.[844] Ähnlich dem allgemeinen Persönlichkeitsrecht nach Art. 2 Abs. 1 i.V.m. 1 Abs. 1 GG ist die Vertragsfreiheit ein unbenanntes Freiheitsrecht, weil es die speziellen (benannten) Freiheitsrechte ergänzt.[845]

*a) Schutzbereich*

Welchem Schutzbereich die Vertragsfreiheit konkret zuzuordnen ist, kann nicht pauschal beantwortet werden. Zwar hat das BVerfG den Grundsatz des Vorrangs der speziellen Grundrechte in einigen Entscheidungen zur Vertragsfreiheit betont,[846] jedoch standen dem auch Entscheidungen gegenüber, die von vornherein auf Art. 2 Abs. 1 GG zurückgriffen oder zumindest nicht konsequent zwischen der allgemeinen Handlungsfreiheit und den leges speciales unterschieden.[847] Auch gibt es Stimmen im Schrifttum, die die Vertragsfreiheit insgesamt dem Schutzbereich des Art. 2 Abs. 1 GG zuordnen.[848] In der Regel ist die Vertragsfreiheit jedoch bereits durch benannte Spezialgrundrechte erfasst, so dass Art. 2 Abs. 1 GG als Auffanggrundrecht nur für solche Vertragsschlüsse gilt, die sich nicht zeitgleich als Wahrnehmung der Eigentums- oder Berufsfreiheit sowie ehe- oder erbvertragliche Regelungen darstellen.[849]

Im Raum steht eine Zwangslizenz zu Lasten der Verlagsbranche unter Ausschluss ihres Verbotsrechts, die zu einem Kontrahierungszwang hinsichtlich der Übertragung eines einfachen Nutzungsrechtes an einem urheberrechtlich geschützten Werk zu Gunsten Dritter führt. Da es sich bei der urheberrechtlichen Nutzungsmöglichkeit um Eigentum im Sinne des Art. 14 Abs. 1 GG handelt, unterfällt die Vertragsfreiheit betreffend einer urheberrechtlichen Nutzungsübertragung aus Sicht des veräußernden Rechteinhabers der speziellen Eigentumsgarantie, so dass der Vorschlag einer Zwangslizenz an Art. 14 GG zu messen ist.

*b) Eingriff*

Eine Zwangslizenz im Urheberrechtsgesetz stellt u.a. eine Einschränkung der Abschlussfreiheit des Rechteinhabers und somit einen Eingriff in die von Art. 14 Abs. 1 GG verbürgte Vertragsfreiheit dar. Im System der Eigentumsgarantie ist zwischen einer Inhalts- und Schrankenbestimmung und einer Enteignung zu un-

844 Di Fabio in: Maunz/Dürig, Art. 2 Rn. 101
845 Manssen in: von Mangoldt/Klein/Starck, Art. 12 Rn. 66
846 BVerfGE 6, 32, 41 f.; BVerfGE 8, 274, 328; BVerfGE 12, 341, 347
847 BVerfGE 65, 196, 209 f.; BVerfGE 12, 341, 347
848 Manssen in: von Mangoldt/Klein/Starck, Art. 12 Rn. 66
849 Di Fabio in: Maunz/Dürig, Art. 2 Rn. 103; Cornils, Vertragsfreiheit und kartellrechtlicher Kontrahierungszwang, NJW 2001, 3578, 3578

terscheiden. Wie aufgezeigt, sprechen die besseren Argumente dafür, dass eine Zwangslizenz abstrakt und generell Rechte und Pflichten des Grundrechtsberechtigten regelt und daher eine Inhalts- und Schrankenbestimmung darstellt.[850]

*c) Rechtfertigung*

Jede Inhalts- und Schrankenbestimmung muss den Grundsatz der Verhältnismäßigkeit beachten, d.h. sie muss geeignet sein, das entsprechende Ziel zu fördern, eine mildere Alternative darf nicht zur Verfügung und die Belastung des Grundrechtsträgers muss in einem angemessenen Verhältnis stehen.[851] Entsprechend dieser Voraussetzung ist die Implementierung einer Zwangslizenz im Urheberrechtsgesetz auch gerechtfertigt, soweit eine angemessene Vergütung des Berechtigten sicher gestellt ist.[852]

## 6. Zwischenergebnis

Die „de lege ferenda"-Vorschläge des Open-Access-Gedankens im Urheberrechtsgesetz stellen keine verfassungswidrigen Eingriffe in die Grundrechte des Verlegers dar, soweit eine Zwangslizenz und § 52c UrhG-E eine angemessene Alimentation des Rechteinhabers beinhalten.

---

850 Vgl. S. 128 f.
851 Jarass in: Jarass/Pieroth, Art. 14 Rn. 38 ff.
852 Vgl. S. 140 f.

# 5. Kapitel: Zusammenfassung der Ergebnisse

## A. Grundlage des Open Access

1. Die Open-Access-Bewegung fordert einen freien Zugang zu wissenschaftlichen Informationen und kulturellem Erbe für jedermann über das Internet, wobei der Fokus vor allem auf überwiegend öffentlich finanzierter Forschung liegt.

2. Eine Open-Access-Veröffentlichung muss zwei Kriterien erfüllen. Erstens gewährt der Rechteinhaber allen Nutzern unwiderruflich das freie, weltweite Zugriffsrecht zu diesen Veröffentlichungen und erlaubt deren Kopie, Nutzung, Verbreitung, Übertragung und öffentliche Wiedergabe sowie die Erstellung und Verbreitung von Bearbeitungen, sofern der Urheber angegeben wird. Zweitens wird eine vollständige Fassung der Veröffentlichung in mindestens einem Online-Archiv hinterlegt.

3. Es gibt in der Praxis zwei Umsetzungsmöglichkeiten des Open-Access-Gedankens. Zum einen den Goldenen Weg, d.h. eine Primärveröffentlichung der wissenschaftlichen Information in einem Open-Access-Medium, zum anderen den Grünen Weg, d.h. neben einer traditionellen Printveröffentlichung, eine Parallelveröffentlichung des betreffenden Beitrages auf der Autorenhomepage oder einem institutionellen Server nach Open-Access-Grundsätzen. Demgegenüber ist der sog. Graue Weg keine Form des Open Access.

4. Eine Veröffentlichung unter Open-Access-Bedingungen führt zu einer maximalen Distribution und erhöhten Sichtbarkeit der Forschungsergebnisse.

5. Open Access beschleunigt den Wissenschaftsprozess, steigert die Forschungseffizienz und führt mangels mediengebundener Grenzen zu einer transparenteren Forschung.

6. Auch bei Open-Access-Veröffentlichungen entstehen Kosten, die je nach Wissenschaftsbetrieb u.U. sogar höher sein können als bei konventionellen Veröffentlichungen, so dass Open Access alleine nicht als Ausweg aus der Zeitschriftenkrise gesehen werden kann.

7. Eine Langzeitarchivierung und langfristige Zitierbarkeit von Open-Access-Veröffentlichungen ist möglich, erfordert jedoch einen erhöhten technischen und finanziellen Aufwand der Verantwortlichen.

## B. Open Access im deutschen Urheberrecht

1. Bei wissenschaftlichen Sprachwerken ist nur die konkrete Form und nicht deren Inhalt urheberrechtlich geschützt.

2. Ein Werk ist urheberrechtlich veröffentlicht, wenn es mit Zustimmung des Berechtigten der Öffentlichkeit zugänglich gemacht worden ist. Die Zugänglichmachung ist öffentlich, wenn das Werk für eine Mehrzahl von Personen bestimmt ist, es sei denn, dass der Kreis dieser Personen bestimmt abgegrenzt ist und sie durch gegenseitige Beziehungen oder durch Beziehungen zum Urheber persönlich untereinander verbunden sind. Der Veröffentlichungsbegriff des § 15 Abs. 3 UrhG gilt insoweit entsprechend für § 6 Abs. 1 UrhG.

3. § 12 Abs. 1 UrhG schützt nur das erstmalige Veröffentlichungsrecht des Urhebers unabhängig des Veröffentlichungsmediums. Anschließend ist der Urheber ausreichend durch Verwertungsrechte geschützt.

4. Nach Streichung des § 31 Abs. 4 UrhG a.F. ist die Einräumung unbekannter Nutzungsarten möglich, bedarf aber der Schriftform. Mit Ablauf des Jahres 2008 erwarben Verwerter, die zwischen 1966 bis 1994 mit Urhebern einen Buy-Out-Vertrag schlossen auch die Online-Verwertungsrechte an den betroffenen Werken, sofern die Urheber nicht binnen einer Frist der gesetzlichen Übertragungsfiktion widersprachen.

5. Creative Commons und Digital Peer Publishing Lizenzvereinbarungen sind schuldrechtlich als Schenkungsverträge unter Auflagen gemäß § 525 BGB zu qualifizieren und stellen AGB im Sinne der §§ 305 ff. BGB dar.

6. Im Hochschulbereich findet § 43 UrhG auf Hochschullehrer keine Anwendung, da diese aufgrund ihrer besonderen Stellung unter Berücksichtigung des Art. 5 Abs. 3 Satz 1 GG i.d.R. urheberrechtlich freie Werke schaffen. Aus diesem Grund besteht auch in Ausnahmefällen keine Anbietungspflicht der Hochschullehrer hinsichtlich ihrer freien Werke zu Gunsten der Universitäten.

7. Der Anwendungsbereich des § 43 UrhG ist hingegen bei außeruniversitären Forschungseinrichtungen – auch bei leitenden Wissenschaftlern – i.d.R. eröffnet, da diese überwiegend Pflichtwerke schaffen.

# C. Förderung der Open-Access-Idee unter verfassungsrechtlicher Beurteilung

1. Das Urheberrechtsgesetz enthält in seiner aktuellen Fassung keine explizite Open-Access-Regelung, jedoch werden Gesetzesvorschläge diskutiert, die die Open-Access-Idee zu verwirklichen suchen: Eine Zwangslizenz, § 43 Abs. 2 UrhG-E, § 52c UrhG-E und § 38 Abs. 1 Satz 3 UrhG-E.

2. Die Individualgarantie des Eigentums gemäß Art. 14 Abs. 1 GG ist von den „de lege ferenda"-Regelungen einer Zwangslizenz, § 43 Abs. 2 UrhG-E und § 52c UrhG-E verfassungsrelevant betroffen. Hierbei handelt es sich um Inhalts- und Schrankenbestimmungen des Eigentums, die als Eingriffe in das Verfügungsrecht des Berechtigten verfassungsrechtlich gerechtfertigt sind. Parallele Eingriffe in das Verwertungsrecht des Berechtigten sind nur insoweit gerechtfertigt, als eine angemessene Vergütung des Berechtigten sicher gestellt ist.

3. Die Publikationsfreiheit ist untrennbar mit der Wissenschaftsfreiheit des Art. 5 Abs. 3 Satz 1 GG verbunden, wobei die erstmalige Veröffentlichung als Teil der Forschung anzusehen ist, und alle weiteren Publikationen von der Lehrfreiheit umfasst sind. Die Publikationsfreiheit schützt die Art und Weise sowie den Zeitpunkt einer Veröffentlichung, nicht hingegen die Geheimhaltung seiner wissenschaftlichen Ergebnisse, da Wissenschaft ein Kommunikationsgrundrecht ist. In wenigen Ausnahmefällen besteht ein Recht des Wissenschaftlers auf Geheimhaltung, ohne aus dem Schutzbereich der Wissenschaftsfreiheit zu fallen.

4. Sofern Wissenschaftsverlage ohne eigene kritische Auseinandersetzung wissenschaftliche Ergebnisse lediglich mittels Lektorat, Redaktion, Herstellung, Marketing und Vertrieb aufbereiten, ist der Anwendungsbereich der Wissenschaftsfreiheit gemäß Art. 5 Abs. 3 Satz 1 GG nicht eröffnet.

5. § 43 Abs. 2 UrhG-E stellt einen verfassungsrechtlich nicht gerechtfertigten Eingriff in Art. 5 Abs. 3 Satz 1 GG des jeweiligen Wissenschaftlers dar.

6. § 38 Abs. 1 Satz 3 UrhG-E ist verfassungsgemäß.

# Literaturverzeichnis


*Altenpohl, Martina.* Der urheberrechtliche Schutz von Forschungsresultaten. Stämpfli & Cie. AG, Bern 1987.

*Badura, Peter.* Der Eigentumsschutz des eingerichteten und ausgeübten Gewerbebetriebs. *Archiv des öffentlichen Rechts (AöR),* Bd. 98 (1973), S. 153 ff.

*Bargheer, Margo/ Bellem, Saskia/ Schmidt, Birgit.* Open Access und Institutional Repositories – Rechtliche Rahmenbedingungen in: Spindler, Gerald (Hrsg.), Rechtliche Rahmenbedingungen von Open Access-Publikationen. Universitätsverlag Göttingen, Göttingen 2006.

*Bauer, Bruno.* It´s economy stupid! Anmerkungen zu ökonomischen Aspekten des goldenen und grünen Weges beim Open Access Publishing. *Information, Wissenschaft & Praxis,* Bd. 60 (2009), S. 271 ff.

– Kommerzielle Open Access Publishing-Geschäftsmodelle auf dem Prüfstand: ökonomische Zwischenbilanz der „Gold Road to Open Access“ an drei österreichischen Universitäten. *GMS Medizin – Bibliothek – Information*, 2006; Vol. 6(3). Abrufbar unter: http://www.egms.de/static/pdf /journals/mbi/2007-6/mbi000050.pdf (14.01.2012).

*Bayreuther, Frank.* Zum Verhältnis zwischen Arbeits-, Urheber- und Arbeitnehmererfindungsrecht – Unter besonderer Berücksichtigung der Sondervergütungsansprüche des angestellten Softwareerstellers. *Gewerblicher Rechtsschutz und Urheberrecht (GRUR),* 2003, S. 570 ff.

*Beck, Hans-Dieter.* Verlagsfunktion und Open-Access in: Reuß, Roland/ Rieble, Volker (Hrsg.), Autorschaft als Werkherrschaft in digitaler Zeit. Verlag Vittorio Klostermann, Frankfurt am Main 2009.

*Berger, Christian.* Die Neuregelung der Privatkopie in § 53 Abs. 1 UrhG im Spannungsverhältnis von geistigem Eigentum, technischen Schutzmaßnahmen und Informationsfreiheit. *Zeitschrift für Urheber- und Medienrecht (ZUM)*, 2004, S. 257 ff.

– Zum Anspruch auf angemessene Vergütung (§ 32 UrhG) und weitere Beteiligung (§ 32a UrhG) bei Arbeitnehmer-Urhebern. *Zeitschrift für Urheber- und Medienrecht (ZUM)*, 2003, S. 173 ff.

*Berger, Christian/ Wündisch, Sebastian.* Urhebervertragsrecht. Nomos Verlag. Baden-Baden 2008 (Zitiert: Bearbeiter in: Berger/Wündisch).

*Blankenagel, Alexander.* Vom Recht der Wissenschaft und der versteckten Ratlosigkeit der Rechtswissenschaftler bei der Betrachtung des- und derselben. *Archiv* des *öffentlichen Rechts (AöR),* Bd. 125 (2000), S. 70 ff.

Wissenschaftsfreiheit aus der Sicht der Wissenschaftssoziologie: Zugleich ein Beitrag zum Problem der Privatuniversitäten. *Archiv des öffentlichen Rechts (AöR),* Bd. 105 (1980), S. 35 ff.

*Blankenagel, Mechthild.* Wissenschaft zwischen Information und Geheimhaltung: Über einen blinden Fleck in den Lehren zu Art. 5 Abs. 3 GG. Pro Universitate Verlag, Berlin 2001.

*Blum, Claudia.* Open Access als alternatives Publikationsmodell der Wissenschaft. Alles Buch: Studien der Erlanger Buchwissenschaften Bd. 21, Erlangen 2007.

*Bodenschatz, Eberhard/ Pöschl, Ulrich.* Qualitätssicherung bei Open Access in: Deutsche UNESCO-Kommission (Hrsg.), Open-Access – Chancen und Herausforderungen – ein Handbuch. Deutsche UNESCO-Kommission e.V., Bonn 2006.

*Bortz, Jürgen/ Döring, Nicola.* Forschungsmethoden und Evaluation für Human- und Sozialwissenschaftler. 4. Auflage, Springer Verlag, Berlin 2006.

*Bürger, Thomas.* Open Access für die digitale Bibliothek in: Redwitz, Gunter (Hrsg.) Die Digitale Wissensgesellschaft – Aufbruch ins 21. Jahrhundert. Piper Verlag, München 2010.

*Burmeister, Joachim.* Dienende Freiheitsgewährleistungen in: Burmeister, Joachim (Hrsg.), Verfassungsstaatlichkeit – Festschrift für Klaus Stern zum 65. Geburtstag. C.H. Beck Verlag, München 1997.

*Busche Jan.* Privatautonomie und Kontrahierungszwang. Mohr Siebeck Verlag, Tübingen 1999.

*Busche Jan/ Stoll, Peter-Tobias.* TRIPs – Internationales und europäisches Recht des geistigen Eigentums. Carl Heymanns Verlag, Köln 2007.

*Butler, Declan.* Open-Access Journal hits rocky times. *Nature,* 2006, S. 914.

*Chakraborty, Martin.* Das Rechtsinstitut der freien Benutzung im Urheberrecht. *Schriftenreihe des Archivs für Urheber-, Film-, Funk- und Theaterrecht (UFITA),* Bd. 143 (1997), S. 48 ff.

*Classen, Claus Dieter.* Wissenschaftsfreiheit außerhalb der Hochschule – Zur Bedeutung von Artikel 5 Absatz 3 Grundgesetz für außeruniversitäre Forschung und Forschungsförderung. Mohr Siebeck Verlag, Tübingen 1994.

*Cornils, Matthias.* Vertragsfreiheit und kartellrechtlicher Kontrahierungszwang. *Neue Juristische Wochenschrift (NJW),* 2001, S. 3758 ff.

*Dähne, Harald.* Forschung zwischen Wissenschaftsfreiheit und Wirtschaftsfreiheit – dargestellt anhand der Forschung und Verwertung ihrer Erkenntnisse in der Bio- und Gentechnik. Duncker & Humblot Verlag, Berlin 2007.

*Davis, Phil/ Ehling, Terry/ Habicht, Oliver/ How, Sarah/ Saylor, John M./ Walker, Kizer.* Report of the CUL Task Force on Open Access Publishing. Abrufbar unter http://www.ecommons.cornell.edu/bit-stream/1813/193/3/ OATF_Report_8-9.pdf (14.01.2012).

*Dellavalle, Robert P./ Hester, Eric J./ Heilig, Lauren F./ Drake, Amanda L./ Kuntzmann, Jeff W./ Graber, Marla/ Schilling, Lisa M.* Information Science: Going, going, gone: lost internet references. *Science,* 2003, S. 787 f.

*Denninger, Erhard.* Hochschulrahmengesetz – Kommentar. C.H. Beck Verlag, München 1984 (Zitiert: Bearbeiter in: Denninger).

*Dickert, Thomas.* Naturwissenschaften und Forschungsfreiheit. Duncker & Humblot Verlag, Berlin 1991.

*Diemer, Alwin.* Was heißt Wissenschaft? Verlag Anton Hain, Meisenheim am Glan 1964.

*Dietrich, Thomas/ Hanau, Peter/ Schaub, Günter.* Erfurter Kommentar zum Arbeitsrecht. 11. Auflage, C.H. Beck Verlag, München 2011 (Zitiert: Bearbeiter in: ErfK).

*Dorschel, Joachim.* Open Access und Urheberrecht: Open Source in neuem Gewand? in: Hagenhoff, Svenja (Hrsg.), Internetökonomie der Medienbranche. Universitätsverlag Göttingen, Göttingen 2006.

*Dreier, Horst.* Grundgesetz Kommentar. 2. Auflage, Mohr Siebeck Verlag, Tübingen 2004 (Zitiert: Bearbeiter in: Dreier).

*Dreier, Ralf.* Forschungsbegrenzung als verfassungsrechtliches Problem – zugleich ein Beitrag zur Theorie der immanenten Grundrechtsschranken. *Deutsches Verwaltungsblatt (DVBl),* 1980, S. 471 ff.

*Dreier, Thomas.* Creative Commons. Science Commons – Ein Paradigmenwechsel im Urheberrecht? in: Ohly, Ansgar/ Bodewig, Theo/ Dreier, Thomas/ Götting, Horst-Peter/ Haedicke, Maximilian/ Lehmann, Michael (Hrsg.), Perspektiven des Geistigen Eigentums und Wettbewerbsrechts, Festschrift für Gerhard Schricker zum 70. Geburtstag. C.H. Beck Verlag, München 2005.

*Dreier, Thomas/ Schulze, Gernot.* Urheberrechtsgesetz. 3. Auflage, C.H. Beck Verlag, München 2008 (Zitiert: Bearbeiter in: Dreier/Schulze).

*Dreyer, Gunda/ Kotthoff, Jost/ Meckel, Astrid.* Urheberrecht. C.F. Müller Verlag, Heidelberg 2009 (Zitiert: Bearbeiter in: Dreyer/Kotthoff/Meckel).

*Ehmann, Timo/ Fischer, Oliver.* Zeitverwertung rechtswissenschaftlicher Texte im Internet. *Gewerblicher Rechtsschutz und Urheberrecht, Internationaler Teil (GRUR Int.),* 2008, S. 284 ff.

*Elster, Alexander.* Gewerblicher Rechtsschutz, umfassendes Urheber- und Verlagsrecht, patent- und Musterschutzrecht, Warenzeichenrecht und Wettbewerbsrecht. Walter de Gruyter Verlag, Berlin 1921.

*Engel, Christoph.* Eigentumsschutz für Unternehmen. *Archiv des öffentlichen Rechts (AöR),* Bd. 118 (1993), S. 169 ff.
*Engel, Friedrich-Wilhelm.* Persönlichkeitsrechtlicher Schutz für wissenschaftliche Arbeiten und Forschungsergebnisse. *Gewerblicher Rechtsschutz und Urheberrecht (GRUR),* 1982, S. 705 ff.
*Epping, Volker.* Rechte und Pflichten von Professoren unter besonderer Berücksichtigung der Beamtenpflichte, *Zeitschrift für Beamtenrecht (ZBR),* 1997, S. 383 ff.
*Fahse, Hermann.* Artikel 5 GG und das Urheberrecht der Architektur-Professoren. *Gewerblicher Rechtsschutz und Urheberrecht (GRUR),* 1996, S. 331 ff.
*Fechner, Frank.* Geistiges Eigentum und Verfassung – schöpferische Leistungen unter dem Schutz des Grundgesetzes. Mohr Siebeck Verlag, Tübingen 1999.
– Medienrecht. 9. Auflage, Mohr Siebeck Verlag, Tübingen 2008.
*Fink, Udo.* Der Hochschulverfassungsstreit. *Wissenschaftsrecht, Wissenschaftsverwaltung, Wissenschaftsförderung (WissR),* Bd. 27 (1994), S. 126 ff.
*Fournier, Johannes.* Akzeptanz und Verbreitung entgeltfrei zugänglicher Publikation in: Deutsche UNESCO-Kommission (Hrsg.), Open-Access – Chancen und Herausforderungen – ein Handbuch. Deutsche UNESCO-Kommission e.V., Bonn 2006.
*Frank, Götz.* Zur Medienfreiheit der wissenschaftlichen Fachzeitschriften. *Neue Juristische Wochenschrift (NJW),* 1983, S. 1172 ff.
*Fromm, Friedrich K./ Nordemann, Wilhelm.* Urheberrecht – Kommentar zum Urheberrechtsgesetz, Urheberrechtswahrnehmungsgesetz, Verlagsgesetz. 10. Auflage, Kohlhammer Verlag, Stuttgart 2008 (Zitiert: Bearbeiter in: Fromm/ Nordemann).
*Gantert, Klaus/ Hacker, Rupert.* Bibliothekarisches Grundwissen. 8. Auflage, KG Sauer Verlag, München 2008.
*Geis, Max-Emanuel.* Ergänzung des Grundgesetzes um eine „Kulturklausel"? *Zeitschrift für Gesetzgebung (ZG),* 1992, S. 38 ff.
– Lehre und Studium in: Geis, Max-Emanuel (Hrsg.), Hochschulrecht im Freistaat Bayern – Handbuch für Wissenschaft und Praxis. C.F. Müller Verlag, Heidelberg 2009.
– Nebentätigkeitsrecht in: Geis, Max-Emanuel (Hrsg.), Hochschulrecht im Freistaat Bayern – Handbuch für Wissenschaft und Praxis. C.F. Müller Verlag, Heidelberg 2009.
– Universitäten im Wettbewerb. *Veröffentlichungen der Vereinigung der Deutschen Staatsrechtslehrer (VVDStRL),* Bd. 69 (2010), S. 366 ff.
*Gerhardt, Volker.* Open Exzess: Die Folgen des Publizierzwangs. *Frankfurter Allgemeine Zeitung (FAZ),* 10.06.2009.

*Goebel, Jürgen W./ Hackemann, Martin/ Scheller, Jürgen.* Zum Begriff des Erscheinens beim Elektronischen Publizieren. *Gewerblicher Rechtsschutz und Urheberrecht (GRUR),* 1986, S. 355 ff.

*Götz, Frank.* Zur Medienfreiheit der wissenschaftlichen Fachzeitschriften. *Neue Juristische Wochenschrift (NJW),* 1983, S. 1172 ff.

*Grzeszick, Bernd.* Freie Software: Eine Widerlegung der Urheberrechtstheorie? *Multimedia und Recht (MMR),* 2000, S. 412 ff.

– Hochschulpersonal in: Geis, Max-Emanuel (Hrsg.), Hochschulrecht im Freistaat Bayern – Handbuch für Wissenschaft und Praxis. C.F. Müller Verlag, Heidelberg 2009.

*Grunsky, Wolfgang.* Wettbewerbsverbote für Arbeitnehmer. 2. Auflage, Verlag Kommunikationsforum, Köln 1987.

*Häberle, Peter.* Die Freiheit der Wissenschaften im Verfassungsstaat. *Archiv des öffentlichen Rechts (AöR),* Bd. 110 (1985), S. 329 ff.

– Die Wesensgehaltsgarantie des Art. 19 Abs. 2 Grundgesetz – Zugleich ein Beitrag zum institutionellen Verständnis der Grundrechte und zur Lehre vom Gesetzesvorbehalt. 3 Auflage, C. F. Müller Verlag, Heidelberg 1983.

*Haberstumpf, Helmut.* Handbuch des Urheberrechts. 2. Auflage, Luchterhand Verlag, Köln 2000.

– Wem gehören Forschungergebnisse? – Zum Urheberrecht an Hochschulen. *Zeitschrift für Urheber- und Medienrecht (ZUM),* 2001, S. 819 ff.

*Hailbronner, Kay.* Die Freiheit der Forschung und Lehre als Funktionsgrundrecht. Joachim Heitmann Verlag, Hamburg 1979.

*Hailbronner, Kay/ Geis, Max-Emanuel.* Hochschulrecht in Bund und Ländern – Kommentar (Ordner 1). Loseblattsammlung, 35. Aktualisierung. C.F. Müller Verlag, Heidelberg 2008 (Zitiert: Bearbeiter in: Hailbronner/Geis).

*Hansen, Gerd.* Zugang zu wissenschaftlicher Information – alternative urheberrechtliche Ansätze. *Gewerblicher Rechtsschutz und Urheberrecht, Internationaler Teil (GRUR Int.),* 2005, S. 378 ff.

– Urheberrecht für Wissenschaftler – Risiken und Chancen der Urheberrechtsreform für das wissenschaftliche Publizieren in: Stempfhuber, Maximilian (Hrsg.), In die Zukunft publizieren. Herausforderungen an das Publizieren und die Informationsversorgung in den Wissenschaften. Tagungsband zur 11. Jahrestagung der IuK-Initiative der Wissenschaftlichen Fachgesellschaften in Deutschland, Bonn 2006.

*Harder, Jörn.* Digitale Universitätsbibliotheken aus urheberrechtlicher Sicht. Tectum Verlag, Marburg 2007.

*Harnard, Steven/ Brody, Tim.* Comparing the Impact of Open Access (OA) vs. Non-OA Articles in the Same Journals. *D-Lib Magazine,* Volume 10 (2004)

Number 6. Abrufbar unter http://www.dlib.org /dlib/june04/harnad /06harnad. html (14.01.2012).

*Harnard, Stevan/ Brody, Tim/ Vallières, François/ Carr, Less/ Hitchcock, Steve/ Gingras, Yves/ Oppenheim, Charles/ Hajjem, Chawki/ Hilf, Eberhard.* The Access/Impact Problem and the Green and Gold Roads to Open Access: An Update. *Serials Review,* Volume 34 (2008), S. 36 ff. Abrufbar unter: http:// eprints.ecs.soton.ac.uk/15852/2/serev-revised.pdf (14.01.2012).

*Hartmann, Bernd/ Jansen, Felix.* Open Content – Open Access – Freie Inhalte als Herausforderung für Wirtschaft, Wissenschaft und Politik. *FAZIT-Schriftenreihe Band 16,* September 2008.

*Hauck, Peter/ Lüthje, Jürgen.* Wissenschaftsfreiheit durch Mitbestimmung – Stellungnahme der Beauftragten der BAK zu Verfassungsbeschwerden. Schriften der Bundesassistentenkonferenz, Bonn 1970.

*Heckmann, Jörn/ Weber, Marc-Philipp.* Open Access in der Informationsgesellschaft – § 38 UrhG de lege ferenda. *Gewerblicher Rechtsschutz und Urheberrecht, Internationaler Teil (GRUR Int),* 2006, 995 ff.

*Heermann, Peter W.* Der Schutzumfang von Sprachwerken der Wissenschaft und die urheberrechtliche Stellung von Hochschulangehörigen. *Gewerblicher Rechtschutz und Urheberrecht (GRUR),* 1999, 468 ff.

*Heidinger, Andreas/ von Hoyningen-Huene, Gerrick/ Krafka, Alexander/ Krebs, Peter/ Schmidt, Karsten/ Thiessen, Jan.* Münchener Kommentar zum Handelsgesetzbuch: Band 1: Erstes Buch. Handelsstand §§ 1-104 a. 3. Auflage, C.H. Beck/Verlag Franz Vahlen, München 2010 (Zitiert: Bearbeiter in: MünchKommHGB).

*Hellermann, Johannes.* Die sogenannte negative Seite der Freiheitsrechte. Duncker & Humblot Verlag, Berlin 1993.

*Henssler, Martin/ Willemsen Heinz/ Kalb, Heinz-Jürgen.* Arbeitsrecht Kommentar. 3. Auflage, Dr. Otto Schmidt Verlag, Köln 2008 (Zitiert: Bearbeiter in HWK).

*Herter, Stefan.* Geistiges Eigentum und gesetzliche Lizenz – eine gesetzliche Lizenz für die Kabelweitersendung ausländischer Fernsehprogramme aus zivilrechtlicher, eigentumsgrundrechtlicher und europarechtlicher Sicht. Johannes Gutenberg Universität, Mainz 1990.

*Hertin, Paul Wolfgang.* Zur urheberrechtlichen Schutzfähigkeit von Werbeleistungen unter besonderer Berücksichtigung von Werbekonzeptionen und Werbeideen. *Gewerblicher Rechtschutz und Urheberrecht (GRUR),* 1997, 799 ff.

*Hesse, Konrad.* Grundzüge des Verfassungsrechts der Bundesrepublik Deutschland. 20. Auflage, C.F. Müller Verlag, Heidelberg 1999.

*Hilty, Reto M.* Renaissance der Zwangslizenz im Urheberrecht? – Gedanken zu Ungereimtheiten auf der urheberrechtlichen Wertschöpfungskette. *Gewerblicher Rechtsschutz und Urheberrecht (GRUR),* 2009, S. 633 ff.

– Das Urheberrecht und der Wissenschaftler. *Gewerblicher Rechtsschutz und Urheberrecht, Internationaler Teil (GRUR Int),* 2006, S. 179 ff.

*Hirschfelder, Marcus.* Anforderungen an eine rechtliche Verankerung des Open Access Prinzips. Verlag Alma Mater, Saarbrücken 2009.

*Hoeren, Thomas/ Sieber, Ulrich.* Handbuch Multimedia-Recht. C.H. Beck Verlag, München 2008 (Zitiert: Bearbeiter in Hoeren/Sieber).

*Holzapfel, Henrik.* Das Versuchsprivileg im Patentrecht und der Schutz biotechnologischer Forschungswerkzeuge. Nomos Verlag, Baden-Baden 2004.

*Homma, Birgit/ Ulrich, Hanns.* Urheber-, Patent- und Arbeitnehmererfindungsrecht in: Flämig, Christian/ Kimminich, Otto/ Krüger, Hartmut/ Meusel, Ernst-Joachim/ Rupp, Hans-Heinrich/Scheven, Dieter/ Schuster, Hermann J./ Graf Stenbock-Fermor, Friedrich (Hrsg.), Handbuch des Wissenschaftsrechts Bd. 2. 2. Auflage, Springer Verlag, Berlin 1996.

*Horstmann, Wolfram/ Dusch, Christiane.* Wissenschaftliches Informations-management heute und morgen: Verändern digitale Techniken und Open Access wissenschaftliches Publizieren? *ProLibris,* 2005, 17 f.

*Huber, Ernst R.* Zur Problematik des Kulturstaats. Mohr Siebeck Verlag, Tübingen 1958.

*Hübner, Joachim.* § 42 Nr. 1 ArbEG und die Freiheit der wissenschaftlichen Kommunikation. *Wissenschaftsrecht, Wissenschaftsverwaltung, Wissenschaftsförderung (WissR)*, Bd. 38 (2005), 34 ff.

*Isensee, Josef.* Gemeinwohl im Verfassungsstaat in: Isensee, Josef/ Kirchhof, Paul (Hrsg.), Handbuch des Staatsrechts der Bundesrepublik Deutschland, Band IV: Aufgaben des Staates. 3. Auflage, C.F. Müller Verlag, Heidelberg 2006.

– Grundrechtsvoraussetzung und Verfassungserwartungen an die Grundrechtsausübung in: Isensee, Josef/ Kirchhof, Paul (Hrsg.), Handbuch des Staatsrechts der Bundesrepublik Deutschland, Band V: Allgemeine Grundrechte. 1./2. Auflage, C.F. Müller Verlag, Heidelberg 1992.

*Jarass, Hans D./ Pieroth, Bodo.* Grundgesetz für die Bundesrepublik Deutschland – Kommentar. 11. Auflage, C.H. Beck Verlag, München 2011 (Zitiert: Bearbeiter: in Jarass/Pieroth).

*Jehn, Matthias/ Schrimpf, Sabine.* LZA-Aktivitäten in Deutschland aus dem Blickwinkel von nestor in Neuroth, Heike/ Oßwald, Achim/ Scheffel, Regine/ Strathmann, Stefan/ Huth, Karsten (Hrsg.), nestor Handbuch – eine kleine Enzyklopädie der digitalen Langzeitarchivierung (Version 2.3). Verlag Werner Hülsbusch, Boizenburg 2010.

*Kaiser, Michael.* Elektronisches Publizieren in: Pfeifer, Karl-Nikolaus/ Gersmann, Gudrun (Hrsg.), Forschung und Lehre im Informationszeitalter – zwischen Zugangsfreiheit und Privatisierungsanreiz. Walter de Gruyter Verlag, Berlin 2007.

*Kamp, Manuel.* Forschungsfreiheit und Kommerz – Der grundrechtliche Schutz mit wirtschaftlicher Zielsetzung betriebener Forschung und ihre Verwertung, beispielhaft anhand der Arzneimittelzulassung. Duncker & Humblot Verlag, Berlin 2004.

*Katzenberger, Paul.* Elektronische Printmedien und Urheberrecht – Urheberrechtliche und urhebervertragsrechtliche Fragen der elektronischen Nutzung von Zeitungen und Zeitschriften. *AfP – Zeitschrift für Medien- und Kommunikationsrecht (AfP),* 1997, S. 434 ff.

*Kaufman-Wills-Group.* The facts about Open Access. Abrufbar unter: http://www.alpsp.org/ebusiness/Productcatalog/Product.aspx?ID=47 (14.01.2012).

*Kenntner, Markus.* Sinn und Zweck des hergebrachten Berufsbeamtentums. *Deutsches Verwaltungsblatt (DVB),* 2007, S. 1321 ff.

*Kimminich, Otto.* Das Veröffentlichungsrecht des Wissenschaftlers. *Wissenschaftsrecht, Wissenschaftsverwaltung, Wissenschaftsfoerderung (WissR),* Bd. 18 (1985), S. 116 ff.

*Kirchhof, Paul.* Verfassungsrechtlicher Gehalt des geistigen Eigentums in: Fürst, Walther/ Herzog, Roman/ Umbach, Dieter (Hrsg.), Festschrift für Wolfgang Zeidler (Band 2). Walter des Gruyter, Berlin 1987.

– Rechtliche Grundsätze der Universitätsfinanzierung. *Juristenzeitung (JZ),* 1998, S. 275 ff.

*Kleiner, Matthias.* Die Freiheit der Autoren ist nicht bedroht. *Forschung & Lehre,* 2009, S. 640 ff.

*Knap, Karel.* Der Öffentlichkeitsbegriff in den Begriffen der Werkveröffentlichung und der öffentlichen Werkwiedergabe. *Archiv für Urheber-, Film-, Funk- und Theaterrecht (UFITA),* Bd. 92 (1982), S. 21 ff.

*Knemeyer, Franz-Ludwig.* Lehrfreiheit. Gehlen Verlag, Bad Homburg 1969.

*Knobel, Ulrike.* Wandlungen im Verständnis der Vertragsfreiheit. Duncker & Humblot Verlag, Berlin 2000.

*Koch, Frank A.* Grundlagen des Urheberrechtsschutz im Internet und in Online-Diensten. *Gewerblicher Rechtschutz und Urheberrecht (GRUR),* 1997, S. 417 ff.

*Kohler, Josef.* Urheberrecht an Schriftwerken und Verlagsrecht. Scientia Verlag, Aalen 1980.

*Kraßer, Rudolf/ Schricker, Gerhard.* Patent- und Urheberrecht an Hochschulen. Nomos Verlag, Baden-Baden 1988.

*Krausnick, Daniel.* Grundlage und Reichweite der akademischen Selbstverwaltung in: Geis, Max-Emanuel (Hrsg.), Hochschulrecht im Freistaat Bayern – Handbuch für Wissenschaft und Praxis. C.F. Müller, Heidelberg 2009.

*Kreile, Reinhold.* Die Sozialbindung des geistigen Eigentums in: Badura, Peter/ Scholz, Rupert (Hrsg.), Wege und Verfahren des Verfassungslebens – Festschrift für Peter Lerche zum 65. Geburtstag. C.H. Beck Verlag, München 1993.

*Kreutzer, Till.* Das Modell des deutschen Urheberrechts und Regelungsalternativen. Nomos Verlag, Baden-Baden 2008.

*Krings, Günter.* Darauf wird sich die Politik nicht einlassen! *Frankfurter Allgemeine Zeitung (FAZ),* 29.10.2011

*Krüger, Hartmut.* Grundtypen der Hochschule in: Flämig, Christian/ Kimminich, Otto/ Krüger, Hartmut/ Meusel, Ernst-Joachim/ Rupp, Hans-Heinrich/ Scheven, Dieter/ Schuster, Hermann J./ Graf Stenbock-Fermor, Friedrich (Hrsg.), Handbuch des Wissenschaftsrechts Bd. 1. 2. Auflage, Springer Verlag, Berlin 1996.

*Krüger-Nieland, Gerda.* Kopierrecht. *Archiv für Urheber-, Film-, Funk- und Theaterrecht (UFITA),* 85 (1979), S. 99 ff.

*Kuhlen, Rainer.* Erfolgreiches Scheitern – eine Götterdämmerung des Urheberrechts? Verlag Werner Hülsbusch, Boizenburg 2008.

*Kupfer, Hans-Wolfram.* Informationsverpflichtung für Wissenschaftler? – Verfassungsrechtliche Bemerkungen zu § 6 HUG. *Wissenschaftsrecht, Wissenschaftsverwaltung, Wissenschaftsförderung (WissR),* Bd. 4 (1971), S. 117 ff.

*Lecheler, Helmut.* Der öffentliche Dienst in: Isensee, Josef/ Kirchhof, Paul (Hrsg.), Handbuch des Staatsrechts der Bundesrepublik Deutschland, Band V: Rechtsquellen, Organisation, Finanzen. 3. Auflage, C.F. Müller Verlag, Heidelberg 2007.

*Leisner, Walter.* Verfassungsschranken der Unternehmensbelastungen. *Neue Juristische Wochenschrift (NJW),* 1996, S. 1511 ff.

– Eigentum in: Isensee, Josef/ Kirchhof, Paul (Hrsg.), Handbuch des Staatsrechts der Bundesrepublik Deutschland, Band VI: Freiheitsrechte. 1./2. Auflage, C.F. Müller Verlag, Heidelberg 1989.

*Leupold, Andreas/ Glossner, Silke.* Münchner Anwaltshandbuch IT-Recht. C.H. Beck Verlag, München 2008 (Zitiert: Bearbeiter in: Leupold/Glossner).

*Leuze, Dietrich.* Kritische Anmerkungen zu § 42 ArbEG. *Gewerblicher Rechtsschutz und Urheberrecht (GRUR),* 2005, S. 27 ff.

– Urheberrechte der Beschäftigten im öffentlichen Dienst. 2. Auflage, Erich Schmidt Verlag, Berlin 2003.

– Die Urheberrechte der wissenschaftlichen Mitarbeiter. *Gewerblicher Rechtsschutz und Urheberrecht (GRUR),* 2006, S. 552 ff.

– Urheberrecht im Beamtenverhältnis. *Zeitschrift für Beamtenrecht (ZBR),* 1997, S. 37 ff.

*Loewenheim, Ulrich.* Handbuch des Urheberrechts. C.H. Beck Verlag, München 2003 (Zitiert. Bearbeiter in: Loewenheim).

*Löffler, Martin/ Ricker, Reinhart.* Handbuch des Presserechts. 5. Auflage, C.H. Beck Verlag, München 2005 (Zitiert: Bearbeiter in: Löffler/Schricker).

*Losch, Bernhard.* Wissenschaftsfreiheit, Wissenschaftsschranken, Wissenschaftsverantwortung – Zugleich ein Beitrag zur Kollision von Wissenschaftsfreiheit und Lebensschutz am Lebensbeginn. Duncker & Humblot Verlag, Berlin 1993.

*Lossau, Norbert.* Der Begriff „Open Access“ in: Deutsche UNESCO-Kommission (Hrsg.), Open-Access – Chancen und Herausforderungen – ein Handbuch. Deutsche UNESCO-Kommission e.V., Bonn 2006.

*Lux, Christina.* Rechtsfragen der Kooperation zwischen Hochschulen und Wirtschaft – Ein Rechtsvergleich: Deutschland – USA. Vahlen Verlag, München 2002.

*Mark Ware Consulting Ltd.* Scientific publishing in transition: an overview of current developments. Publishing and Elearning Consultancy, Bristol 2006. Abrufbar unter http://www.stm-asoc.org/2006_09_01_Scientific _Publishing_in_Transition_White_Paper.pdf (14.01.2012).

*Mager, Ute.* Freiheit von Forschung und Lehre in: Isensee, Josef/ Kirchhof, Paul (Hrsg.), Handbuch des Staatsrechts der Bundesrepublik Deutschland, Band VII: Freiheitsrechte. 3. Auflage, C.F. Müller Verlag, Heidelberg 2009.

*Mantz, Reto.* Creative Commons-Lizenzen im Spiegel internationaler Gerichtsverfahren. *Gewerblicher Rechtsschutz und Urheberrecht, Internationaler Teil (GRUR Int),* 2008, S. 20 ff.

– Open Access Lizenzen und Rechtsübertragung bei Open Access-Werken, in: Spindler, Gerald (Hrsg.), Rechtliche Rahmenbedingungen von Open Access-Publikationen. Universitätsverlag Göttingen, Göttingen 2006.

– Open Content-Lizenzen und Verlagsverträge – Die Reichweite des § 33 UrhG. *Mulimedia und Recht (MMR),* 2006, S. 784 ff.

– Open Source, Open Content und Open Access – Gemeinsamkeiten und Unterschiede in: Lutterbeck, Bernd/ Bärwolf, Matthias/ Gehring, Robert (Hrsg.), Open Source Jahrbuch 2007 – Zwischen freier Software und Geschäftsmodell. Lehmanns Media, Berlin 2007.

*Maunz, Theodor.* Das geistige Eigentum in verfassungsrechtlicher Sicht. *Gewerblicher Rechtsschutz und Urheberrecht (GRUR),* 1973, S. 107 ff.

*Maunz, Theodor/ Dürig, Günter.* Grundgesetz – Kommentar. 53. Auflage. C.H. Beck Verlag, München 2009 (Zitiert: Bearbeiter in: Maunz/Dürig).

*Merten, Detlef.* Negative Grundrechte in: Merten, Detlef/ Papier, Hans-Jürgen (Hrsg.), Handbuch der Grundrechte in Deutschland und Europa: Band II Grundrechte in Deutschland: Allgemeine Lehren I. C.F. Müller Verlag, Heidelberg 2006.

*Mestmäcker, Ernst-Joachim/ Schulze, Erich.* Kommentar zum deutschen Urheberrecht. Loseblattsammlung, 48. Ergänzungslieferung. Wolters Kluwer Deutschland GmbH, Köln 2008 (Zitiert: Bearbeiter in: Mestmäcker/Schulze).

*Metzger, Axel/ Jaeger, Till.* Open Source Software und deutsches Urheberrecht. *Gewerblicher Rechtsschutz und Urheberrecht, Internationaler Teil (GRUR Int),* 1999, S. 839 ff.

*Meusel, Ernst-Joachim.* Außeruniversitäre Forschung im Wissenschaftsrecht. 2. Auflage, Carl Heymanns Verlag, Köln 1999.

– Veröffentlichungspflicht und Geheimhaltung in: Zeitträger, Helmut (Hrsg.), In Sachen ausseruniversitärer Forschung. Gesammelte Schriften. Bouvier Verlag, Bonn 1996.

*Möhring, Philipp/ Nicolini, Käte.* Kommentar zum Urhebergesetz. 2. Auflage, Vahlen Verlag, München 2000 (Zitiert: Bearbeiter in Möhring/Nicolini).

*Mönch, Matthias/ Nödler, Jens.* Hochschulen und Urheberrecht – Schutz wissenschaftlicher Werke in: Spindler, Gerald (Hrsg.), Rechtliche Rahmenbedingungen von Open Access-Publikationen. Universitätsverlag Göttingen, Göttingen 2006.

*Müller, Uwe T.* Peer-Review-Verfahren zur Qualitätssicherung von Open-Access-Zeitschriften – Systematische Klassifikation und empirische Untersuchung. Abrufbar unter http://edoc.hu-berlin.de/dissertationen/mueller-uwe-thomas-2008-12-17/PDF/mueller.pdf (14.01.2012).

– Open Access und die Kosten. *Bibliothek – Forschung und Praxis (BFP)*, Juli 2011, S. 161 ff.

*Müller-Maguhn, Andy.* Meine Regierungserklärung Auch an die Freunde des Buches: Ein Netz wider das geistige Eigentum. *Frankfurter Allgemeine Zeitung (FAZ)*, 17.10.2000

*Murswiek, Dietrich.* Grundrechte als Teilhaberechte, soziale Grundrechte in: Isensee, Josef/ Kirchhof, Paul (Hrsg.), Handbuch des Staatsrechts der Bundesrepublik Deutschland, Band V: Allgemeine Grundrechtslehre. 1./2. Auflage, C.F. Müller Verlag, Heidelberg 1992.

*Nielen, Michael.* Interessenausgleich in der Informationsgesellschaft – Die Anpassung der urheberrechtlichen Schrankenregelung im digitalen Bereich. Peter Lang Verlag, Frankfurt 2009.

*Nordemann, Wilhelm.* Urheberrecht an Lehrmitteln. *Neue Juristische Wochenschrift (NJW),* 1970, S. 881 ff.

*Ossenbühl, Fritz.* Die Freiheiten des Unternehmers nach dem Grundgesetz. *Archiv des öffentlichen Rechts (AöR),* Bd. 115 (1990), S. 1 ff.
– Pädagogische Freiheit und Schulaufsicht. *Deutsches Verwaltungsblatt (DVBl),* 1982, S. 1157 ff.

*Palandt, Otto.* Bürgerliches Gesetzbuch. 70. Auflage, C.H. Beck Verlag, München 2011 (Zitiert: Bearbeiter in Palandt).

*Papier, Hans-Jürgen.* Beeinträchtigung der Eigentums- und Berufsfreiheit durch Steuern vom Einkommen und Vermögen. *Der Staat – Zeitschrift für Staatslehre Öffentliches Recht und Verfassungsgeschichte (Staat),* Bd. 11 (1972), S. 483 ff.

*Peifer, Karl-Nikolaus.* Zur angemessenen Vergütung im Urhebervertragsrecht – Neuigkeiten und Funktionsverschiebung nach Umsetzung des "Zweiten Korbes". *AfP – Zeitschrift für Medien- und Kommunikationsrecht (AfP),* 2008, S. 545 ff.
– Wissenschaftsmarkt und Urheberrecht: Schranken, Vertragsrecht, Wettbewerbsrecht. *Gewerblicher Rechtsschutz und Urheberrecht (GRUR),* 2009, S. 22 ff.
– Open Access und Urheberrecht in: Deutsche UNESCO-Kommission (Hrsg.), Open-Access – Chancen und Herausforderungen – ein Handbuch. Deutsche UNESCO-Kommission e.V., Bonn 2006.
– Das Urheberrecht und die Wissensgesellschaft – Stimmen die rechtlichen Rahmenregeln für die Zukunft von Forschung und Lehre? *Archiv für Urheber- und Medienrecht (UFITA),* 2007, S. 327 ff.

*Perschel, Marco.* Wissenschaftliche Assistenten, sonstiger wissenschaftlicher Nachwuchs in: Flämig, Christian/ Kimminich, Otto/ Krüger, Hartmut/ Meusel, Ernst-Joachim/ Rupp, Hans-Heinrich/ Scheven, Dieter/ Schuster, Hermann J./ Graf Stenbock-Fermor, Friedrich (Hrsg.), Handbuch des Wissenschaftsrechts Bd. 1. 2. Auflage, Springer Verlag, Berlin 1996.

*Pflüger, Thomas/ Ertmann, Dieter.* E-Publishing und Open Access – Konsequenzen für das Urheberrecht im Hochschulbereich. *Zeitschrift für Urheber- und Medienrecht (ZUM),* 2004, S. 436 ff.

*Philapitsch, Florian.* Die Creative Commons Lizenzen. *Medien und Recht – Zeitschrift für Medien- und Kommunikationsrecht (medien und recht),* 2008, S. 82 ff.

*Plander, Harro.* Wissenschaftliche Erkenntnisse und Urheberrecht an wissenschaftlichen Werken, *Archiv für Urheber-, Film-, Funk- und Theaterrecht (UFITA),* Bd. 76 (1976), S. 25 ff.

*Plett, Konstanze.* Urheberschaft, Miturheberschaft und wissenschaftliches Gesamtwerk. Schweitzer Verlag, München 1984.

*Pöschl, Ulrich.* Gemeinschaftliche Begutachtung. *Wissenschaftsmanagement – Zeitschrift für Innovatives,* 1 (2006), S. 6.
– Open Access & Collaborative Peer Review: Öffentliche Begutachtung und interaktive Diskussion zur Verbesserung von Kommunikation und Qualitätssicherung in Wissenschaft und Gesellschaft in: Hornbostel, Stefan/ Simon, Dagmar (Hrsg.), IFQ Working Paper: Wie viel (In-)Transparenz ist notwendig? Peer Review Revisited, 2006. Abrufbar unter http://www.forschungsinfo.de/Publikationen/Download/working_paper_1_2006.pdf (14.01.2012).
*Rautenberger, Ursula.* Reclams Sachlexikon des Buches. Philipp Reclam jun. Verlag, Stuttgart 2003 (Zitiert: Bearbeiter in: Reclams Sachlexikon des Buches).
*Rebmann, Kurt/ Säcker, Franz-Jürgen/ Rixecker, Roland.* Münchner Kommentar zum Bürgerlichen Gesetzbuch: BGB-Band 3: Schuldrecht – Besonderer Teil I §§ 433-610. 5. Auflage, C.H. Beck Verlag, München 2007 (Zitiert: Bearbeiter in: MünchKommBGB).
*Reetz, Alexander.* Die Regelung des § 42 Nr. 1 ArbEG auf dem „verfassungsrechtlichen Prüfstand. *Wissenschaftsrecht, Wissenschaftsverwaltung, Wissenschaftsförderung (WissR),* Bd. 41 (2008), S. 206 ff.
*Rehbinder, Manfred.* Recht am Arbeitsergebnis und Urheberrecht. *Archiv für Urheber-, Film-, Funk- und Theaterrecht (UFITA),* Bd. 66 (1973), S. 125 ff.
– Urheberrecht. 15. Auflage, C.H. Beck Verlag, München 2008.
– Zu den Nutzungsrechten an Werken von Hochschulangehörigen in: Forkel, Hans/ Kraft, Alfons (Hrsg.), Beiträge zum Schutz der Persönlichkeit und ihrer schöpferischen Leistungen – Festschrift für Heinrich Hubmann zum siebzigsten Geburtstag. Alfred Metzner Verlag, Neuwied 1985.
*Reich, Andreas.* Wissenschaftliche Mitarbeiter, akademische Lehrkräfte in: Flämig, Christian/ Kimminich, Otto/ Krüger, Hartmut/ Meusel, Ernst-Joachim/ Rupp, Hans-Heinrich/ Scheven, Dieter/ Schuster, Hermann J./ Graf Stenbock-Fermor, Friedrich (Hrsg.), Handbuch des Wissenschaftsrechts Bd. 1. 2. Auflage, Springer Verlag, Berlin 1996.
*Reimer, Dietrich.* Zum Urheberrechtsschutz von Darstellungen wissenschaftlicher oder technischer Art. *Gewerblicher Rechtsschutz und Urheberrecht (GRUR),* 1980, S. 572 ff.
*Reuß, Roland.* Eine unheimliche technokratische Machtergreifung. *Frankfurter Allgemeine Zeitung (FAZ),* 29.04.2009.
*Rieble, Volker.* Autorenfreiheit und Publikationszwang in: Reuß, Roland/ Rieble, Volker (Hrsg.), Autorschaft als Werkherrschaft in digitaler Zeit, Verlag Vittorio Klostermann, Frankfurt am Main 2009.
– Forscher sind nicht normale Angestellte. *Frankfurter Allgemeine Zeitung (FAZ),* 29.04.2009.

*Rieger, Simone/ Schoepflin Urs.* European Cultural Heritage Online (ECHO) – eine Forschungsinfrastruktur für die Geisteswissenschaften. *Kunstchronik. Monatsschrift für Kunstwissenschaft, Museumswesen und Denkmalpflege (Kunstchronik),* 2007, 510 ff.

*Roellecke, Gerd.* Das Kopieren zum eigenen wissenschaftlichen Gebrauch – Rechtliche und politische Überlegungen. *Archiv für Urheber-, Film-, Funk- und Theaterrecht (UFITA),* 84 (1979), S 79 ff.

– Kopierabgabe? – Kritik einer Kritik. *Archiv für Urheber-, Film-, Funk- und Theaterrecht (UFITA), 85 (1979),* S. 147 ff.

– Wissenschaftsfreiheit als institutionelle Garantie? *Juristenzeitung (JZ),* 1969, S 726 ff.

*Rottmann, Frank.* Der Beamte als Staatsbürger – Zugleich eine Untersuchung zum Normtypus von Art. 33 Abs. 5 GG. Duncker & Humblot Verlag, Berlin 1981.

*Rüfner, Wolfgang.* Zur Bedeutung und Tragweite des Artikels 19 Abs. 3 des Grundgesetzes (Anwendbarkeit der Grundrechte auf juristische Personen). *Archiv des öffentlichen Rechts (AöR),* Bd. 80 (1964), S. 261 ff.

*Sachs, Michael.* Grundgesetz Kommentar. 5. Auflage, C.H. Beck Verlag, München 2009 (Zitiert: Bearbeiter in: Sachs).

*Schack, Haimo.* Rechtsprobleme der Online-Übermittlung. *Gewerblicher Rechtsschutz und Urheberrecht (GRUR),* 2007, S. 639 ff.

– Urheber- und Urhebervertragsrecht. 4. Auflage, Mohr Siebeck Verlag, Tübingen 2007.

– Zur Rechtfertigung des Urheberrechts als Ausschließlichkeitsrecht in: Depenheuer, Otto/ Peifer, Karl-Nikolaus (Hrsg.), Geistiges Eigentum: Schutzrecht oder Ausbeutungstitel?: Zustand und Entwicklungen im Zeitalter von Digitalisierung und Globalisierung. Springer Verlag, Berlin 2008.

*Schaub, Günter.* Arbeitsrechts-Handbuch – Systematische Darstellung und Nachschlagewerk für die Praxis. 14. Auflage, C.H. Beck Verlag, München 2011 (Zitiert: Bearbeiter in: ArbRHdb).

*Schellhase, Jörg.* Recherche wissenschaftlicher Publikationen. EUL Verlag, Lohmar 2008.

*Schick, Walter.* Der Beamte als Grundrechtsträger. *Zeitschrift für Beamtenrecht (ZBR),* 1963, S. 67 ff.

*Schiefler, Kurt.* Veröffentlichung und Erscheinen nach dem neuen Urhebergesetz. *Archiv für Urheber-, Film- und Theaterrecht (UFITA),* 1966 (Band 48 III), S. 81 ff.

*Schirmbacher, Peter.* Open Access – ein historischer Abriss in: Deutsche UNESCO-Kommission (Hrsg.), Open-Access – Chancen und Herausforderungen – ein Handbuch. Deutsche UNESCO-Kommission e.V., Bonn 2006.

*Schmid, Matthias/ Wirth, Thomas/ Seifert, Fedor.* Urheberrechtsgesetz Handkommentar. 2. Auflage, Nomos Verlag, Baden-Baden 2009 (Zitiert: Bearbeiter in: Schmid/Wirth/Seifert).

*Schmidt, Anette.* Die Rechtsverhältnisse in einem Forscherteam – Rechtsprobleme des Werkschaffens in der Gruppe. Archiv für Urheber-, Film-, Funk- und Theaterrecht (UFITA), Bd. 154 (1998).

*Schmidt, Birgit.* Auf dem „goldenen" Weg? Alternative Geschäftsmodelle für Open-Access-Primärpublikationen. *Zeitschrift für Bibliothekswesen und Bibliographie (ZfBB),* 2007, S. 177 ff.

*Schmidt, Helmut.* Der Kurs heisst Frieden. Ullstein Verlag, Frankfurt am Main 1979.

*Schmidt-Aßmann, Eberhard.* Verwaltungslegitimation als Rechtsbegriff. *Archiv des öffentlichen Rechts (AöR),* Bd. 116 (1991), S. 329 ff.

– Fehlverhalten in der Forschung – Reaktionen des Rechts. *Neue Zeitschrift für Verwaltungsrecht (NVwZ),* 1998, S. 1225 ff.

– Die Wissenschaftsfreiheit nach Art. 5 Abs. 3 GG als Organisationsgrundrecht in: Becker, Bernd/ Bull, Hans P./ Seewald, Otfried (Hrsg.), Festschrift für Werner Thieme zum 70. Geburtstag. Carl Heymanns Verlag, Köln, Berlin, Bonn, München 1993.

– Wissenschaft – Öffentlichkeit – Recht in: Dreier, Horst (Hrsg.), Rechts- und staatstheoretische Schlüsselbegriffe: Legitimität – Repräsentation – Freiheit. Duncker & Humblot Verlag, Berlin 2005.

*Schmidt-Bleibtreu, Bruno/ Hofmann, Hans/ Hopfau, Axel.* GG – Kommentar zum Grundgesetz. 11. Auflage, Carl Heymanns Verlag, Köln 2008 (Zitiert: Bearbeiter in: Schmidt-Bleibtreu/Hofmann/Hopfau).

*Schmieder, Hans-Heinrich.* Die Rechtsstellung der Urheber und künstlerischen Werkmittler im privaten und öffentlichen Dienst. *Gewerblicher Rechtsschutz und Urheberrecht (GRUR),* 1963, S. 297 ff.

*Schmitt Glaeser, Walter.* Die Freiheit der Forschung. *Wissenschaftsrecht, Wissenschaftsverwaltung, Wissenschaftsförderung (WissR),* Bd. 7 (1974), S. 107 ff.

*Schoch, Friedrich.* Öffentlich-rechtliche Rahmenbedingung einer Informationsordnung. Veröffentlichungen der Vereinigung Deutscher Staatsrechtslehrer (VVDStRL), Bd. 57 (1998), s. 158 ff.

*Schricker, Gerhard.* Das Recht des Hochschullehrers an seinen wissenschaftlichen Papieren in: Pfister, Bernhard/ Will, Michael (Hrsg.), Festschrift für Werner Lorenz zum siebzigsten Geburtstag. Mohr Siebeck Verlag, Tübingen 1991.

– Urheberrecht auf dem Weg zur Informationsgesellschaft. Nomos Verlag, Baden-Baden 1997.

– Urheberrecht. 3. Auflage, C.H. Beck Verlag, München 2006.

– Verlagsrecht: Kommentar zum Gesetz über das Verlagsrecht vom 19.6.1901. 3. Auflage, C.H. Beck Verlag, München 2001 (Zitiert: Bearbeiter in: Schricker).

*Schulze-Fielitz, Helmuth.* Freiheit der Wissenschaft in: Benda, Ernst/ Maihofer, Werner/ Vogel, Hans-Jochen (Hrsg.), Handbuch des Verfassungsrechts der Bundesrepublik Deutschland. 2. Auflage, Walter de Gruyter Verlag, Berlin 1994.

– Forschung in: Geis, Max-Emanuel (Hrsg.), Hochschulrecht im Freistaat Bayern – Handbuch für Wissenschaft und Praxis. C.F. Müller Verlag, Heidelberg 2009.

*Schulze-Osterloh, Lerke.* Entschädigungspflichtige Inhalts- und Schrankenbestimmung des Eigentums und Enteignung – Tendenzen der neueren Rechtsprechung des Bundesverfassungsgerichts. *Neue Juristische Wochenschrift (NJW),* 1981, S. 2537 ff.

*Schwens, Ute/ Altenhöner, Reinhard.* Langzeitarchivierung bei Open Access in: Deutsche UNESCO-Kommission (Hrsg.), Open-Access – Chancen und Herausforderungen – ein Handbuch. Deutsche UNESCO-Kommission e.V., Bonn 2006.

*Seewald, Otfried/ Freudling, Gabriele.* Der Beamte als Urheber. *Neue Juristische Wochenschrift (NJW),* 1986, S. 2688 ff.

*Sieber, Ulrich.* Informationsrecht und Recht der Informationstechnik – Die Konstituierung eines Rechtsgebietes in Gegenstand, Grundfragen und Zielen. *Neue Juristische Wochenschrift (NJW),* 1989, S. 2569 ff.

*Söllner, Alfred.* Zum verfassungsrechtlichen Schutz des geistigen Eigentums in: Loewenheim, Ulrich/ Raiser, Thomas (Hrsg.), Festschrift für Fritz Traub zum 65. Geburtstag. Deutscher Fachverlag, Frankfurt 1994.

*Spindler, Gerald.* Rechtsfragen der Open Source Software. Gutachten im Auftrag des Verbandes der Softwareindustrie Deutschlands e. V (VSI), Göttingen 2003.

– Rechtsfragen bei Open Source. Dr. Otto Schmidt Verlag, Köln 2004.

*Steiner, Udo.* Kulturauftrag im staatlichen Gemeinwesen. *Veröffentlichungen der Vereinigung der Deutschen Staatsrechtslehrer (VVDStRL),* Bd. 42 (1984), S. 8 ff.

*Steinfort, Frank.* Die verfassungsrechtlichen Grundlagen der Veröffentlichungsfreiheit des Wissenschaftlers. Universität Bonn, Bonn 1987.

*Stern, Klaus.* Das Staatsrecht der Bundesrepublik Deutschland – Band III/2 Allgemeine Lehren der Grundrechte. C.H. Beck Verlag, München 1994.

*Stern, Klaus/ Becker, Florian.* Grundrechte-Kommentar – Die Grundrechte des Grundgesetzes mit ihren europäischen Bezügen. Carl Heymanns Verlag, Köln 2009 (Zitiert: Bearbeiter in: Stern/Becker).

*Sühl-Strohmenger, Wilfried.* Digitale Welt und wissenschaftliche Bibliothek – Informationspraxis im Wandel. Harrassowitz Verlag, Wiesbaden 2008.

*Sundermann, Hans-Georg.* Nutzungs- und Vergütungsansprüche bei Softwareentwicklung im Arbeitsverhältnis. *Gewerblicher Rechtsschutz und Urheberrecht (GRUR),* 1988, S. 350 ff.

*Swan, Alma.* Open Access and the Progress of Science. *American Scientist,* 95 (2007), S. 198 ff.

*Tettinger, Peter.* Juristische Personen des Privatrechts als Grundrechtsträger in: Merten, Detlef/ Papier, Hans-Jürgen (Hrsg.), Handbuch der Grundrechte in Deutschland und Europa Band II Grundrechte in Deutschland: Allgemeine Lehren I. C.F. Müller Verlag, Heidelberg 2006.

*Thieme, Werner.* Die Wissenschaftsfreiheit der nichtuniversitären Forschungseinrichtungen. *Die Öffentliche Verwaltung (DÖV),* 1994, S 150 ff.

– Deutsches Hochschulrecht – Recht der Universitäten sowie der künstlerischen und Fachhochschulen in der Bundesrepublik Deutschland. Carl Heymann Verlag, Köln 2004

*Timmann, Tobias.* Das Patentrecht im Lichte des Art. 14 GG. Mohr Siebeck Verlag, Tübingen 2008.

*Trute, Hans-Heinrich.* Die Forschung zwischen grundrechtlicher Freiheit und staatlicher Institutionalisierung – Das Wissenschaftsrecht als Recht kooperativer Verwaltungsvorgänge. Mohr Siebeck Verlag, Tübingen 1994.

*Ullmann, Elke.* Das urheberrechtlich geschützte Arbeitsergebnis – Verwertungsrecht und Vergütungspflicht. *Gewerblicher Rechtsschutz und Urheberrecht (GRUR),* 1987, S. 6 ff.

*Ulmer, Eugen.* Urheber- und Verlagsrecht. 3. Auflage, Springer Verlag, Berlin 1980.

*Velterop, Jan.* Das Beispiel eines Hybrid-Modells: Springer Open Choice in: Deutsche UNESCO-Kommission (Hrsg.), Open-Access – Chancen und Herausforderungen – ein Handbuch. Deutsche UNESCO-Kommission e.V., Bonn 2006.

*Vinck, Kai.* Der Urheber im Arbeits- und arbeitnehmerähnlichen Verhältnis. *Recht der Arbeit (RdA),* 1975, S. 162 ff.

*Von Becker, Bernhard.* Vertrieb von Verlagserzeugnissen. *Zeitschrift für Urheber- und Medienrecht (ZUM),* 2002, S. 171 ff.

*Von Gamm, Otto.* Urheberrechtsgesetz. Einführung. C.H. Beck Verlag, München 1968.

*Von Mangoldt, Hermann/ Klein, Friedrich/ Starck, Christian.* Das Bonner Grundgesetz – Kommentar Band 1: Präambel, Artikel 1 bis 19. 4. Auflage, Vahlen Verlag, München 1999 (Zitiert: Bearbeiter in: von Mangoldt/Klein/ Starck).

*Von Moltke, Bertram.* Das Urheberrecht an den Werken der Wissenschaft. Nomos Verlag, Baden-Baden 1992.

*Von Münch, Ingo/ Kunig, Philip.* Grundgesetz-Kommentar Band 1 (Präambel bis Art. 19). 5. Auflage, C.H. Beck Verlag, München 2000 (Zitiert: Bearbeiter in: von Münch/Kunig).

*Von Staudinger, Julius.* Kommentar zum Bürgerlichen Gesetzbuch mit Einführungsgesetz und Nebengesetzen – §§ 311, 311a, 312, 312a-f (Vertragsschluss). Walter de Gruyter Verlag, Berlin 2005 (Zitiert: Bearbeiter in: Staudinger BGB).

– Kommentar zum Bürgerlichen Gesetzbuch mit Einführungsgesetz und Nebengesetzen – §§ 516-534 (Schenkungsrecht). Walter de Gruyter Verlag, Berlin 2005 (Zitiert: Bearbeiter in: Staudinger BGB).

*Von Welser, Markus.* Die Wahrnehmung urheberpersönlichkeitsrechtlicher Befugnisse durch Dritte. Berliner Wissenschaftsverlag, Berlin 2000.

*Waechter, Kay.* Forschungsfreiheit und Forschungsvertrauen. *Der Staat – Zeitschrift für Staatslehre Öffentliches Recht und Verfassungsgeschichte (Staat),* Bd. 30 (1991), S. 19 ff.

*Wahl, Rainer.* Vorrang der Verfassung. *Der Staat – Zeitschrift für Staatslehre Öffentliches Recht und Verfassungsgeschichte (Staat),* Bd. 20 (1981), S. 485 ff.

*Walther, Rudolph.* "Open Enteignung" durch Google Books. *Die Tageszeitung (TAZ),* 20.03.2009.

*Wandtke, Artur-Axel.* Reform des Arbeitnehmerurheberrechts? *Gewerblicher Rechtsschutz und Urheberrecht (GRUR),* 1999, S. 390 ff.

– Korb II und die unbekannten Nutzungsarten im Arbeitsverhältnis in: Hilty, Reto M./ Drexl, Josef/ Nordemann, Wilhelm (Hrsg.), Schutz von Kreativität und Wettbewerb – Festschrift für Ulrich Loewenheim zum 75. Geburtstag. C. H. Beck Verlag, München 2009.

– Medien im technologischen Zeitalter in: Wandtke, Arthur-Axel (Hrsg.), Medienrecht – Praxishandbuch. Walter de Gruyter Verlag, Berlin 2008.

*Wandtke, Artur-Axel/ Bullinger, Winfried.* Praxiskommentar zum Urheberrecht. 3. Auflage, C.H. Beck Verlag, München 2009 (Zitiert: Bearbeiter in: Wandtke/Bullinger).

*Wassermann, Rudolf.* Reihe Alternativkommentare – Kommentar zum Grundgesetz für die Bundesrepublik Deutschland: Band 1 Art. 1-37. 2. Auflage, Luchterhand Verlag, München 1989 (Zitiert: Bearbeiter in: AK-GG).

*Weishaupt, Karin.* Open Access dient dem Gemeinwohl!. *Deutsche Universitätszeitung (duzMAGAZIN),* 10/2009, S. 43. Abgerufen am 06.09.2011 unter http://www.iatge.de/aktuell/veroeff/2009/weishaupt01.pdf.

– Der freie Zugang zum Wissen: auf dem Weg, aber noch nicht am Ziel! – Erste Ergebnisse einer Studie zur Akzeptanz von Open-Access-Zeitschriften. *For-*

*schung aktuell,* 08/2008, S. 1 ff. Abrufbar unter http://www.iat.eu/forschung-aktuell/2008/fa2008-08.pdf (14.01.2012).

*Wiebe, Andreas/ Prändl, Felix.* Open Source Software – Rechtliche Rahmenbedingungen nach österreichischem Recht. *Österreichische Juristen-Zeitung (ÖJZ),* 2004, S. 628 ff.

*Wolff, Christian.* Zwangslizenzen im Immaterialgüterrecht. *V&R unipress,* Göttingen 2005.

*Zirkel, Markus.* Der angestellte Urheber und § 31 Abs. 4 UrhG. *Zeitschrift für Urheber- und Medienrecht (ZUM),* 2004, S. 626 ff.

**Erlanger Schriften zum Öffentlichen Recht**

Herausgegebenvon Max-Emanuel Geis, Heinrich de Wall,
Markus Krajewski und Bernhard W. Wegener

Band 1 Ingo Mehner: Privatisierung bayerischer Kreiskrankenhäuser. 2012.

Band 2 Claudius Fischer: Disziplinarrecht und Richteramt. 2012.

Band 3 Jan Schubert: Die Handelskooperation zwischen der Europäischen Union und den AKP-Staaten und deren Vereinbarkeit mit dem GATT. 2012.

Band 4 Michael Link: Open Access im Wissenschaftsbereich. 2013.

www.peterlang.de